中国海洋大学一流大学建设专项经费资助
教育部人文社会科学重点研究基地中国海洋大学海洋发展研究院资助

海洋治理与中国的行动（2021）

OCEAN GOVERNANCE AND ACTION OF CHINA (2021)

金永明 / 主　编
孙　凯　王　刚 / 副主编

社会科学文献出版社
SOCIAL SCIENCES ACADEMIC PRESS (CHINA)

《海洋治理与中国的行动》编委会

前　言

海洋治理是全球治理的重要组成部分，中国在全球海洋治理中处于什么样的地位、发挥什么样的作用，并将作出什么样的贡献，是本书关注和论述的重要问题，也是撰写本书的基本出发点。

在海洋的空间及资源已成为国际社会依托的重要背景下，因海洋治理的主体受政治、技术、意愿和法律等方面的限制，海洋治理的客体呈现海洋治理缺失、海洋治理赤字以及海洋治理碎片化的状态，海洋治理已呈现从权力、权利演变到需要有力保护并实施综合性管理的发展要求和趋势，否则海洋的承载力、可持续性和服务功能以及海洋生物多样性等将遭受致命的损害并无法延续为人类更好服务的功能，更谈不上实现人海和谐、人海共生的目标。

在这种背景下，中国提出的和谐海洋、二十一世纪海上丝绸之路、蓝色伙伴关系、海洋命运共同体等倡议或理念，将是海洋治理的重要理念，而如何让这些重要理念所蕴含的原则和精神融入海洋治理体系将是包括中国在内的各国和有关国际组织努力的方向。在此之前统一认识、安定环境是构建海洋命运共同体的核心。

此外，如何将中国的海洋政策和倡议进一步向国际社会传播，以提升影响力和话语权，也是需要我们努力的重要方面。为此，本书力图在这些方面有所贡献并为提升中国国家海洋治理体系及治理能力现代化水平发挥作用。

目录

第一部分　全球海洋治理理论

第二部分　海洋治理前沿问题研究

第三部分　国际与区域海洋治理专题研究

第四部分　海洋治理的中国经验和实践

第五部分　涉海内容翻译与传播专题研究

第一部分
全球海洋治理理论

构建海洋命运共同体的现代价值与意义*

金永明**

摘　要：　针对海洋秩序和海洋规则阐释疑义和混乱，以及一些国家试图更多地霸占海洋空间和资源的情势，为加大国际社会对海洋治理的力度和效果，消除因海洋问题争议引发的冲突，避免损害海洋环境和海洋功能事件的发生，我国根据海洋的本质和功能提出了构建海洋命运共同体的倡议。这种倡议所蕴含的原则和精神既符合时代发展需要，也符合海洋治理的原则和要求，更是我国长期以来坚持和努力的方向，所以具有重要的价值和意义。但这种理念能否融入海洋秩序规则，仍有待理论的充实和具体的成功实践，特别需要凝聚共识、统

*　本文首发于《上观新闻》2019 年 5 月 10 日，收入本书时做了修订。

**　金永明，中国海洋大学国际事务与公共管理学院教授、博士生导师，中国海洋大学海洋发展研究院高级研究员。

一行动和加强合作，这样才能共享海洋资源和空间利益，获得可持续发展。

关键词：海洋安全环境　海洋问题争议　海洋秩序规则　海洋命运共同体　海洋可持续利用

2019年4月23日，国家主席、中央军委主席习近平在青岛集体会见应邀出席中国人民解放军海军成立70周年多国海军活动的外方代表团团长时，从海洋的本质及地位和作用、构建21世纪海上丝绸之路的目标、中国参与海洋治理的作用和海军的贡献以及国家间处理海洋争议的原则等视角，指出了合力构建海洋命运共同体的重要性，[①] 这为中国加快建设海洋强国、21世纪海上丝绸之路，完善全球海洋治理体系等提供了方向和指针，具有重要的时代价值和现实意义。

一　构建海洋命运共同体的必要性

习近平同志指出，海洋对于人类社会生存和发展具有重要意义。[②] 这是从海洋的空间和资源的本质及特征作出的概括性总结，揭示了海洋的空间和资源对人类社会发展的依赖性和重要性。因为正如综合规范海洋事务的《联合国海洋法公约》在“序言”中规定的那样，各国“意识到各海洋区域的种种问题都是彼此密切相关的，有必要作为一个整体来加以考虑……以便利国际交通和促进海洋的和平用途，海洋资源的公平而有效的利用，海洋生物资源的养护以及研究、保护和保全海洋环境”，[③] 所以，对海洋应采用综合管理和合作的方式加以维护，以消除对海洋的危害及损害，使海洋

① 《习近平谈治国理政》第三卷，外文出版社，2020，第463~464页。
② 《习近平谈治国理政》第三卷，外文出版社，2020，第463页。
③ 《联合国海洋法公约》“序言”。

为人类持续服务。

随着海洋科技及装备的发达和各国依赖海洋资源程度的加剧，各国在开发和使用海洋时，因存在不同的利益主张和权利依据，所以在有限的海域范围内无法消除各国之间存在的争议问题，对于这些争议问题，应采用优先使用政治或外交方法予以沟通和协调，以取得妥协和平衡，消除因海洋争议带来的危害。为此，中国提出了共建“21 世纪海上丝绸之路”倡议，目的是促进海上互联互通和各领域务实合作，推动蓝色经济发展，推动海洋文化交融，共同增进海洋福祉。这是中国针对海洋的本质和冲突，消除海洋争议危害各国关系的中国方案和中国智慧。同时，希望通过对区域性的海上丝绸之路经验的总结和推广，使其适用于其他海洋空间，实现和谐海洋之目标。

然而，由于多种原因包括历史因素和现实需求，以及各国发展程度不一，这种理想性的合作愿望并不会那么顺利地推进，难免会出现一些海洋困境和危机。对此，中国的倡议是“各国应坚持平等协商，完善危机沟通机制，加强区域安全合作，推动涉海分歧妥善解决”。[①] 经过多方努力，中国运用这些措施在东海和南海问题的处置上取得了阶段性和稳定性的成效，产生了较好的效果，未来中国仍会继续采取这种模式延缓和处理面临的海洋争议问题。

当然，在具体实施上述危机管控机制包括与相关国家进行协商谈判时，重要而基础性的依据是国际法包括《联合国海洋法公约》所蕴含的原则和制度。因为，《联合国海洋法公约》“序言”指出，各国“认识到……在妥为顾及所有国家主权的情形下，为海洋建立一种法律秩序”；各国“确认本公约未予规定的事项，应继续以一般国际法的规则和原则为准据”。[②] 这为我们协商处理海洋权利主张、海洋权利冲突等提供了解决思路。同时，在利用和用尽和平方法后无法解决争议且对中国的海洋领土主权及海洋权益带来持续的危害或损害时，不排除采用军事行动解决问题的可能性，所以，适度发展与中

① 《习近平谈治国理政》第三卷，外文出版社，2020，第 464 页。

② 《联合国海洋法公约》“序言”。

国国情相适应的海上力量十分必要，以捍卫中国的海洋权益，并为确保海洋安全提供保障。

二　构建海洋命运共同体的基本定位

习近平同志在青岛集体会见应邀出席中国人民解放军海军成立 70 周年多国海军活动的外方代表团团长时提出的合力构建海洋命运共同体的倡议，经历了一个发展阶段，并确立了其应有的地位。

第一，它是对“和谐海洋”理念的继承和拓展。在 2009 年中国人民解放军海军成立 60 周年之际，根据国际国内形势发展需要，我国提出了构建“和谐海洋”的倡议，以共同维护海洋持久和平与安全。构建“和谐海洋”理念的提出，也是时任中国国家主席胡锦涛于 2005 年 9 月 15 日在联合国成立 60 周年首脑会议上提出构建“和谐世界”理念以来在海洋领域的具体化，体现了国际社会对海洋问题的新认识、新要求，标志着中国对国际法尤其是海洋法发展的新贡献，所以，“海洋命运共同体”倡议是对“和谐海洋”理念的继承和发展。

第二，它是对“人类命运共同体”理念的细化和深化。一般认为，人类命运共同体理念的提出发轫于 2013 年 10 月 24~25 日在北京举行的中国周边外交工作座谈会上。国家主席习近平指出，要让命运共同体意识在周边国家落地生根。[①] 人类命运共同体理念的成形源于习近平同志在联合国大会上的表述。例如，国家主席习近平于 2015 年 9 月 28 日在第 70 届联合国大会一般性辩论时指出，我们要继承和弘扬联合国宪章的宗旨和原则，构建以合作共赢为核心的新型国际关系，打造人类命运共同体。[②] 人类命运共同体理念的深化，体现在国家主席习近平于 2017 年 1 月 18 日在联合国日内瓦总部的演讲中，表现在伙伴关系、安全格局、经济发展、文明交流和生态建设

---

① 《习近平谈治国理政》，外文出版社，2014，第 299 页。

② 《习近平谈治国理政》第二卷，外文出版社，2017，第 522 页。

五个方面，它们构成人类命运共同体基本体系。[①] 海洋命运共同体是对人类命运共同体理念在海洋领域的细化和目标的精练，在构建海洋命运共同体的过程中人类命运共同体理念所蕴含的原则和精神也应遵守和维护。

三　构建海洋命运共同体的目标取向

如果把构建人类命运共同体理念所蕴含的原则和精神运用到海洋命运共同体建设上，则其基本内涵及目标体现为：在政治和安全上的目标是，不称霸及和平发展，即坚持总体国家安全观和新安全观（互信、互利、平等、协作），坚决维护国家主权、安全和发展利益。在经济上的目标是，运用新发展观（创新、协调、绿色、开放和共享）发展和壮大海洋经济，共享海洋空间和资源利益，实现合作发展共赢目标；其对外的具体路径是通过构筑新型国际关系运用“一带一路”倡议尤其是21世纪海上丝绸之路建设进程，对内的具体路径为坚持陆海统筹，发展和壮大海洋经济。在文化上的目标是，通过弘扬中国特色社会主义核心价值观，建构开放包容互鉴的海洋文化。在生态上的目标是，通过保护海洋环境构建可持续发展的海洋生态环境，实现“和谐海洋”理念倡导的人海合一目标，进而实现绿色和可持续发展目标。换言之，上述目标和价值取向是实现人类命运共同体视域下的海洋命运共同体倡议之愿景，即海洋命运共同体是实现和谐海洋理念和中国海洋强国战略的终极目标和最高愿景。

在此应该特别指出的是，海洋命运共同体的法律属性。其主体为人类，这里的“人类”是指全人类，既包括今世的人类，也包括后世的人类，体现了海洋是公共产品及人类共同继承财产、遵循代际公平原则的本质性要求。而其行动的主体为国家、相关国际组织及其他非政府组织，其中国家是构建海洋命运共同体的主要及绝对的主体，起主导及核心的作用。在客体上，海洋命运共同体规范的是海洋的整体，既包括人类开发、利用海洋空间

① 《习近平谈治国理政》第二卷，外文出版社，2017，第541页。

和资源的一切活动，也包括对海洋中的一切生物资源和非生物资源的保护，体现了有效合理使用海洋空间和资源的整体性要求，这是由海洋的本质属性（如关联性、流动性、承载力、净化性等）所决定的，以实现可持续利用和发展目标。在运作方式上，应坚持共商、共建、共享的原则以及符合国际法的基本原则，采取多维合作的方式予以推进，以实现共同发展、共同管理、共同获益、共同进步的目标。

四　结束语

在构建海洋命运共同体的过程中，应该在不断加深认识海洋对人类生存与发展具有特别重要意义的背景下，构筑综合性管理海洋的制度，并努力实现依法治海的目标。这里的法律规范是指国际社会普遍承认的法律原则和制度，尤其应遵守《联合国海洋法公约》体系。而对于《联合国海洋法公约》体系中存在的一些缺陷和不足，需要在理论和实践的基础上加以补充和完善，而不是拒绝遵守和实施其规范的原则和制度，特别是对于其存在的不足及缺陷具有举证责任，所提的方案需具有建设性，所提的建议也应具有合理性、可接受性，这样才能使其发展成为普遍性的规范和制度，并被国际社会遵守。

总之，海洋命运共同体的构建如人类命运共同体的构建一样，需要分阶段、有步骤、有层次地进行，以实现阶段性的目标和任务，而不是拒绝参与和合作，这是我们构建海洋命运共同体的基本立场和态度。

全球海洋治理视域下构建“海洋命运共同体”的意涵及路径*

马金星**

摘　要： 海洋命运共同体理念是全球海洋治理的顶层设计。在世界多极化和经济全球化深入发展趋势下，以海洋命运共同体理念为切入点解构全球海洋治理诸多困境，是寻求破解全球性海洋危机的必由路径。海洋命运共同体理念因应了多极化时代背景和全人类价值共识，构建海洋命运共同体以人类整体论和共同利益论聚合全球海洋治理共识，遵循和平发展、公平正义、民主自由的人类共同价值，倡导以《联合国宪章》及和平共处五项原则为基础，构筑开放包容的国际海洋秩序，践行人与海洋和谐共生的环境治理路径，助力以蓝色伙伴关系破解全球经济发展壁垒。以构建海洋命运共同体理念回应世界海洋格局变化，将推动建立更加公平、合理和均衡的全球海洋治理体系。

关键词： 全球海洋治理　海洋命运共同体　价值共识　国际海洋秩序

---

* 本文系2020年国家社科基金青年项目“国际组织在国际海洋法律秩序演进中的功能研究”（项目编号：20CFX087）的阶段性成果。本文原载于《太平洋学报》2020年第9期，收入本书时有修订。

** 马金星，法学博士，中国社会科学院国际法研究所助理研究员、海洋法治研究中心研究人员，主要研究方向为国际海洋法、海洋治理。

海洋治理是全球治理的重要领域，是国际社会应对海洋领域已经影响或者将要影响全人类的全球性问题的集体行动。进入 21 世纪，海上非传统安全威胁、海洋垃圾、溢油污染、海洋酸化、过度捕捞等全球性海洋危机，严重制约着人类社会可持续发展，区域性海洋问题通过地缘政治、贸易体系、生态环境等系统要素向全球蔓延，扩展为对全人类生存与发展的严重威胁，各国在全球海洋治理中具有越来越广泛的共同利益。近年来以控制海洋为内核的海权论再度升温，加剧濒海大国间地缘政治竞争，海洋治理能力与意愿不匹配、国际社会集体行动协调困境等因素，影响了全球海洋治理成效。要化解全球海洋治理困境，推动国家之间在海洋事务领域构建平等互利、友好合作关系，维护人类与海洋和谐共生的关系，就必须确立以对话取代对抗、以双赢取代零和的新理念。2019 年习近平主席首次提出“海洋命运共同体”理念，指出“我们人类居住的这个蓝色星球，不是被海洋分割成了各个孤岛，而是被海洋连结成了命运共同体，各国人民安危与共”①。海洋命运共同体是人类命运共同体在全球海洋治理领域的延伸，构建海洋命运共同体秉持共商共建共享原则，倡导和平合作、开放包容的治理理念，寻求国际社会携手应对全球性海洋威胁与挑战。以海洋命运共同体理念聚合全球海洋治理共识，顺应和平与发展的时代主题，构建以合作共赢为基础的海洋伙伴关系，维护以国际法为基础的国际海洋秩序，对于国际社会共同应对全球海洋危机、完善全球海洋治理体系，具有重要的理论价值和现实意义。

一　全球海洋治理中的既存困境：构建海洋命运共同体的时代需求

全球海洋治理属于全球治理范畴。全球治理从根本上讲是基于国际规则

① 《习近平集体会见出席海军成立 70 周年多国海军活动外方代表团团长》，《人民日报》2019 年 4 月 24 日，第 1 版。

和综合国力的“相互治理”，[①] 全球海洋治理亦然。伴随世界多极化和经济全球化纵深发展，海洋领域呈现全球共治的发展趋向，在此过程中，国家利己主义和国际社会集体行动协调困境加剧了全球海洋治理领域内的对抗。在全球海洋治理顶层设计中确立共同体理念，以构建海洋命运共同体化解全球海洋治理困境，是维护海洋领域和平安宁和实现可持续发展的时代选择。

（一）多极化时代全球海洋治理困境既有研究及解构

解构困境是推进全球海洋治理的出发点之一。国内学者从不同层面总结和揭示了全球海洋治理所面临的问题，在宏观层面，庞中英从治理体系角度出发，认为全球海洋治理各个部分之间的协同不够，甚至是相互竞争和冲突的，导致在联合国领导下的全球海洋治理体系进一步碎片化。[②] 在微观层面，全球海洋治理困境大致包括以下三方面。一是公共产品供给。胡波认为全球海洋治理面临的最大问题是公共产品的供给与需求严重不匹配，[③] 崔野、王琪具体指出全球海洋治理困境集中体现为全球海洋公共产品的总量供给不足、分布结构失衡及使用不尽合理等问题。[④] 二是生态环境治理。全永波认为全球海洋生态环境治理中联合国中心地位受到挑战，治理区域化以及海洋治理合作不足，导致海洋生态环境治理呈现形式上的多层级、实质上的碎片化状态。[⑤] 王婉潞则以南极问题为切入点，指出区域性国际组织与联合

① 何亚非：《全球治理改革与新世纪国际秩序的重塑》，载王缉思主编《中国国际战略评论（2016）》，世界知识出版社，2016，第 20 页。

② 庞中英：《在全球层次治理海洋问题——关于全球海洋治理的理论与实践》，《社会科学》2018 年第 9 期。

③ 胡波：《中国海上兴起与国际海洋安全秩序——有限多极格局下的新型大国协调》，《世界经济与政治》2019 年第 11 期。

④ 崔野、王琪：《全球公共产品视角下的全球海洋治理困境：表现、成因与应对》，《太平洋学报》2019 年第 1 期。

⑤ 全永波：《全球海洋生态环境多层级治理：现实困境与未来走向》，《政法论丛》2019 年第 3 期；全永波：《全球海洋生态环境治理的区域化演进与对策》，《太平洋学报》2020 年第 5 期。

国作为国家管辖范围以外区域海洋生态环境治理的主体，二者既有摩擦也存在合作。[①] 三是海洋经济发展。朱璇、贾宇认为海洋作为可持续发展的单领域，全球海洋治理越来越多地与减贫、增长和就业等国际治理核心议题相联系，但是治理能力和水平无法匹配不断增长的治理需求。[②] 上述以问题为导向的研究成果，为进一步分析完善全球海洋治理体系提供了必要的理论指引。

理念指引属于全球海洋治理顶层设计范畴。海洋是全球治理的重要领域，"全球治理体制变革离不开理念的引领，全球治理规则体现更加公正合理的要求离不开对人类各种优秀文明成果的吸收"[③]。全球海洋治理微观层面的问题追本溯源来自理念的偏差，在分析以海洋命运共同体推进全球海洋治理方面，杨泽伟认为面对传统的海洋危机和非传统海洋危机，危机管控国际合作法律制度可以从秉持海洋命运共同体理念、坚持"共商共建共享"原则，以及加强国际组织之间的协调等方面予以完善。[④] 白佳玉、隋佳欣指出海洋命运共同体理念有助于促进应对海洋酸化问题的国际合作，海洋酸化问题也可作为推动构建海洋命运共同体的重要抓手。[⑤] 蒋小翼、何洁从国际合作角度指出，促进海洋保护区建设合作是推行海洋命运共同体理念的重要切入点，中国可以考虑在国际层面、争议海域及国家管辖海域内积极推进海洋保护区建设及合作。[⑥] 以上学者围绕海洋命运共同体不同方面做了相应研究论述，形成了众多理论成果，为解构全球治理困境提供了理论参考。然

---

① 王婉潞：《联合国与南极条约体系的演进》，《中国海洋大学学报（社会科学版）》2018 年第 3 期。

② 朱璇、贾宇：《全球海洋治理背景下对蓝色伙伴关系的思考》，《太平洋学报》2019 年第 1 期。

③ 习近平：《论坚持推动构建人类命运共同体》，中央文献出版社，2018，第 261 页。

④ 杨泽伟：《论"海洋命运共同体"构建中海洋危机管控国际合作的法律问题》，《中国海洋大学学报（社会科学版）》2020 年第 3 期。

⑤ 白佳玉、隋佳欣：《以构建海洋命运共同体为目标的海洋酸化国际法律规制研究》，《环境保护》2019 年第 22 期。

⑥ 蒋小翼、何洁：《"海洋命运共同体"理念下对海洋保护区工具价值的审视——以马来西亚在南海建立海洋公园的法律分析为例》，《广西大学学报（哲学社会科学版）》2019 年第 5 期。

而，上述研究多是在海洋命运共同体理念基础上聚焦全球海洋治理某一方面的问题，探讨化解全球海洋治理困境的路径，从理论层面阐释构建海洋命运共同体的时代需求，应当从全球性海洋问题表象中抽象出更为深层次的缘由。从基于国际法和综合国力的“相互治理”的视角出发，国家利己主义以及缺乏寻求持久性解决方案的国际社会集体行动协调困境，是阻碍全球海洋治理效能提升的主要因素。

国家利己主义冲击国际海洋秩序。国际海洋秩序是全球海洋治理的运行基础，其建立和维持则是国际社会采取共同行动的结果，具有国际协调性，充满了多层次的国际互动和制度创新。有学者指出，第二次世界大战结束后，国际海洋秩序逐渐分化为两条截然不同的路径，形成以 1982 年《联合国海洋法公约》（以下简称《海洋法公约》）为基础的海洋政治经济秩序和以美国为主导的海洋安全秩序，[①] 当前个别国家对国际海洋秩序不负责任的破坏行为以及单边主义、贸易保护主义等，都是国家利己主义的表现。[②] 具体而言，在海洋政治经济方面，联合国秩序与强权秩序并存并行，《海洋法公约》构建的机制与规则为全球 168 个国家所接受，[③] 具有相对开放性和均衡性特征，联合国在促进国际社会更广泛地接受《海洋法公约》并以合理和一致的方式加以应用，以及推动国家管辖范围以外区域海洋生物多样性（BBNJ）养护与可持续利用协定谈判等方面，都发挥着重要作用。但是，《海洋法公约》作为国家之间、国家集团之间利益博弈与妥协的产物，许多条款具有原则性和宏观性特征，甚至具体含义模糊不清。美国等一些国家在解释和适用《海洋法公约》方面，通过概念设置或者按照自己的意愿来解释、修正既有规则的话语权，[④] 例如，以《海洋法公约》中未出现的“国际

---

① 胡波：《中国海上兴起与国际海洋安全秩序——有限多极格局下的新型大国协调》，《世界经济与政治》2019 年第 11 期。

② 郭延军：《凝聚国际共识，推动全球治理》，光明网，https：//theory. gmw. cn/2019-06/30/content_32960469. htm。

③ “United Nations Convention on the Law of the Sea,” https：//treaties. un. org/Pages/ViewDetailsIII. aspx？ src=TREATY&mtdsg_no=XXI-6&chapter=21&Temp=mtdsg3&clang=_en.

④ 刘新华：《新时代中国海洋战略与国际海洋秩序》，《边界与海洋研究》2019 年第 3 期。

水域”（International Waters）统称公海、专属经济区和毗连区，通过“航行自由计划”强化本国的海洋政策、海洋主张，单边解释航行自由规则及判定其他国家海洋权利主张合法性。[①] 上述行为反映了美国等海洋强国解释和适用《海洋法公约》方面的双重标准和实用主义取向，将不公正的意志强加于他国，进而强化和掌控其所主导的海洋政治经济秩序。在海洋安全秩序方面，自20世纪90年代以来，世界海洋军事力量对比呈现“一超多强”的格局，美国海军在冷战结束后成为全球最强大的海上军事力量，不可否认，当今的国际海洋安全秩序带有较强的美国烙印。[②] 2007年美国《21世纪海上力量合作战略》指出，地区性强国的发展壮大威胁到了美国在海上的霸权，来自弱小国家和“无统治”地区的挑战与威胁也在不断增长，并提出“慑止战争”与“赢得战争”同等重要的观点；2015年美国新版《21世纪海上力量合作战略》提出“全方位进入”方针，表明今后美国海军、海军陆战队和海岸警卫队要在陆地、海洋、网络等空间取得控制权。[③] 2017年美国海军水面舰艇部队发表《水面舰艇部队战略：重返海洋控制》，强调美国海军要通过推行“分布式杀伤”（Distributed Lethality）新型作战理念，落实新的“海洋控制”战略，[④] 其凭借强大的海空力量，以武力和胁迫手段，不断借助维护“航行自由”等名义保持其军事力量出入各大洋的自由。[⑤] 以上海洋战略说明美国将海洋作为取得全球控制权的重要领域，在海洋安全领域推行全球扩张的霸权主义。与此同时，国际海上力量对比正在发生深刻变化，新兴市场国家和发展中国家群体性崛起正在改变全球政治经济版图，参与全球海洋治理的主体既有强权国家也有非强权国家，既有发达国

---

① 《美国与〈联合国海洋法公约〉》，https：//www.fmprc.gov.cn/ce/ceph/chn/zt/nhwt/t1372434.htm。

② 张军社：《国际海洋安全秩序演进：海洋霸权主义仍存》，《世界知识》2019年第23期。

③ 李双建、于保华等：《美国海洋战略研究》，时事出版社，2016，第222~223页。

④ USA Naval Surface Force，“Surface Force Strategy：Return to Sea Control，” https：//www.public.navy.mil/surfor/Documents/Surface_Forces_Strategy.pdf.

⑤ 沈雅梅：《是“航行自由”还是海洋霸权》，《光明日报》2017年8月25日，第10版。

家也有发展中国家，非政府组织等非国家行为体也参与其中，[①] 国际海洋秩序呈现平等参与、共同发展、共享成果的时代特征，任何海上力量已无力追求单极的全球霸权与秩序。以单边主义和强权政治为内核的“海权论”的核心在于“控制”，由一国控制海洋并剥夺他国享有海洋权益的霸权主义行为，是典型的逆全球化行为。

国际社会集体行动协调困境造成海洋“公地悲剧”。海洋“公地悲剧”是根据自身利益独立行动的个体，通过耗尽或破坏国家管辖范围以外区域海洋资源，而损害群体共同利益的现象。[②] 现代海洋开发活动在迅速展现其巨大的经济效益的同时，也给国家管辖范围以外区域海洋带来一系列全球性海洋生态环境问题。其中，既包括海洋倾废、非法捕捞等传统问题，也涉及微塑料污染、海洋酸化、海平面升高、国家管辖范围以外区域海洋生物资源养护等新问题，全球性海洋危机损害着海洋生态系统功能，影响沿海国家和小岛屿国家的生存与发展，威胁人类社会的整体利益，在全球性海洋问题面前，任何国家都无法独善其身。与发生在大陆的“公地悲剧”相比，海洋“公地悲剧”是国家主权地域空间外的结构陷阱，化解海洋“公地悲剧”显然既无法依靠私有化、污染者付费、许可证制度等政府治理方式，也无法依靠以控制为核心的国际强权政治。当前全球海洋治理的窘境体现在治理效用与治理意愿两方面：就治理效用而言，现实境遇下全球范围内发生的海洋微塑料污染、海洋酸化、海洋垃圾漂移等问题一再表明，任何一国不负责任的行为足以引起全球性海洋生态环境危机，却没有一个国家具备独立承担推进全球海洋治理的能力。为维护国际社会共同的需求和共同的利益，需要遵从集体行动的逻辑，由国际社会联合起来共同参与全球海洋治理，共同应对海洋政治、经济、安全等领域的全球性危机。就治理意愿而言，参与国际交往的每一个国家都具有特定的海洋利益，其参与全球海洋生态环境治理的内在动力源于追求利益最大化和自身绝对安全的天性。而“公地悲剧”是个体

---

① 陈吉祥：《构建“善治”的新型海洋秩序》，《人民论坛》2019 年第 10 期，第 56 页。

② Joris Gillet, Arthur Schram, Joep Sonnemans, “The Tragedy of the Commons Revisited: The Importance of Group Decision-Making,” *Journal of Public Economics*, 93 (2009): 785-786.

获得利益，却将危机转嫁给国际社会的现实写照，某一国家追求自我利益的行动并不会增进国际社会公共利益。同时，获益行为体与具备海洋控制力的国家行为体并不必然耦合，甚至不具备消除自身引发环境危机的实力，在收益外溢效应面前，要求具备一定海洋治理能力的国家行为体“无偿”为获益者“买单”，不仅有违国际交往的法理与道义，而且是不切实际的幻想。

（二）构建海洋命运共同体符合全球海洋治理的时代趋向

20世纪以来，海洋作为国际政治、经济、军事、外交领域合作与竞争的舞台，其作用日益凸显。[①] 雅尔塔体系瓦解后，少数国家凭借超强的海上武力试图独霸世界海洋的国际政治格局被打破，参与全球海洋治理的力量此消彼长，经济全球化和国际经济一体化加速发展，促使各国认识到在各自国家利益中，“人类具有超越单个国家利益的共同利益”[②]，全球海洋治理是“使相互冲突或不同的利益得以被调和并采取联合行动的持续过程”[③]。一味地强调控制海洋、单方面攫取海洋利益，奉行国家利己主义逃避全球治理共同责任，非但无助于解决人类共同面对的海洋危机、无法持续有效地推动全球海洋治理，反而会加剧地区紧张局势，甚至放任某些危险因素的肆意生长或扩张。构建海洋命运共同体不是要建设一个凌驾于主权国家之上的世界政府，[④] 也非中国“一厢情愿”构建国际海洋秩序话语体系的单边行动，而是基于世界多极化、经济全球化、国际关系民主化的把握和判断，在国际社会价值共识的基础上“求同存异”，对人类共同追求的海洋治理观的具体表达。

海洋命运共同体符合人类共同追求的国际法治观。将人类与海洋视为一个整体、合理开发利用海洋资源的思想早在20世纪初即被国际法认可，

---

① 傅梦孜、陈旸：《对新时期中国参与全球海洋治理的思考》，《太平洋学报》2018年第11期。

② 李赞：《建设人类命运共同体的国际法原理与路径》，《国际法研究》2016年第6期，第68页。

③ The Commission on Global Governance, *Our Global Neighborhood: The Report of the Commission on Global Governance*, Oxford University Press, 1995, pp. 2-3.

④ 苏长和：《构建人类命运共同体的制度基础》，《光明日报》2018年3月27日，第6版。

1911 年《北太平洋海豹保护办法公约》、1931 年《日内瓦捕鲸管制公约》等国际公约，率先尝试通过国际合作协调利用和有效管理海洋生物资源。《海洋法公约》在“序言”中明确各国“意识到各海洋区域的种种问题都是彼此密切相关的，有必要作为一个整体来加以考虑”，第 136 条规定“‘区域’及其资源是人类的共同继承财产”，体现了全人类的利益和需要。此后，在《生物多样性公约》《国际船舶压载水和沉积物控制和管理公约》等国际公约中，都存在有关共同体思想的表述。概言之，人与海洋和谐共生是全人类共同关切的事项，海洋命运共同体理念强调以整体思维解决日益复杂的全球性海洋问题，反映了国际法的基本原则和普遍价值，与国际海洋法律制度致力于维护海洋和平利用、追求以人类为整体利益的目标，具有一致性。

构建海洋命运共同体顺应全球共治的趋向。全球海洋治理的本质是全球共治，全球共治的基本框架是构建全球性的权威协调，国家间关系结构强调从利益关系向朋友关系转变，对待异见的方式是求同存异，互动形式则是多主体协商民主。[①] 全球化时代国际政治向全球政治转型，需要建构一种全球共治的新理论，这种理论的核心原则是全球所有角色的共治，即审视当代国际事务必须有全球视野、全球观念，参与治理的主体必须从传统国家行为体扩展到非国家行为体，[②] 在全球多边主义合作的基础上实现共同治理。当今人类社会的命运、利益和诉求正以前所未有的紧密程度交织在一起，民族国家间以海洋为纽带形成的相互依赖，只会日益加深而不会减弱。这种相互依赖关系，不可避免地促使各民族国家在政治、经济、文化、科技等各个方面为了谋求和维护相关利益而进行不同程度的协调与联合、交往与合作。[③] 构建海洋命运共同体致力于推动全球化朝着更为公平的方向发展，世界各国均可参与海洋治理，以避免造成全球化时代海洋权益的分配不均及

① 高奇琦：《全球共治：中西方世界秩序观的差异及其调和》，《世界经济与政治》2015 年第 4 期。

② 蔡拓：《全球治理的反思与展望》，《天津社会科学》2015 年第 1 期。

③ 李爱华等：《马克思主义国际关系理论》，人民出版社，2006，第 279 页。

助长全球化逆流。

但是，构建海洋命运共同体并非等同于全球共治，二者既存在联系，也存在区别。就联系而言，构建海洋命运共同体与全球共治均认同全球性海洋问题需要国际社会以共同治理的方式加以解决。第二次世界大战结束至今，在全球海洋治理中追求人类整体利益，是国家层面海洋治理活动向全球层面延伸发展的主旋律，全球海洋治理呈现共享共治的发展趋势，构建海洋命运共同体与全球共治倡导在主权平等的基础上发展国际海洋秩序，促进国家利益与人类共同利益的一致性。二者均认同不同国家、不同民族应当以共同发展为特征，以平等参与为手段，以成果共享为目标，[①] 以良性竞争拓展共同利益，通过对话协商的形式，在广泛合作的基础上构建超越狭隘单边主义的海洋控制价值规则，基于共同体本位推动国际海洋秩序朝着更加公正合理的方向发展。就区别而言，全球共治的基本框架是构建全球性的权威协调，构建海洋命运共同体强调在国际关系民主化的基础上，国际社会在全球海洋治理中是一个整体。全球海洋治理是一个多层次、多维度的体系，国家治理能力有高低之分，国家治理责任有多寡之别，是多极化国际权力结构下的现实境遇。海洋治理与国际权力之间的同构性会深刻影响二者的关系，因而国际权力结构成为制约海洋治理的重要因素，海洋领域全球共治在某种程度上将重点放在发挥海洋强国、大国在治理中的积极作用上。与全球共治相比，构建海洋命运共同体更强调“要推进国际关系民主化，不能搞‘一国独霸’或‘几方共治’。世界命运应该由各国共同掌握，国际规则应该由各国共同书写，全球事务应该由各国共同治理，发展成果应该由各国共同分享”[②]。具体而言，在认可迈向共同体是全球海洋治理历史发展必然的前提下，构建海洋命运共同体更加注重国家之间的平等合作、充分实行民主原则，任何国家都不应游离或被排除于全球海洋治理体系之外，大国与小国、强国与弱国、发达国家与发展中国家应当在互利共赢的基础上，共同应对全球性挑

① 陈吉祥：《构建“善治”的新型海洋秩序》，《人民论坛》2019 年第 10 期。

② 习近平：《论坚持推动构建人类命运共同体》，中央文献出版社，2018，第 417 页。

战。综上，在全球海洋治理中实现双赢和多赢是构建海洋命运共同体的基本态度，在海洋资源利用、产业对接、科技研发等诸多领域，以和平方式消弭冲突，以合作取代对抗，深化国际合作，符合各国的长远利益。

二 全球海洋治理中的价值共识：构建海洋命运共同体的精神底蕴

一般需求或共性需求催生出主体间的共同利益，进而孕育出基于相同的需求和利益取向的价值共识。[①] 共同体的生存与发展，必须在各方相互联系的实践中形成与遵循人类社会的价值共识。2015 年习近平主席提出“和平、发展、公平、正义、民主、自由”是全人类的共同价值这一基本论断，[②] 是对当代人类文明基本价值观的一个总的表达，也是构建海洋命运共同体的精神内核。在全人类共同价值观基础上构建海洋命运共同体，既不是意识形态领域价值观的单向输出，也不是将全球海洋治理纳入为某一国家的利益服务的体系，而是基于全球海洋治理中的价值共识塑造国际海洋治理体系。

（一）和平发展是构建海洋命运共同体的时代价值

时代及时代主题，是马克思主义看待和研究世界的独特方法和视角。[③] 十九大报告指出，“世界正处于大发展大变革大调整时期，和平与发展仍然是时代主题”[④]。和平与发展是立足于时代共识的客观生成规律，在对世界形势进行了全面深刻分析的基础上，对于时代主题的科学论断，也是中国参与全球治理秉持的价值观。“贫瘠的土地上长不成和平的大树，连天的烽火

① 汪亭友：《“共同价值”不是西方所谓“普世价值”》，《红旗文稿》2016 年第 4 期。

② 习近平：《携手构建合作共赢新伙伴，同心打造人类命运共同体》，人民网，http://theory.people.com.cn/n1/2018/0104/c416126-29746010.html。

③ 胡波：《后马汉时代的中国海权》，《边界与海洋研究》2017 年第 5 期，第 9 页。

④ 习近平：《决胜全面建成小康社会 夺取新时代中国特色社会主义伟大胜利——在中国共产党第十九次全国代表大会上的报告》，http://www.gov.cn/zhuanti/2017-10/27/content_5234876.htm。

中结不出发展的硕果”[①]，和平与发展二者相互依存，和平既是发展的条件也是发展的目的，只有在和平的环境下才能实现社会、经济、文化的发展。世界处于和平与发展为主题的时代，为构建海洋命运共同体提供了前提条件和现实可能，是全球海洋治理进入新时代的根本外部条件。

和平利用海洋是全球海洋治理的时代共识。自 15 世纪末大航海时代至 20 世纪初，战争是确立海上霸权的唯一方式，也是建立海洋秩序的主要手段，海洋规则主要是关于战争的规则。[②] 20 世纪初至第二次世界大战结束前，海上活动成为新型地缘政治结构的基础，英国在海上的霸权地位受到了崛起的美国、德国、俄国和日本等国家的挑战，单极海上霸权体系无法继续有效维持。第二次世界大战结束后，尽管美国成为世界唯一海军力量遍布全球，并具备在全球任何地点采取决定性攻势战略能力的国家，但是既存国际政治格局和国际关系体系与 20 世纪初叶相比，已经大不相同。第三世界国家成为反抗经济、政治与文化等诸多层面霸权主义压迫的新兴政治力量，英国、法国、日本、俄罗斯、中国等国家及一些国际组织也是国际格局中的重要力量。[③] 伴随海上权力的扩散与转移，任何国家很难通过战争手段改变目前的海洋地缘政治格局、实现海洋霸权，大国之间的大规模海上武装冲突鲜有发生，少数海洋强国放弃政策自主性以换取制度化合作的必要性逐步提升，全球海洋和平得以维系。与此同时，国际海洋法编纂工作取得了很大成就，规范各类海上活动的国际条约日益增加，和平解决国际争端成为一项普遍性国际义务，“炮舰外交”越来越受到海洋政治格局、国际法与国际舆论的束缚，在全球海洋治理中共同维护和平稳定的国际环境，成为全人类的主流诉求和价值共识。在总体和平的国际环境下，海洋不仅成为所有国家发展所需战略资源的获取空间，也是助力经济全球化及区域经济一体化的联系组带，[④] 世界经济相互依存度越来越高，全球各国的经济、政治、文化联系更

① 习近平：《论坚持推动构建人类命运共同体》，中央文献出版社，2018，第 114 页。
② 张军社：《国际海洋安全秩序演进：海洋霸权主义仍存》，《世界知识》2019 年第 23 期。
③ 郑雪飞：《第一次世界大战初期的美英伦敦宣言之争》，《史学月刊》2001 年第 4 期。
④ 李国选：《中国和平发展进程中的海洋权益》，中国民主法制出版社，2016，第 6~7 页。

加紧密，这意味着任何国家都不能游离于全球海洋治理体系之外，[①] 必须以命运共同体的形式携手合作构建新型国际关系，共同让和平的薪火代代相传，让发展的动力源源不断。[②]

可持续发展是全球海洋治理的时代认知。海洋与人类的发展息息相关，人类直接或间接地受益于沿海和海洋生态系统所提供的产品和服务，全球67%的人口生活在距离海岸400公里范围内，[③] 全球国内生产总值的61%来自海洋和距离海岸线100公里之内的沿海地区。[④] 20世纪70年代以来，陆源污染、海难事故、过度捕捞、气候变化等导致了一系列举世震惊的海洋生态灾难及环境公害事件。此后，国际社会对海洋的认知重点从其自然属性扩展到社会经济属性，海洋不再被单纯视为自然环境的一部分，而是人类社会获取可持续发展的保障，[⑤] 海洋治理与消除贫困、实现持续经济增长、保证粮食安全、应对气候变化、保护生物多样性等全球治理核心议题紧密联系在一起。2015年联合国通过《变革我们的世界：2030年可持续发展议程》（以下简称《2030年议程》）将“保护和可持续利用海洋和海洋资源以促进可持续发展”作为可持续发展目标之一，2017年联合国支持落实可持续发展“目标14”会议（联合国海洋大会）积极推动将可持续发展目标作为全球海洋治理路线图组成部分，[⑥] 显示了国际社会在促进海洋治理与可持续发展相互融合方面的共同政治意愿。“大家一起发展才是真发展，可持续发

① 杨守明：《不断深化的马克思主义时代理论研究》，《人民日报》2011年9月29日，第14版。

② 张明：《中欧合作构建新型国际关系和人类命运共同体》，http://www.chinamission.be/chn/dswz2017001/t1563907.htm。

③ Christopher Small, Joel E. Cohen, “Continental Physiography, Climate, and the Global Distribution of Human Population,” *Current Anthropology*, 45 (2004): 272.

④ Paulo A. L. D. Nunes, Andrea Ghermandi, “The Economics of Marine Ecosystems: Reconciling Use and Conservation of Coastal and Marine Systems and the Underlying Natural Capital,” *Environmental and Resource Economics*, 56 (2013): 460.

⑤ 朱璇、贾宇：《全球海洋治理背景下对蓝色伙伴关系的思考》，《太平洋学报》2019年第1期，第55页。

⑥ Barbara Neumann, Sebastian Unger, “From Voluntary Commitments to Ocean Sustainability,” *Science*, 363 (2019): 35-36.

展才是好发展”[①]，海洋命运共同体综合了经济、社会、生态环境三大目标，秉持共商共建共享的全球海洋治理观，强调人类的命运与海洋的命运紧密相连，沿海国家、内陆国家和岛屿国家人民的命运紧密相连，倡导保护生态环境，推动经济、社会、环境协调发展，实现人与自然、人与社会和谐的基本理念。海洋命运共同体蕴含的发展观对于全球海洋治理的意义是双重的。一方面，构建海洋命运共同体尊重和维护可持续发展作为全人类主流诉求的价值判断，认可以可持续方式开发利用海洋，由各国共同分享海洋发展成果；另一方面，构建海洋命运共同体追求人类社会共同发展，突出世界各国在全球海洋治理中不仅是利益共同体，也是责任共同体，在全球海洋治理进程中应当团结互助、相互支持，共同落实全球海洋治理的责任与义务。

（二）公平正义是构建海洋命运共同体的目的价值

构建海洋命运共同体继承和发展了马克思主义公平正义观。马克思公平正义观否定超自然存在的唯心主义公平正义观，认为“公平则始终只是现存经济关系的或者反映其保守方面，或者反映其革命方面的观念化的神圣化的表现”，[②] 公平正义在不同领域的具体含义不尽相同。[③] 构建海洋命运共同体是在国际关系理论和实践层面，对马克思主义公平正义观的继承和发展，它倡导在充分尊重国家合法权益的同时，以民族国家为构成的国际社会应树立一种和睦团结的精神，以及基于共同体的价值关怀与责任意识。在全球海洋治理进程中，构建海洋命运共同体蕴含的公平正义观包含三层含义。

首先，在全球海洋治理中坚持正确的义利观。“义，反映的是我们的一个理念，共产党人、社会主义国家的理念。……我们希望全世界共同发展，特别是希望广大发展中国家加快发展。利，就是要恪守互利共赢原则，不搞

① 习近平：《论坚持推动构建人类命运共同体》，中央文献出版社，2018，第255页。

② 《马克思恩格斯选集》第3卷，人民出版社，2012，第261页。

③ 杨宝国：《公平正义观的历史·传承·发展》，学习出版社，2015，第39、53页。

我赢你输，要实现双赢。”[①] 在全球海洋治理中追求公平正义，是实现人类社会内在的和谐统一，而不是表象上的相同和一致，它不仅在国际关系及国际政治领域中施行，还应当在社会经济的领域中施行。[②] 正确的义利观是对西方现实主义国际关系理论狭隘国家利益观的超越，[③] 它既蕴含了经济伦理，也包括政治伦理。在全球海洋治理中坚持正确的义利观，倡导摒弃零和思维，在海洋开发利用过程中，“不能只追求你少我多、损人利己，更不能搞你输我赢、一家通吃。只有义利兼顾才能义利兼得，只有义利平衡才能义利共赢”[④]。换言之，实现海洋领域共同繁荣和清洁美丽，必须秉持义利相兼、以义为先的原则，使本国利益与他国利益协调平衡，兼顾发展中国家、小岛屿国家发展经济、保障就业、消除贫困等利益诉求。

其次，公平分担全球海洋公共产品供给责任。由于国家领土、实力、经济发展水平、海洋地理等因素的差异，全球海洋公共产品的供给与消费是不对称的，在全球海洋治理中无论是霸权垄断公共产品供给，还是在权利和义务分配上一味追求达到某种程度的“平等”，其结果可能是在不平等基础之上的恶性竞争，从而产生更多有失公平正义的现象。[⑤] 构建海洋命运共同体强调建立公平正义的国际海洋新秩序，意味着在国家政治地位平等的基础上，海洋大国及强国在追求自身权力和国家的生存过程中，应主动承担应有的供给责任，不应将公共产品供给作为对外关系中相互残杀、争夺霸权的工具，[⑥] 其他国家在自身发展阶段、能力和国情的基础上，主动承担与自身发展阶段、能力相适应的责任，最大限度地实现平等互利互惠的治理目标。

最后，倡导共商共建共享的新型国际合作路径。“现在，世界上的事情

① 《习近平的外交义利观》，中国日报中文网，https：//cn. chinadaily. com. cn/2016xivisiteeu/2016-06/19/content_25762023. htm。

② 张清：《马克思主义公平正义观的新境界》，《学习时报》2017 年 8 月 28 日，第 3 版。

③ 尚伟：《正确义利观：构建人类命运共同体的价值追求》，《求是》2018 年第 10 期，第 60 页。

④ 《习近平的外交义利观》，中国日报中文网，https：//cn. chinadaily. com. cn/2016xivisiteeu/2016-06/19/content_25762023. htm。

⑤ 阎学通：《公平正义的价值观与合作共赢的外交原则》，《国际问题研究》2013 年第 1 期。

⑥ 李爱华等：《马克思主义国际关系理论》，人民出版社，2006，第 280~281 页。

越来越需要各国共同商量着办，建立国际机制、遵守国际规则、追求国际正义成为多数国家的共识。”① 恩格斯曾说：“只有在平等者之间才有可能进行国际合作，甚至平等者中间居首位者也只有在直接行动的条件下才是需要的。”② 霸权合作论与制度合作论是西方主流国际合作理论，霸权合作论依赖的霸权国的权力，制度合作论依赖的国际制度，二者发挥保障作用的落脚点都是具有强制力的大国权力。③ 在霸权合作与制度合作逻辑之下，公平正义的定义具有单向性，以自身秉持的价值观为判断标准。构建海洋命运共同体改变了传统西方国际合作范式，在推动国际关系民主化进程中，以各国自主追求共同发展的合规律性选择为立足点，“共商”即通过各国共同协商达成政治共识、寻求共同利益；“共建”即在主权平等基础上共同参与海洋治理，在治理过程中优势互补，各尽所长；“共享”是指各国分享发展机遇和成果，在全球海洋治理中形成互利共赢的命运共同体。概言之，倡导共商共建共享的国际合作路径，体现了海洋命运共同体所具有的开放性、平等性。

（三）民主自由是构建海洋命运共同体的秩序价值

以主权平等为基础的民主自由作为塑造当代国际海洋秩序的共识价值，在全球海洋治理中所体现的正义性、合理性使各种形式的海洋霸权主义、强权政治黯然失色。构建海洋命运共同体重申民主自由是塑造全球海洋治理框架的价值评估标尺，倡导各国人民齐心协力的共治秩序观，坚决反对和摒弃冷战思维和强权政治的统治秩序观。④

构建海洋命运共同体是全球海洋治理民主化的中国方案。20 世纪中叶至今，主权国家之间围绕国际海洋秩序的构建既存在合作也存在博弈，1958

① 习近平：《论坚持推动构建人类命运共同体》，中央文献出版社，2018，第 259 页。

② 《马克思恩格斯文集》第 10 卷，人民出版社，2009，第 472 页。

③ 蔡建红：《人类命运共同体合作观探析》，《中国社会科学报》2019 年 12 月 31 日，第 1 版。

④ 王永贵、黄婷：《人类命运共同体为打造世界新秩序提供中国智慧》，《红旗文稿》2019 年第 9 期。

年第一次联合国海洋法会议以来，和平利用海洋，通过编纂国际法律规则和广泛协商合作解决全球性海洋问题成为国际社会主流趋势，全球海洋治理主张建立以全球共治为主要内容的新秩序，而非强权统治下的大国共治。以1982年《海洋法公约》为基础的现代国际海洋法律体系，在规范海域法律地位、确保各国在开发利用海洋的权益方面扮演着无可替代的角色。进入21世纪，追求控制海洋、频频挑战他国合法海洋权益的霸权主义和强权政治并未消失，反而严重干扰了全球治理秩序的稳定性，突出表现为发达国家主导国际海洋规则的制定与解释，而众多发展中国家没有机会参与其中，由于国家间权力的不均衡，民族国家之间形成了一种不平等的全球民主治理体系。① 当发展中国家要求推进全球海洋治理民主化时，某些发达国家的心态便出现了失衡，试图推脱大国应尽的义务，② 因而以霸权主义和强权政治建构全球海洋治理体系，并不符合民主的精神和原则。例如，美国并非《海洋法公约》缔约国，却声称“以符合《海洋法公约》所反映的利益平衡方式”，频频以维护“航行自由”为借口，挑战他国海洋主权和管辖权；《南极条约》设立大国俱乐部式的准入规则，历史上曾长期排斥联合国过多参与南极事务。针对全球海洋治理中的民主缺陷，在民主价值的基础上推动构建海洋命运共同体，其目的不是将世界各国纳入为某一国家的利益服务的体系，而是坚定维护以联合国为核心的国际体系，坚定维护以国际法为基础的国际秩序，③ 建立各国共同发展的海洋治理体系。概言之，在以联合国和公认的国际法则为基础的海洋秩序得到国际社会普遍认同的历史背景下，维护以《联合国宪章》宗旨和原则④为基石的国际关系基本准则，善意适用和解释《海洋法公约》的规定，推动构建海洋命运共同体，是中国支持多边主

---

① 〔美〕克里斯托弗·蔡斯-邓恩：《全球治理的民主赤字及其解决》，王金良编译，《学习与探索》2014年第10期。

② 李向阳：《人类命运共同体理念指引全球治理改革方向》，《人民日报》2017年3月8日，第7版。

③ 《习近平会见联合国秘书长古特雷斯》，新华网，http://www.xinhuanet.com/politics/leaders/2019-04/26/c_1124422622.htm。

④ 参见《联合国宪章》第1、2条。

义和国际关系民主化的具体方案。

构建海洋命运共同体倡导基于国际法的海洋秩序。构建海洋命运共同体继承了马克思主义“每个人的自由发展是一切人的自由发展的条件”[①]的思想，并融入“求同存异”“和平共处五项原则”等中国特色外交理念。一方面，只有在每个国家依据国际法主张海洋权利得到充分尊重的情况下，参与全球海洋治理的国际力量才能不断扩张，建立民主、公正的全球海洋治理体系才具备可能性和现实性；另一方面，由于多边条约建构的国际海洋法在制度设计、规则解释和适用方面仍然存在模糊甚至缺陷，一国应善意行使其海洋权利，尊重和维护他国符合国际法的海洋自由。简言之，保护海洋自由需要在国际关系民主化进程中构建基于国际法的海洋秩序，以限制和约束国际强权政治，保护正当海洋自由，构建海洋命运共同体展现了民主和自由价值的结合。

三　全球海洋治理的中国方案：构建海洋命运共同体的路径指向

海洋命运共同体以价值共识为导向，追求“利益”与“价值”的融合，形成最大公约数意义上的行为规则和制度架构。构建海洋命运共同体不仅是对全球海洋治理体系理论基础的补充与完善，也是维护国际法治、构建和谐国际海洋秩序的中国方案。

（一）维护以国际法为基础的国际海洋秩序

《海洋法公约》是规范国际海洋秩序的法律基础，自生效以来推动着国际海洋秩序由霸权政治向权利政治过渡和发展。《海洋法公约》是缔约国确立海洋权益、解决海洋争端的直接依据，但是其在制度设计上存在不足，无

① 《马克思恩格斯选集》第一卷，人民出版社，2012，第422页。

法满足全球海洋治理的现实需求。[①] 构建海洋命运共同体倡导以法治的精神，合理适用及解释《海洋法公约》的制度及规则，以《联合国宪章》及“和平共处五项原则”为制度基础，发展新型国际海洋秩序。

构建海洋命运共同体在遵循《联合国宪章》宗旨和原则的基础上，致力于维护和谐海洋、共筑包容开发的国际海洋秩序，对此可以从三方面理解。一是以《联合国宪章》宗旨和原则为处理国际海洋事务的基本准则。处理国际海洋事务离不开国际规则的支撑，国际规则的供给及运行受制于国际行为体多元化、海洋政治力量结构多样化、治理机制中的利益博弈等因素影响。《联合国宪章》作为多边主义的基石，其有关宗旨和原则的规定确立了当代国际关系的基本准则，发展了公认的国际法原则，为人类社会发展指明了前进方向。“当今世界发生的各种对抗和不公，不是因为联合国宪章宗旨和原则过时了，而恰恰是由于这些宗旨和原则未能得到有效履行。”[②] 海洋命运共同体强调维护及发展以《联合国宪章》宗旨和原则为核心的国际海洋治理体系，反对独享或垄断海洋权益。在推动构建海洋命运共同体征程中，《联合国宪章》的作用只能加强不能削弱，各国应共同维护《联合国宪章》的权威性和严肃性，不可借国际法之名逃避国际责任或破坏和平稳定。二是遵循《联合国宪章》的宗旨和原则，和平解决国际海洋争端。国际海洋争端范围广泛、类型多种多样，这些争端背后往往有着长期的历史根源、敏感的民族情感、重大的现实利益和长远的未来需求等多方面因素，当事国政府均不会轻言放弃。[③] 一些国家在面对海洋争端时，采取挑起事端、使用或威胁使用武力的行为，这不仅无法从根本上解决国际争端与矛盾，也难以营造持久和平。《联合国宪章》明确规定禁止使用或威胁使用武力及例外情形，[④]《海洋法公约》有关无害通过、过境通行、和平利用海洋的条文，吸

① 姚莹：《“海洋命运共同体”的国际法意涵：理念创新与制度构建》，《当代法学》2019 年第 5 期。

② 习近平：《论坚持推动构建人类命运共同体》，中央文献出版社，2018，第 260 页。

③ 张海文：《全球海洋岛屿争端面面观》，《求是》2012 年第 16 期。

④ 参见《联合国宪章》序言、第 2 条、第 41 条、第 46 条、第 51 条。

收了《联合国宪章》上述规定。[①] 构建海洋命运共同体强调遵循《联合国宪章》有关武力使用的规则，尊重各国根据国际法在相互同意基础上自主选择和平方法与机制解决海洋争端的法律权利，“反对动辄使用武力或以武力相威胁，反对为一己之私挑起事端、激化矛盾，反对以邻为壑、损人利己”。[②] 三是建立包容性的国际海洋安全秩序。“在经济全球化时代，各国安全相互关联、彼此影响。没有一个国家能凭一己之力谋求自身绝对安全，也没有一个国家可以从别国的动荡中收获稳定。”[③] 以海洋命运共同体理念完善国际海洋安全秩序，倡导各国之间应当“对话而不对抗、结伴而不结盟”，以包容合作精神构筑共同安全，尊重和照顾彼此的海洋利益和关切。[④] “大国之间相处，要不冲突、不对抗、相互尊重、合作共赢。大国与小国相处，要平等相待，践行正确义利观，义利相兼，义重于利。”[⑤] 基于历史经验和现实考量，必须承认不同国家在应对安全事务能力方面存在的差异，稳定的海洋安全秩序离不开大国协调和大国贡献，[⑥] 大国应当承担更多国际责任。

基于法治理念发展《海洋法公约》确立的规则及制度。《海洋法公约》制度安排是构建海洋政治经济秩序的主体框架，自《海洋法公约》通过和生效以来，围绕《海洋法公约》相关内容的适用和解释分歧日益凸显，在生物多样性养护、微塑料污染治理、海洋酸化治理等领域，迫切需要相关国际规则填补制度空白，为此，国际社会希望通过发展《海洋法公约》确立的相关规则及制度，寻找推进全球海洋治理的方法及路径。在规则制定方面，构建海洋命运共同体倡导多边协商制定国际海洋规则，体现发展中国家的利益关切。国际规则是全球海洋治理公平化、合理化的制度基础，个别国

① 参见《联合国海洋法公约》第19条第2款（a）项、第39条第1款（b）项、第301条。
② 《习近平谈治国理政》第三卷，外文出版社，2020，第461页。
③ 《习近平谈治国理政》第二卷，外文出版社，2017，第523页。
④ 习近平：《论坚持推动构建人类命运共同体》，中央文献出版社，2018，第254~255页。
⑤ 习近平：《论坚持推动构建人类命运共同体》，中央文献出版社，2018，第254页。
⑥ 胡波：《中国海上兴起与国际海洋安全秩序——有限多极格局下的新型大国协调》，《世界经济与政治》2019年第11期。

家在全球海洋治理规则协商制定中推行实用主义、保护主义、孤立主义政策，是典型的逆全球化行为。① 习近平主席指出：“规则应该由国际社会共同制定，而不是谁的胳膊粗、气力大谁就说了算，更不能搞实用主义、双重标准，合则用、不合则弃”，“变革过程应该体现平等、开放、透明、包容精神，提高发展中国家代表性和发言权，遇到分歧应该通过协商解决，不能搞小圈子，不能强加于人”②。全球海洋治理追求人类作为一个整体的共同利益，国家不分大小、强弱、贫富，都是国际社会平等一员，都应该平等参与国际海洋规则制定。新兴市场国家和发展中国家是参与全球海洋治理的重要主体，制定和发展《海洋法公约》相关制度规则不仅需要防范海洋霸权主义的恣意，限制强权国家任性、专断地对待国际规则磋商的可能，更需要提高新兴市场国家和发展中国家代表性和发言权，维护发展中国家海洋发展空间。尤其是在国家管辖范围以外区域海洋生物多样性保护及可持续利用、南极及北极开发利用规则磋商领域，国际规则需要弥合相关国家在发展状况、技术能力和保护理念等方面的南北差异，保护新兴市场国家和发展中国家以公平公正的方式获取和共享海洋资源的惠益。在规则适用和解释方面，构建人类命运共同体要求善意、准确、完整地解释和适用国际海洋法，反对缔约国及相关国际组织或机构无视《海洋法公约》的规定、滥用《海洋法公约》权利的行为。国际条约是国家及国家集团利益折中的产物，《海洋法公约》在制定过程中为了“求同”，对于一些短时间内无法形成合意的规则有意加以模糊，留下进一步解释的空间，留待国际实践去适用和发展。近年来“南海仲裁案”“北极日出号案”等国际裁决反映出少数缔约国滥用《海洋法公约》赋予的权利，个别国际争端解决组织利用其身份及《海洋法公约》体系的制度性缺陷，超越和扩大自身权限，损害了国际法治权威。求助国际司法或仲裁的目的是和平解决争端，判决或裁决是法律宣告，它不能以政治动

① 马峰：《国际规则应由国际社会共同制定》，《人民日报》2018 年 12 月 19 日，第 7 版。

② 《习近平主席在亚太经合组织工商领导人峰会上的主旨演讲》，新华网，http：//www.xinhuanet. com/politics/leaders/2018-11/17/c_1123728402. htm。

机来确认自身之宣告。[①] 根据《维也纳条约法公约》第31、32条，条约解释的目的是确定缔约方的共同意图而非某国或某些国家团体的个别意图，[②] 别有目的地解释和适用《海洋法公约》规定，只会离间当事国对于国际法治的信仰，增大了解决国际海洋争端的难度。[③] 构建海洋命运共同体主张缔约国在《海洋法公约》框架内享有的自主选择争端解决程序和方式的权利，对于《海洋法公约》未予规定的事项，应继续遵循一般国际法的规则和原则予以解释和适用；国际司法及仲裁机构应以促进当事国最终和长久解决争端为己任，尊重当事国意愿，在当事国授权范围内依法准确解释和适用《海洋法公约》，避免越权、扩权和滥权。[④]

（二）践行人与海洋和谐共生的国际环境治理路径

海洋可以没有人类，但是人类不能没有海洋。海洋生态系统是地球上最大的生态系统，全球90%的生物生长及生活在海洋，海洋吸收了人类排放到大气中的1/4温室气体，[⑤] 全球约30亿人的生计依赖于海洋生物多样性，生态环境治理是全球海洋治理的重要一环，也是构建海洋命运共同体的应有之义。

人与海洋和谐共生倡导海洋利用与保护有机结合。海洋利用与保护的关系是人类社会进入工业化发展阶段以来人与海洋关系冲突的具体反映，具体表现为人类对海洋资源开发的强度不断增大与海洋资源稀缺性、环境脆弱性之间的矛盾。十九大报告指出：“人与自然是生命共同体，人类必

---

① See *United States Diplomatic and Consular Staff in Tehran*（*United States v. Iran*），Judgment，ICJ Reports 1980，pp. 20-21，para. 36.

② See *China-Measures Affecting Trading Rights and Distribution Services for Certain Publications and Audiovisual Entertainment Products*，WT/DS363/AB/R，21 December 2009，p. 164，para. 405.

③ 马峰：《国际规则应由国际社会共同制定》，《人民日报》2018年12月19日，第7版。

④ 《中国代表团在〈联合国海洋法公约〉第29次缔约国会议“秘书长报告”议题下的发言稿》，http：//statements. unmeetings. org/media2/21996150/china-cn-. pdf。

⑤ Food and Agriculture Organization of the United Nations，“International Symposium on Fisheries Sustainability，” http：//www. fao. org/about/meetings/sustainable-fisheries-symposium/en/.

须尊重自然、顺应自然、保护自然。”[①] “人与自然共生共存，伤害自然最终将伤及人类。空气、水、土壤、蓝天等自然资源用之不觉、失之难续。”[②] 构建海洋命运共同体秉持非人类中心主义伦理观，将中国传统文化中的“天人合一”思想融入其中，认可海洋生态系统的独立价值是一种高于工具价值的客观存在，人类在维持充分的生命必需以外，没有减少海洋生物多样性的权利，[③] 承认人类与海洋具有共体性，要求人类尊重海洋发展的客观规律，在海洋生态环境承载限度内和确保海洋资源永续利用的前提下，科学合理地开发利用自然资源是开发利用海洋的基本目标。利用与保护在全球海洋治理中不是对立的，而是统一的，保护是开发利用海洋资源的前提，保护是为了更好地开发海洋资源，开发利用是保护海洋的必要体现，合理的开发本身就是一种保护。海洋资源类型千差万别，不同类型、区位海洋资源禀赋也各不相同。不科学的海洋利用方式是造成资源浪费或生态环境破坏的重要原因之一，协调海洋利用与保护方式目的在于保持经济发展与生态环境保护的一致性，以可持续发展引领海洋保护和利用，要求在特定地区及时间条件下来实现对海洋资源的科学利用和保护，同时还要通过一定的组织模式，协调人和环境、资源间的关系，在真正意义上实现可持续发展。

进入21世纪，围绕海洋微塑料污染防治、非法捕鱼管控、北极航道治理、南极保护区建设、国家管辖范围以外区域海洋生物多样性养护等国际规则的磋商正在进行，构建海洋命运共同体蕴含的环境治理内涵可以概括为三方面。一是遵循海洋自然规律，保障海洋资源基本存量。对于海洋不可再生资源，要有计划地适度开发，并着力提高循环利用的水平。[④] 海洋可再生资

---

① 习近平：《决胜全面建成小康社会 夺取新时代中国特色社会主义伟大胜利——在中国共产党第十九次全国代表大会上的报告》，http：//www. gov. cn/zhuanti/2017 - 10/27/content_5234876. htm。

② 习近平：《论坚持推动构建人类命运共同体》，中央文献出版社，2018，第242页。

③ 黄德明、卢卫彬：《国际法语境下的“人类命运共同体意识”》，《上海行政学院学报》2015年第6期。

④ 孙志辉：《用科学发展观引领我国海洋经济又快又好发展》，《求是》2006年第11期。

源在特定时间范围内的数量或种群也是有限的，并且资源存量和质量直接受到海洋环境的影响，尤其是在海洋渔业资源养护利用方面，中国致力于实现渔业的可持续发展，在渔业管理中重视采用生态系统方法和预防性方法，加强科学评估与渔业政策的对接，广泛参与国际合作，打击非法、未报告及不受管制的捕捞活动（以下简称“IUU 捕捞”）。[①] 因此，对于海洋资源的利用首先着眼于“量”的状态的维持，[②] 而非只看重其带来的经济效益，枉顾海洋生态环境变化。只有保障海洋资源的存量，同时维持海洋生态环境的稳定，才能够保持全球海洋资源生产力的持续增长或稳定的可用状态。二是实现海洋资源的合理利用，禁止权利滥用。合理利用海洋资源是世界各国共同追寻的目标，一些国家基于自身海洋利益的考虑，在和平利用海洋、抑制海洋酸化、消除海洋垃圾等领域，选择“搭便车”以逃避在全球海洋治理中应承担的责任，这些现象的出现严重影响了全球海洋治理的效果。[③]《中国海洋 21 世纪议程》倡导海洋整体论，指出“一个国家邻近海域出现的生态与环境问题，往往会危及周边国家海域，甚至扩大到邻近大洋，有的后期效应还会波及全球”。《中国落实 2030 年可持续发展议程国别方案》支持实施基于生态系统的海洋综合管理，执行科学的渔业资源管理计划，打击“IUU 捕捞”，并严禁一切对上述捕捞活动的补贴。各国负有确保在其管辖范围内或在其控制下的海洋使用行为不致损害其他国家环境的责任；如果一国因行使主权而对他国环境造成损害，则应承担相应的国家责任。三是优化海洋环境国际治理结构，完善资源的配置方式。中国倡导国际海洋治理多边主义，坚持在可持续发展框架内讨论环境问题，推动形成公平合理、合作共赢的国际环境治理多边体系，以实现环境保护

---

① 《中国常驻联合国副代表吴海涛大使在第 73 届联大关于“海洋和海洋法”议题的发言》，https：//www. fmprc. gov. cn/ce/ceun/chn/hyyfy/t1621110. htm。

② 杜群：《环境法与自然资源法的融合》，《法学研究》2000 年第 6 期。

③ 贺鉴、王雪：《全球海洋治理视野下中非“蓝色伙伴关系”的建构》，《太平洋学报》2019 年第 2 期。

与经济、社会发展的协调统一。[①] 在应对渔业资源危机、海洋垃圾、海平面上升等危机方面，中国倡导以双边或多边合作的方式推进国际海洋环境治理，严格遵守相关政府间国际组织通过的养护和管理措施，[②] 形成公平合理的海洋资源开发与成果分享秩序。

（三）以蓝色伙伴关系推动全球海洋经济可持续发展

经济全球化是全球海洋治理的原动力，推动全球海洋经济可持续发展是构建海洋命运共同体的“经济路径”，蓝色伙伴关系体现了以经济发展为内容的物质共同体。在全球范围内，海洋和沿海资源及产业的市场价值估计每年达 3 万亿美元，约占全球国内生产总值（GDP）的 5%。[③] 各国共处一个世界，全球共享一片海洋，当今国际社会已是你中有我、我中有你的“命运共同体”，面对全球性海洋问题，任何国家都不可能独善其身。2017 年中国提出构建开放包容、具体务实、互利共赢的蓝色伙伴关系的倡议，致力于与世界各国成为伙伴，寻求和扩大彼此利益交会点，实现互利共赢，共同应对全球海洋治理面临的挑战，推动构建更加公平、合理和均衡的全球海洋治理体系。[④]

发展海洋经济是全球海洋治理重点领域之一。海洋经济是经济全球化向海洋延伸的重要依托，也是落实联合国《2030 年议程》目标 14“保护和可持续利用海洋和海洋资源以促进可持续发展”的重要举措。海洋经济强调经济效益、社会效益与生态效益相统一，其中蕴含的可持续性与包容性发展，与构建海洋命运共同体的理念不谋而合。以“蓝色伙伴关系”为纽带

---

① 《王毅部长在〈世界环境公约〉主题峰会上的发言》，https：//www. fmprc. gov. cn/web/wjbz_673089/zyjh_673099/t1497787. shtml。

② 参见《中国常驻联合国副代表吴海涛大使在第 73 届联大关于“海洋和海洋法”议题的发言》，https：//www. fmprc. gov. cn/ce/ceun/chn/hyyfy/t1621110. htm。

③ 《目标 14：保护和可持续利用海洋和海洋资源以促进可持续发展》，https：//www. un. org/sustainabledevelopment/zh/oceans/。

④ 朱璇、贾宇：《全球海洋治理背景下对蓝色伙伴关系的思考》，《太平洋学报》2019 年第 1 期。

不断深化海洋领域国际经济合作，共同分享来自海洋的发展机会、承担全球海洋治理责任，是构建海洋命运共同体的应有之义，也是海洋命运共同体“落地生根”的经济举措。中国以蓝色伙伴关系打造海洋命运共同体、推进全球海洋经济可持续发展，具有以下内涵：一是维护多边贸易体系，促进全球经济一体化。伙伴关系是一种新型的治理模式，是动员多元主体参与，调动多渠道资源以实现可持续发展的途径。[①] 面对单边主义和贸易保护主义严重冲击国际经济秩序，中国以建立蓝色伙伴关系为参与全球海洋治理的主要途径，本质上是在践行多边主义、倡导贸易自由，以伙伴关系不断拓展与其他国家在海洋领域的合作，构建开放型的世界经济格局。二是追求代际公平，实现经济可持续发展。公平性在可持续发展原则中居于首要地位，实现海洋经济可持续发展不仅要求缩小区域之间的发展差距，满足当代人的共同福祉和利益需求，也强调不能损害后代发展与满足其自我需求的能力，“为子孙后代留下一片碧海蓝天”[②]。代际公平是衡量可持续发展的标准之一，构建海洋命运共同体蕴含的公平理念不仅涉及人与海洋的关系，也涉及当代人之间、当代人与后代人之间的公平关系。在当代人享受海洋带来的资源与便利的同时，后代子孙也有权利拥有一个生机勃勃的海洋，并从中获取经济、文化及精神利益。三是寻求利益交会点，务实合作应对共同挑战。在国际经济合作中，正常的贸易关系是建立在等价交换基础上的互惠互利关系。[③] 蓝色伙伴关系意味着一国发展其海洋经济时，不应将他国锁定在依附地位、永享垄断利润，而是尊重互利互惠的平等竞争关系，致力于推动形成优势互补、互通有无的开放型经济格局。从长远考量，只有共同增进海洋福祉，才能促进海洋经济可持续发展，为建设新型国际海洋秩序注入强劲经济原动力。

---

① 朱璇、贾宇：《全球海洋治理背景下对蓝色伙伴关系的思考》，《太平洋学报》2019 年第 1 期。

② 《习近平致 2019 中国海洋经济博览会的贺信》，新华网，http://www.xinhuanet.com/politics/leaders/2019-10/15/c_1125106804.htm。

③ 青原：《认清本质洞明大势斗争到底——中美经贸摩擦需要澄清的若干问题》，《求是》2019 年第 12 期。

以蓝色伙伴关系为载体推动共建“21世纪海上丝绸之路”。共建“21世纪海上丝绸之路”旨在促进经济要素有序自由流动、资源高效配置和市场深度融合，其途径不是从排他性国家联盟的角度狭隘地组建经济联合体，也不是将其他国家纳入中国设计和主导的联盟体系与制度网络中，而是以目标协调、政策沟通为主，由中国与沿线国家一道，不断充实完善合作内容和方式，共同制定时间表、路线图，积极对接沿线国家发展和区域合作规划，[①] 以命运共同体理念将中国的发展同沿线国家发展结合起来，实现世界经济再平衡。《“一带一路”建设海上合作设想》提出建立全方位、多层次、宽领域的蓝色伙伴关系，[②] 进一步加强与“21世纪海上丝绸之路”沿线国的战略对接与共同行动。一是铸造互利共赢的蓝色经济引擎。共建“21世纪海上丝绸之路”、实现海洋经济可持续发展是多边进程，需要各国在海洋资源禀赋和生产技术方面优势互补，《“一带一路”建设海上合作设想》提出要重点建设以中国沿海经济带为支撑，向地中海、南太平洋和北冰洋延伸的三条蓝色经济通道，体现了多元开放的经济合作进程。迄今为止，中国已经与葡萄牙、塞舌尔、欧盟等国家和组织就构建蓝色伙伴关系签署了政府间文件，就建立“蓝色伙伴关系”达成共识，[③] 积极构建与各国经济社会发展目标契合的发展模式。二是共同推动建立海上合作平台。《“一带一路”建设海上合作设想》申明中国愿与“21世纪海上丝绸之路”沿线各国一道开展全方位、多领域的海上合作，共同打造开放、包容的合作平台。[④] 在此基础上，中国与沿线国家积极探索环境与经济协调发展模式，倡导并推动合作促进可持续渔业发展以及打击“IUU捕捞”，[⑤] 发挥海洋环境和科学合作在

---

① 国家发展改革委、外交部、商务部：《推动共建丝绸之路经济带和21世纪海上丝绸之路的愿景与行动》，https：//www.fmprc.gov.cn/web/zyxw/t1249574.shtml。

② 国家发展改革委、国家海洋局：《“一带一路”建设海上合作设想》，http：//www.gov.cn/xinwen/2017-11/17/5240325/files/13f35a0e00a845a2b8c56-55eb0e95df5.pdf。

③ 朱璇、贾宇：《全球海洋治理背景下对蓝色伙伴关系的思考》，《太平洋学报》2019年第1期。

④ 参见《“一带一路”建设海上合作设想》第1部分。

⑤ 《第二十一次中国—欧盟领导人会晤联合声明》，https：//www.fmprc.gov.cn/web/ziliao_674904/1179_674909/t1652696.shtml。

发展蓝色经济、提升投资前景方面的潜力，[①] 开展海洋科技、海洋观测及减少破坏合作；以双边或多边合作的形式，在全球、地区、国家层面，以及科研机构之间搭建常态化合作平台，[②] 设立丝路基金，组建“一带一路”国际智库合作委员会，打造“一带一路”国际合作高峰论坛，为伙伴关系框架内的海洋合作与海上互联互通提供平台支持。

四 结语

综上所述，海洋维系着国际社会的共同利益，当今世界正面临百年未有之大变局，渲染强权政治、奉行单边主义、逃避共同责任只能加剧全球海洋治理的复杂性，无助于破解全球化进程中来自政治、经济、环境等方面的挑战。一个或数个国家、国际组织主导全球海洋治理是不能解决目前全球性海洋问题的，只有从人类整体利益的宏大视角出发，推进海洋治理国际合作，才能实现真正的海洋和平安宁、共同发展。构建海洋命运共同体秉持共商、共建、共享原则，倡导和平合作、开放包容的治理理念，寻求国际社会携手应对各类海上共同威胁与挑战，是实现有效全球海洋治理的行动指南。

构建海洋命运共同体是中国参与全球海洋治理理念的集中表达。全球海洋治理具有多行为体和多维度特征，构建海洋命运共同体追求人与自然和谐统一、国家间共存共生，凝聚了国际社会共同的价值公约数，是对人类共同追求的海洋治理观的具体表达。在理念转化层面，构建海洋命运共同体倡导维护以国际法为基础的国际海洋秩序，各国平等参与国际海洋规则制定，以法治精神适用和善意解释《海洋法公约》制度规则，尊重当事国自主选择和平解决国际争端方式方法的权利，反对使用武力或以武力相威胁，在

① 《中国—中东欧国家合作杜布罗夫尼克纲要》，https：//www. fmprc. gov. cn/web/ziliao_674904/1179_674909/t1654172. shtml。

② 张旭东：《国家海洋局：倡议有关各方共同建立蓝色伙伴关系》，新华网，http：//www. xinhuanet. com//fortune/2017-04/17/c_1120825396. htm。

《联合国宪章》的基础上推动构建具有包容性的国际海洋安全秩序。在海洋生态环境领域，尊重海洋发展的客观规律，倡导人海和谐共生，推动形成公平合理的海洋资源开发与成果分享秩序。在海洋经济领域，中国应通过共建“21 世纪海上丝绸之路”来加强与沿线国的战略对接及共同行动，建立积极务实的蓝色伙伴关系，寻求和扩大国家间利益交会点，由各国分享海洋经济发展成果，致力于推动构建更加公平、合理和均衡的全球海洋治理体系，引领全球海洋治理进入新时代。

论全球海洋治理体系变革的中国角色与实现路径*

叶 泉**

摘 要： 当前的全球海洋治理体系存在诸多缺陷。在理念上，该体系依然以“二元对立”思维为主导；在治理结构上，它存在大国与小国、守成大国与新兴大国、国家行为体与非国家行为体之间的权力失衡现象；在治理制度上，它不仅在部分领域中存在“无法可依”和“有法不依”的现象，而且存在治理机制的碎片化现象；在治理责任上，其存在的赤字现象非常突出，特别是，美国以自身利益为依据推行双重标准，为全球海洋治理注入了一股强大的破坏性力量。全球海洋问题的频现呼唤全球海洋治理体系的变革，而变革之道在于参与治理的主要行为体必须更新其治理理念，平衡彼此之间的利益，淡化治理规则的“非中性”现象，降低治理规则的碎片化程度，从而推动全球海洋治理体系不断向“善治”方向发展。当前，中国正处于加快建设海洋强国的路途中，深度参与并推动全球海洋治理体系变革是中国应对内生需求增长与外生压力增大的必由之路。中国的治理方案是对

* 本文系国家社科基金重大研究专项“基于中国立场的海洋争端解决机制实证研究”（项目编号：19VHQ008）、东南大学至善青年学者支持计划项目“中国参与全球海洋治理体系变革的法律路径研究”（项目编号：2242020R40129）的阶段性成果。本文首发于《国际观察》2020 年第 5 期，全文转载于人大报刊复印资料《国际法学》2021 年第 3 期。

** 叶泉，博士，东南大学法学院副教授。

现有海洋治理体系的“改良”而非“颠覆”，即在肯定现有海洋治理体系正面效应的基础上构建一种更加公平合理的国际海洋法律秩序。为达到这一目标，中国必须不断地增强自身的硬实力和软实力，以提升在国际海洋法规则制定中的话语权。与此同时，中国还应当把握好国内与国际两个大局，促进国际规则与国内立法之间的互动，不仅要做好全球治理与国内治理的统筹工作，还要加强国际海洋法规则的解释与运用能力，通过充分调动世界各国的力量努力实现在全球、区域和双边三个层面有效推动海洋治理体系变革的目标。

关键词： 全球海洋治理　《联合国海洋法公约》　海洋命运共同体　海洋强国

21世纪是被世界各国公认的“海洋世纪”。[①] 2012年，联合国秘书长在《关于海洋和海洋法的报告》中曾指出：“无论我们是否依海而居，海洋都在我们的生活中发挥着关键作用。”[②] 在全球化时代，海洋不仅成为国家赖以生存和发展的战略空间，也成为国家相互争夺权益的竞技场。随之而来的是，海洋环境污染、海洋生态破坏、过度捕捞、海上恐怖主义与海盗等问题日益突出，国家间的海洋权益纷争日趋激烈。在各种传统与非传统安全问题尚未得到妥善解决的同时，国家管辖范围以外海洋生物多样性养护和可持续利用（BBNJ）、国际海底区域资源的开发、北极航道通行等新问题日益凸显。全球性海洋问题的频发催生了全球海洋治理的产生。国际海洋法是全球

① 姚莹：《“海洋命运共同体”的国际法意涵：理念创新与制度构建》，《当代法学》2019年第5期。

② “Oceans and the Law of the Sea, Report of the Secretary-General,” A/67/79/Add. 1, p. 35.

海洋治理的载体与重要依托，而以《联合国海洋法公约》（以下简称《海洋法公约》）为核心的全球海洋治理体系尚不足以应对这些层出不穷的新老问题。当前，世界主要海洋大国纷纷加速经略海洋的进程，不断推出海洋战略、发展规划和政策法规，以便引领全球海洋治理发展方向，并在新一轮国际海洋法造法运动中占据先机。中国正处于加快建设海洋强国的征程之中，深度参与全球海洋治理并推动这一体系变革既是负责任大国的应尽之责，也是维护与拓展自身海洋权益的必由之路。因此，中国应当抓住历史机遇，不仅要剖析现有海洋治理体系中存在的缺漏，探讨改革的方向，还要在总结经验教训的基础上，提出中国的治理主张和方案，努力同步实现本国海洋权益的维护与全球海洋治理体系的完善，为打造海洋命运共同体创造条件。

一　现行全球海洋治理体系存在诸多内在缺陷

当前的全球海洋治理体系在治理理念、治理结构和治理制度方面存在许多内在缺陷，特别是美国向来将自身利益置于他国利益和人类利益之上，在全球海洋治理方面常常采取双重标准，导致该体系既无法有效应对传统的海洋危机，也不能有效化解层出不穷的新问题。

（一）治理理念落后

近代国际法以国家利益为本位思想，其核心是国家主权原则。著名国际法学者路易斯·亨金（Louis Henkin）指出："一个国家（政府）对它所代表的人民负责，是人民利益的受托人；它不能为了别人的利益而牺牲自己所代表的人民的利益；它不能以他们的利益为代价去慷慨一番。"① 在政治学基本理论中，这种逻辑往往被总结为"国家主义"。在这种理念下，权力争夺是国家间竞争的基本动因，全球治理机制只是国家间竞争以及霸权国家控

① 〔美〕路易斯·亨金：《国际法：政治与价值》，张乃根等译，中国政法大学出版社，2005，第157页。

制其他国家的工具而已，[①] 因而导致国家倾向于以对抗性思维处理国际事务、片面追逐本国利益的最大化，而不愿意提供“公共产品”，最终出现“集体行动的困境”这一被动局面。换言之，国家实际上是将参与全球治理作为一种增进自身利益的工具。在符合国家利益的情况下，国家乐见其成；一旦治理进程与自身利益背离，其参与治理的意愿就会大幅衰减。然而，经济全球化的深入发展导致国家之间的利益紧密相连，这也决定了各国追求利益最大化的方式不再是“你输我赢”的零和博弈，而是在竞争与合作中实现共赢。在全球海洋治理领域也是如此。《海洋法公约》以人为设定的距离为标准将海洋分为领海、毗连区、专属经济区、公海等国家享有不同权利的海域。然而，无论是海啸、台风、赤潮等自然灾害，还是过度捕捞、海洋生态破坏、海上恐怖主义、海难救助等问题，均不以人类划定的疆界为限，这就需要各个国家齐心合力共同应对。可见，国家单方面的利益与国际社会的整体利益在某些场合是可以兼容的。各国在海洋问题上的利益攸关性以及所面临挑战的全球性也决定了其海洋政策的基调应当是相互尊重与合作，而不是诉诸破坏性的竞争。所以，一味地坚持“国家主义”的立场不仅无法从根本上解决全球性海洋问题，反而会加剧国家之间的不信任，使一些原本可以通过谈判与协商解决的问题无疾而终。

（二）治理结构失衡

现有的全球海洋治理体系没有体现世界权力结构的变化，一些治理主体无法有效参与到治理议程或机制设计过程中来，致使其应享有的权利未能得到体现，也不能在治理进程中充分发挥作用。

1. 大国与小国之间权力失衡

在当前的国际政治体系下，传统的海洋强国依旧在议题设置、资源分

① 朱艳圣：《人类命运共同体理念与构建国际政治经济新秩序》，《国外理论动态》2018 年第 11 期。

配、规则制定等方面占据主导地位。[①] 随着广大发展中国家的海权意识不断觉醒，这种局面正在逐步改变，发展中国家开始积极参与国际海洋法规则的制定，并在客观上促成了一些制度的形成，特别是其所倡导的专属经济区和国际海底区域及其资源是人类共同继承财产等多项主张被纳入《海洋法公约》之中，体现了它们的利益关切。此外，《海洋法公约》还是各国在主权独立、平等合作原则下进行谈判的结果，因而相对于其他治理领域，其权力色彩并没有那么明显。然而，因得益于天然的地理条件而能够充分主张专属经济区的发展中国家毕竟属于少数。相反，位于专属经济区面积前列的则是美国、法国、澳大利亚、新西兰、英国等发达国家。[②] 因此，《海洋法公约》实际上让西方大国获益更多一些。此外，在《海洋法公约》之外的规则制定中，特别是对于一些需要高新技术作为支撑的领域，比如在深海、极地等海洋新疆域，只是部分大国实际掌控了治理进程，并将自身利益转化为"全球关切"，而大量中小国家难以成为治理主体，甚至还沦为"治理客体"。

西方大国对国际海洋法的影响不仅体现在立法方面，还体现在法的适用、解释与争端解决等方面。这些国家可通过组织优势和人才优势，将国内法律诉求解释为《海洋法公约》之下的国际法律诉求，以自身对国际法的理解取代国际法律共同体的共识。[③] 以"南海仲裁案"为例，仲裁庭的组成、裁决结果以及有关国际法规则的解释等都明显受到了西方大国的影响，特别是最终满足了美国对"航行自由"的地缘政治需要。[④] 可见，在国际裁判中，作为裁判依据的国际法是可以被选取适用的，从而更多地体现大国的

① 王琪、崔野：《将全球治理引入海洋领域——论全球海洋治理的基本问题与我国的应对策略》，《太平洋学报》2015 年第 6 期。

② 〔美〕路易斯 · B. 宋恩等：《海洋法精要》，傅崐成等译，上海交通大学出版社，2014，第 136 页。

③ 郑志华：《菲律宾南海仲裁案与国际关系法治化》，《亚太安全与海洋研究》2016 年第 5 期。

④ 田士臣：《论中国关于南海仲裁案立场对维护国际法律秩序的意义》，《边界与海洋研究》2017 年第 4 期。

利益和意志。[①] 总之，尽管发展中国家日益成为推动全球海洋治理体系和国际海洋法律秩序变革的一股不可忽视的力量，但它们并没有构成对这个体系和秩序的根本性挑战和威胁，西方国家在总体上仍然主导着全球海洋治理建章立制的全过程。

2. 国家行为体与非国家行为体之间权力失衡

参与主体的多元化是全球治理区别于国际治理的最重要特征。当前，国家并非全球治理进程中唯一的参与者，单纯以主权国家为中心的治理已经无法客观反映全球治理的现实，也无法独自应对实践中产生的各类问题。然而，在现行的全球海洋治理体系下，主权国家依然居于主导地位，而其他主体则处于边缘化或从属地位，两者在海洋治理上的话语权并不平等，导致非国家行为体在全球海洋治理中无法充分发挥应有的作用。[②] 例如，出于资源限制、管理限制和执行限制等原因，国家间政府组织和国家间非政府组织在全球海洋治理中难以摆脱“国家中心治理”带来的强烈冲击。[③] 非政府组织因经常受到西方发达国家的操控，甚至还依附于某些大国，其专业性与中立性不可避免地发生减损现象。[④] 诚然，无论是权力配置抑或是治理能力，国家行为体都占据优势地位，但全球海洋治理当前面临的最大挑战在于公共产品的供给严重不足。但是，国家行为体和非国家行为体在全球海洋治理进程中，不仅是一种相互竞争的关系，更是一种相互补充和依赖的关系。因此，让非国家行为体能够更加自主和中立地参与全球海洋治理，能够有效弥补国家在全球海洋治理上因能力不足、资源不足及信息滞后等产生的缺失。

（三）治理制度缺失

当前全球海洋治理体系是由以《海洋法公约》为核心的相关国际法组

---

① 江河：《海洋争端的司法解决：以大国政治和小国政治的博弈为路径》，《社会科学辑刊》2019 年第 5 期。

② 于潇、孙悦：《全球共同治理理论与中国实践》，《吉林大学社会科学学报》2018 年第 6 期。

③ 王琪、崔野：《将全球治理引入海洋领域——论全球海洋治理的基本问题与我国的应对策略》，《太平洋学报》2015 年第 6 期。

④ 吴志成：《全球治理对国家治理的影响》，《中国社会科学》2016 年第 6 期。

成。不可否认，这一治理体系为各国开发利用海洋以及和平解决海洋争端提供了重要的依据，为维护国际海洋秩序奠定了基础。但随着时代的发展与进步，现行海洋治理体系的滞后性和有限性逐渐暴露，导致海洋治理责任赤字不断增大。

1. 治理规则存在“真空”现象

受制于谈判时人类认知的局限性，谈判成果尤其是公约和条约，总是随着时间的推移而不断暴露出各种问题。因此，现有的全球海洋治理体系仍存在很多空白地带并不足为怪。科学技术的发展导致全球海洋治理疆域不断扩大，从而产生诸多原本不存在或没有暴露的问题，因此，现有的治理体系无法有效应对这些新情况与新变化。例如，对于国家管辖范围外海域的生物多样性养护与可持续利用问题，《海洋法公约》缺乏相应的规定，而其他国际法规则，如《生物多样性公约》则仅限于国家管辖范围之内。目前，国际社会正在着手解决这一问题，有关执行协定的制定工作已进入政府间谈判阶段。再如，受技术与经济条件限制，深海领域目前仅有少数几个海洋大国有能力开发，而绝大多数国家只能望洋兴叹。尽管近年来联合国国际海底管理局连续出台了多项规章以细化国际海底区域内的勘探活动与环境保护问题，但是随着人类在深海内活动的日渐频繁与深入，特别是未来进入商业开发阶段后，新的纠纷也会不断凸显，需要制定新的规则来规范深海开发活动，尤其是作为个体的深海矿区勘探开发专属权利与作为公共产品的公海自由之间的边界更需要加以明确界定。①

2. 治理规则模糊

《海洋法公约》是不同国家和利益集团相互博弈与妥协的产物，因此，很多规定难免存在有意或无意的模糊之处。这种现象的存在导致缔约国在对《海洋法公约》相关条款进行解释时，不可避免地会出现截然不同的观点与立场，甚至会给一些国家滥用和歪曲《海洋法公约》的具体规定预留了空

① Vladimir Golitsyn, “Freedom of Navigation: Development of the Law of the Sea and Emerging Challenges,” *International Law Studies*, Vol. 93, No. 1, 2017, pp. 270-271.

间。事实上，很多争端非但没能在《海洋法公约》及相关国际法框架内得到解决，《海洋法公约》的生效反而催生了大量新的纷争和矛盾。例如，《海洋法公约》创设了专属经济区制度，因而引发各沿海国竞相宣布自己的专属经济区，这又不可避免地造成了海岸相邻或相向国家间专属经济区主张的重叠。然而，《海洋法公约》第 74 条和第 83 条关于专属经济区和大陆架的划界规则非常模糊，仅规定有关国家“应在《国际法院规约》第 38 条所指国际法的基础上以协议划定，以便得到公平解决”，而未给缔约国应该如何展开划界提供具有可操作性的指导方案。再如，《海洋法公约》第 121 条赋予了岛屿和其他陆地领土同等的海域主张能力，但鉴于岛屿的社会经济属性相差较大，若不进行适当的区分将难以导致公平的结果，故而该条进一步规定“不能维持人类居住或其本身经济生活的岩礁，不应有专属经济区和大陆架”。但遗憾的是，《海洋法公约》并未指明岛礁之间的界线，也未澄清“维持人类居住或其本身经济生活”的具体含义，从而导致实践中各国往往从利己的角度界定所涉岛礁的属性。[①] 一般而言，国家宣称其拥有或主张主权的岛礁可以享有专属经济区和大陆架，而那些利益因此而受损的国家往往会竭力提出与之相反的观点和证据。

3. 治理机制碎片化

新时代的全球海洋治理倡导将全球海洋视为一个联动的整体，特别是要有统一的治理目标，既能引导治理方向，又能在一定程度上约束治理的实践。[②] 因此，很多学者都强调海洋整体治理的重要性，[③] 2017 年首届联合国海洋大会对此予以了确认。[④] 然而，现有海洋治理制度的一个重要缺陷在于，参与全

① 叶泉：《岛礁之辨的分歧及其消解路径》，《北京理工大学学报（社会科学版）》2018 年第 5 期。

② 袁沙：《全球海洋治理：从凝聚共识到目标设置》，《中国海洋大学学报（社会科学版）》2018 年第 1 期。

③ Yoshifumi Tanaka, *A Dual Approach to Ocean Governance: The Cases of Zonal and Integrated Management in International Law of the Sea*, Surrey: Ashgate Publishing Limited, 2008, pp. 8-21.

④ A/RES/71/312, https://undocs.org/en/A/RES/71/312.

球海洋治理的各个主体存在不同的价值观和利益诉求，并在此基础上形成了不同的利益集团。各主体之间相对独立且缺乏协同性，因而在治理中各自为政，甚至相互掣肘，导致在横向层面上与纵向层面上都出现了治理机制碎片化的现象。①

就横向治理而言，《海洋法公约》内容上的广泛性以及谈判过程中各方立场的差异性，决定了其很多规定都是原则性的，需要通过授权专门性国际组织将相关规则具体化。然而，不同国际组织的宗旨以及成员国的组成并不一致，故而参与海洋治理的目标存在不同程度的差别，其中产业利益相关者偏好经济目标，环境利益相关者偏好生态目标，社会利益相关者偏好社会目标。② 这些目标并不必然是互补的，相反，它们在某种程度上还可能是相互竞争的或者是相互干扰的，且无法确定哪个目标具有优先地位。③ 例如，在现有的海洋治理体系的架构中，海洋渔业资源开发与保护、海洋环境保护、海洋航行效率与安全三个相互联系的领域，分别由联合国粮农组织、联合国环境规划署、国际海事组织负责管理。这种专业化的划分使全球海洋治理不同议题之间存在明显的割裂现象，进而导致治理机制产生相互冲突或重叠的结果。例如，联合国粮农组织为保护渔业资源的可持续发展，扭转全球渔业资源衰退的局面，制定了相关规则来强化船旗国对非法、未报告和不受管制捕捞活动的监管，但是关于规范船旗国授权渔船船旗的基本标准则由国际海事组织来确定，因此，如何处理航行利益与资源养护之间的关系便存在某种程度的冲突。再如，联合国环境规划署建立的区域海洋环境保护项目和联合国粮农组织推行的区域渔业合作计划在实践中并行运转，互不隶属，从而导致机构重叠和运行成本增加的结果。

从纵向治理来看，国际性监管与区域性监管分层管理造成海洋治理制度

① D. Pyc, "Global Ocean Governance," *TransNav: International Journal on Marine Navigation and Safety of Sea Transportation*, Vol. 10, No. 2, 2016, p. 160.

② 刘曙光等：《海洋治理问题的国际研究动态及启示》，《中国渔业经济》2018 年第 6 期。

③ Elizabeth A. Kirk, "The Ecosystem Approach and the Search for An Objective and Content for the Concept of Holistic Ocean Governance," *Ocean Development & International Law*, Vol. 46, No. 2, 2015, p. 34.

的碎片化。有些区域立法采用较高的标准来保护域内海洋资源，从而导致区域性组织维护本地资源利益与国际海事组织维护航行利益之间产生冲突。[①]例如，在英国和爱尔兰之间的核燃料工厂案中，《海洋法公约》、欧盟法和《东北大西洋海洋环境保护公约》在海洋环境保护问题上存在管辖权上的重叠现象，最后导致三个司法机构对本案的管辖权及法律适用产生了争议。[②]与此同时，由于各沿海国内部在海洋管理的权力分配上不尽相同，各国对于其管辖范围内的海域所采取的治理措施也存在较大的差异，从而对全球海洋治理目标的实现构成了掣肘。[③]

（四）治理责任赤字

一国参与全球治理的重要性体现在享用治理成果时不忘记对人类世界所承担的责任。因此，各国必须处理好“取”与“予”之间的关系。然而，在国际海洋秩序转型过程中，全球海洋治理领导力呈现青黄不接之势，致使公共产品的供给与需求之间存在较大的鸿沟。对于新兴大国来说，由于近年来世界经济形势不佳，原本存在的国家治理问题更加突出，从而限制了主要海洋大国提供公共产品与推动全球治理转型的能力。[④] 另外，一直主导全球治理的西方发达国家普遍受制于国内经济发展放缓、社会矛盾尖锐等问题，非但不愿为全球治理提供更多的公共产品，反而更加坚持“本国主权至上”的立场和“本国利益优先”的原则。

以美国为例，全球化进程导致美国维持其国际社会领导者的成本不断上升，而两场反恐战争的拖累和金融危机的重创更使美国雪上加霜，最终促使美国“孤立主义”思潮进一步抬头，主导全球治理进程的能力和意愿双双下

① 王秋雯：《航行自由与海洋资源开发的冲突与协调》，《国际论坛》2017 年第 4 期。

② 杨永红：《分散的权力：从 MOX Plant 案析国际法庭管辖权之冲突》，《法学家》2009 年第 3 期。

③ Lena Schøning, “More or Less Integrated Ocean Management: Multiple Integrated Approaches and Two Norms,” *Ocean Development & International Law*, Vol. 51, No. 3, 2020, p. 3.

④ 王鸿刚：《中国参与全球治理：新时代的机遇与方向》，《外交评论（外交学院学报）》2017 年第 6 期。

降。事实上，美国对全球治理的态度存在内在矛盾：在事关自身利益和发展的领域，美国不愿放弃其主导地位；而在事关全人类命运且需承担更多责任的领域，美国往往推三阻四，并屡次在关键时刻和关键问题上与国际社会背道而驰。美国在全球海洋治理领域如此，在其他国际问题上也是如此。① 尽管美国是联合国第三次海洋法会议的主要发起者之一，不仅积极参与了《海洋法公约》起草的全过程，而且在议题设置、规则制定、外交进程把控等方面均发挥了主导作用，使《海洋法公约》中的多项制度都体现了美国的利益关切。② 可以说，美国本应该是从《海洋法公约》中获益最多的国家，但由于其中部分条款对其不利，美国始终拒绝批准《海洋法公约》。不仅如此，美国还在《海洋法公约》之外倡导和维护了一套对其有利的国际海洋法律秩序，这种做法无疑是为全球海洋治理的有效性注入了一股强大的破坏性力量。

总的来看，美国主要是通过以下几种手段来实现其目标：第一，以本国利益为准绳和归依，有选择性地认定《海洋法公约》的部分规定属于习惯国际法；第二，创设“国际水域”制度，推行“航行自由计划”，借此不断强化其海洋政策与主张；第三，发起“防扩散安全倡议”，与部分国家签订了《登临协议》，突破公海上实行的船旗国专属管辖原则，以应对新的非传统安全威胁；第四，通过签订多边或双边协议来开发国际海底区域资源，单方面确定外大陆架范围，以确保自身利益的最大化。同时，面对国际社会日益凸显的海上恐怖主义、海盗、跨国犯罪、生态环境恶化、疾病蔓延等非传统安全威胁，美国提供公共产品的意愿却不断削弱，特别是在特朗普入主白宫后，美国政府不仅大幅削减其联合国维和经费份额以及美国国家海洋和大气管理局的预算经费，而且废除了奥巴马政府时期制定的海洋环境保护政策。特朗普政府的这些做法明显是在海洋治理方面“开倒车”。

总的来看，美国先发制人地参与国际海洋制度建设的主要目的就是确保国际规则对自身有利，否则，它就寻求改变规则，并鼓励尽可能多的国家融

① 例如，在气候治理方面，美国先后退出了《京都议定书》和《巴黎协定》；在网络空间领域，正是美国前后不一致的实用主义主张，国际社会才错失了制定相关行为准则的最佳时机。

② 沈雅梅：《美国与〈联合国海洋法公约〉的较量》，《美国问题研究》2014 年第 1 期。

入其主导的规则网络平台之中，以便从中谋取自身的经济利益和政治合法性。但是，美国在力有不逮时干脆就弃之不理，或直接采取单边主义政策。[①]这种只愿意充当领导者、不愿意承担责任或提供公共产品的行径，导致海洋治理责任赤字不断增大。尽管美国没有批准《海洋法公约》，但丝毫没有放慢其经略海洋的脚步。美国仍然积极参与联合国有关海洋事务的谈判进程，其国家海洋委员会、国家海洋大气局以及海军作战部等部门均出台了相关战略与规划，确定了重点涉海发展领域，借此打造新的“撒手锏”，以维持美国掌控全球海洋事务的主导权。[②]

二　全球海洋治理体系的变革之道在于不断创新理念和制度

为适应国际社会权力结构的变化、应对层出不穷的全球性海洋问题和争端，对现有全球海洋治理体系进行改革与完善势在必行。

（一）更新全球海洋治理理念

当前，全球海洋治理面临的诸多问题主要表现在两个方面：一是源于未处理好人与海之间的关系；二是未处理好全球海洋治理主体之间的关系。[③]正如马克思和恩格斯所提出的人类文明的发展必须实现“两个和解”，即“人类与自然的和解以及人类本身的和解”，[④]全球海洋治理体系改革的目标实际上也就是要解决这两大问题，因为理念引领行动、方向决定出路，所以全球海洋治理的改革与完善必须首先更新治理理念。

由于在资源禀赋、发展水平、社会制度和文化传统等方面千差万别，国

① 高程：《美国主导的全球化进程受挫与中国的战略机遇》，《国际观察》2018 年第 2 期。

② 傅梦孜、陈旸：《对新时期中国参与全球海洋治理的思考》，《太平洋学报》2018 年第 11 期。

③ 袁沙：《全球海洋治理：客体的本质及影响》，《亚太安全与海洋研究》2018 年第 2 期。

④ 《马克思恩格斯文集》第一卷，人民出版社，2009，第 63 页。

家在其所秉持的治理价值偏好上不尽相同。在全球海洋治理过程中，一方面，我们无法完全回避国家追求个体利益的价值导向；另一方面，如果我们过多地从自我角度界定和追求利益，就必然会导致恶性竞争和集体行动难题，进而导致全球海洋治理的停滞不前。然而，现代国际法更加强调人类共同利益，这就决定了全球海洋治理伦理体系建构的过程必须是对“自我”与“他者”关系的反思与超越。[①] 因此，主权国家在参与全球海洋治理时，首先需要基于人类共同利益对各自的主权进行局部让渡。

众所周知，广袤的海洋依然存在很多领域需要人类继续探索，但在开发利用海洋的过程中，各国仍面临诸多共同的风险和技术难题。冷战结束以来，国际安全形势发生了重大变化，海盗、海上恐怖主义、海洋污染、海洋自然灾害等非传统安全威胁日益突出。非传统安全威胁具有突发性、跨国性等特点，没有一个国家可以凭借“单兵作战”的能力来应对这些威胁。因此，应对非传统安全威胁有赖于国际社会群策群力，必须在海洋法的框架下采取富有成效的措施进行协同治理。这也意味着国家利益与全球利益并非泾渭分明，而是可以共享与兼容的，在很多场合，增进他国的利益将有助于实现本国的目标，而置他国利益于不顾往往会适得其反。事实上，谋求全球利益、增进全球福祉，既是实现国家利益的应然之举，也是彰显一国国际道义的表现。[②] 基于此，国家在参与全球海洋治理过程中，必须打破西方国家所奉行的“二元对立”等零和博弈的旧思维和旧理念，因为所谓的“非得即失”“非合作即对抗”等旧思想与新的全球海洋治理理念水火不容。当然，这并不是否认和回避国家在现实中的作用，我们只是反对回归于传统的“国家中心主义”，主张多元行为体开展平等对话与合作。因此，在推进全球海洋治理的过程中，我们既要立足于国家利益的现实，正视国家主权所具有的双重属性，更要辩证地看待主权的内涵与外延，努力实现“全球主义”

---

① 韩雪晴：《自由、正义与秩序——全球公域治理的伦理之思》，《世界经济与政治》2017 年第 1 期。

② 徐秀军、田旭：《全球治理时代小国构建国际话语权的逻辑——以太平洋岛国为例》，《当代亚太》2019 年第 2 期。

与“国家主义”之间的协调与平衡。[①]

（二）促进国际关系民主化

在国际社会中，小国的数量远多于大国。这意味着小国的参与度决定着全球海洋治理体系的民主化与合法性程度。值得注意的是，全球治理不限于以国家利益为出发点，全人类的利益诉求更是其考量的基本依据。因此，完善全球治理体系不仅需要大国协调，还需要平衡国家行为体与非国家行为体之间的关系。

1. 平衡守成大国与新兴大国的利益

尽管每一个国家都是参与全球治理的平等主体，但各国在国际舞台上的影响力并不相同，其中大国的作用显然更加突出一些。鉴于此，大国关系是国际政治的主线，因而历来是国际关系稳定的“压舱石”。任何治理模式，如果不是大国间协调与合作的产物，都难以稳定长久地存在下去。[②] 可以说，大国关系决定着全球治理体系变革的方式与发展趋势。当今国际社会中存在两种主要战略力量：一种是在西方世界现代化过程中发展成为世界大国的战略力量，即守成大国；另一种是在全球化过程中迅速成长起来的战略力量，即新兴大国。[③] 全球化浪潮使主要大国之间的实力差距呈现不断缩小的发展趋势，大国之间的关系因而也不如以前稳固了。当前的全球海洋治理体系由欧美等西方发达国家主导创建，更多地体现了这些国家的利益。即便是在全球海洋治理体系中存在诸多模糊之处，这些西方大国也可以凭借自己高超的规则解释与运用能力来实现本国的目标，因而其对变革全球海洋治理体系的兴趣和动力双双不足。随着新兴国家的群体性崛起和发达国家的相对衰弱，原有全球海洋治理结构赖以存在的合法性根基发生了动摇。为了有效提高全球海洋治理的民主化程度，国际社会必须首先解决新兴大国在规则制定过程中的公平参与问题。这就需要新兴大国敢于和善于表达自身的合理主张

① 蔡拓：《中国如何参与全球治理》，《国际观察》2014 年第 1 期。

② 苏长和：《互联互通世界的治理和秩序》，《世界经济与政治》2017 年第 2 期。

③ 秦亚青：《全球治理失灵与秩序理念的重建》，《世界经济与政治》2013 年第 4 期。

与正义立场，而守成大国则应正视和接受新兴大国提出的合理诉求，共同推动全球海洋治理体系的健康发展与不断完善。

2. 平衡大国与小国的利益

国际关系的发展历史表明，大国通常是国际秩序的“看守人”或“保证人”。无论是国际制度的创建、维系还是改革，国际社会都需要一个或若干个在政治动员能力、政治强制能力和价值影响能力等方面具有独特优势的核心大国发挥领导作用。[①] 但是，大国并不可以借助自身的强大实力而在国际社会中恣意妄为，也不能垄断国际规则的制定权，从而将本国的利益凌驾于小国利益之上。全球海洋治理本质上属于各治理主体共同承担治理责任。在这个治理体系内，所有参与者必须摒弃零和博弈思维和“逢强必霸”的逻辑。[②] 为确保其引领的可接受性，大国在拥有特殊权利的同时也必须表现出更加主动的姿态，以客观理性的态度来正视其他国家的利益诉求。

本文认为，一套公正合理的海洋治理体系必须是各国共商、共议并能创造共赢结果的体系。如果只是“强者立法，弱者守法”，甚至是“让强者更强，让弱者更弱”的法律规则，势必难以得到普遍认同和有效维护。因此，在全球海洋治理进程中，我们不仅要注重中小国家在形式上的公平，更要保障实质性的公平，让其诉求在议题设定与规则制定过程中均能得到充分的体现。例如，海洋大国往往更加关注安全与资源问题，倾向于将海上通道和海洋开发列为核心议题，而小岛屿国家则认为过于频繁的海上贸易活动将破坏其附近海域的生态环境，故而更加侧重环保议题，这种议题优先选择上的差异必须在制度设定过程中加以协调和解决。[③]

3. 平衡国家行为体与非国家行为体的利益

国际社会组织化程度的提高以及市民社会的出现使国际组织、非政府组织、跨国公司等非国家行为体相继登上全球治理舞台。主体多元化意味着利

① Oran Yong, “The Politics of International Regime Formation: Managing Natural Resources and the Environment,” *International Organization*, Vol. 43, No. 3, 1989, p. 373.

② 王鸿刚：《现代国际秩序的演进与中国的时代责任》，《现代国际关系》2016 年第 12 期。

③ 赵隆：《海洋治理中的制度设计：反向建构的过程》，《国际关系学院学报》2012 年第 3 期。

益的分散化，因而需要治理主体间构建起相互协调的治理机制。由于人们至今仍生活在威斯特伐利亚体系之下，世界上最充足的资源和最强大的行为能力仍掌握在主权国家手中，这也决定了主权国家在全球海洋治理中的主导性地位，特别是对于直接关系到国家主权、国家安全等高端政治领域方面的海洋问题，也只有由主权国家构建并参与其中的治理机制才具备最高权威。然而，对于诸如海洋环境污染、生态破坏、渔业资源枯竭等低端政治问题，国家参与治理的兴趣和动力都不足，因而需要借助非国家行为体的力量加以补充。[①] 一方面，政府间国际组织，如国际海事组织，不仅可以为全球海洋治理提供多边谈判场所，还可以在治理进程中通过提出新的议题和法案，并为缔约国在海上航行安全、防止海上污染以及海上救助等方面采取行动提供指导，因而可以成为推动国际海洋法发展的重要力量之一；另一方面，非政府间国际组织则基于其“民间”属性和中立立场，能够破除国家层面上的偏见，具有相较于国家行为体更加天然的社会动员能力和优势。而且，非政府间国际组织不仅拥有专门领域方面的专业知识，其对相关信息的搜集也要强于主权国家的政府，而且更重要的是，它们往往聚焦那些主权国家通常不作为首要考虑的问题上，因而可以在不同程度上影响各国政府及政府间国际组织的立法和决策。[②] 大型跨国公司凭借自身的资金和技术优势，能够参与到一些需要高投入、技术难度大的领域中的治理，因而可以成为全球海洋治理不可或缺的一部分，例如《海洋法公约》就赋予了企业直接申请国际海底区域矿区开发的权利。可见，国家行为体与非国家行为体在参与全球海洋治理的广度和深度以及所发挥的作用方面都存在较大的差别。鉴于此，充分发挥这两类主体的作用，进而形成多元网络治理格局，是实现全球海洋治理目标的现实需求。一方面，主权国家要支持和鼓励非国家行为体积极参与海洋治理，允许其质疑和监督国家权力，以增强国际立法与相关决策的民主性和科学性；另一方面，非国家行为体也需要在尊重国家主权的基础上，积极配

① 袁莎、郭芳翠：《全球海洋治理：主体合作的进化》，《世界经济与政治论坛》2018 年第 1 期。

② 叶江：《试论国际非政府组织参与全球治理的途径》，《国际观察》2008 年第 4 期。

合主权国家的全球海洋治理活动，通过发挥自身优势不断推进全球海洋治理的深入发展。

（三）推动全球海洋治理体系向“善治”发展

全球性海洋问题呼唤全球治理，而全球海洋治理需要追求“善治”。尽管海洋治理的手段众多，但国际法是实现海洋“善治”最根本和最有效的手段。因此，完善全球海洋治理体系，最重要的是要完善和创新国际海洋法规则，确保各行为体的海洋活动必须在国际法框架下运行。换言之，实现全球海洋治理体系的“善治”的根本是以国际法为核心的“规则之治”，它要求规则本身必须是良好的规则：一是至少要体现公平价值；二是要具有可操作性；三是各规则之间可以实现协调共治。①

1. 推动海洋治理体系向“规则之治”转变

全球治理本质上是一套用于规范国家行为体行为、非国家行为体行为以及相互间博弈行为的规则体系。② 该体系通过构建一套行之有效的国际海洋法规则体系，来明确各行为体的权利、义务和责任，规范各方的行为，协调彼此的行动，提供解决问题的路径与化解争端的方法，从而形成一个相对稳定有序的海洋秩序，为全球海洋治理提供基本保障。可以说，没有一套能够为全人类共同遵守、对世界各国和全球公民都具有约束力的普遍规则，全球治理和海洋治理就无从谈起。③ 需指出的是，正如古希腊著名哲学家亚里士多德所言：“法治应当包含两重含义：已成立的法律获得普遍的服从，而大家所服从的法律又应该本身是制定得良好的法律。”④ 因此，全球海洋治理不仅需要有“法”有“治”，而且更需要“良法善治”。尽管现行全球海洋治理体系尚未完全脱离权力政治的影响，但规则驱动而非权力驱动是全球海

① 有学者指出，海洋善治的构成要素包括八点：法治、公众参与、透明化、基于共识之决策、责任制、公平与兼容并蓄、回应性以及一致性。张晏瑲：《论海洋善治的国际法律义务》，《比较法研究》2013 年第 6 期。

② 张宇燕：《中国对外开放的理念、进程与逻辑》，《中国社会科学》2018 年第 11 期。

③ 刘衡：《国际法之治：从国际法治到全球治理》，武汉大学出版社，2014，第 32 页。

④ 〔古希腊〕亚里士多德：《政治学》，吴寿彭译，商务印书馆，2006。

洋治理未来的发展方向。众所周知，国际法规则只有反映绝大多数国家的意志、符合国际社会的共同利益并蕴含公平的价值理念，才是公正合理的规则，也才值得各国遵守和维护，否则就是不公正不合理的规则，也不值得各国遵守和维护，因为它会破坏秩序、激化矛盾。

2. 淡化治理规则的“非中性”现象

尽管越来越多的国际规则在形式上保障了各国平等的参与地位，而且在创建阶段得到了参与国的普遍认可，但是从内容上来看，这些国际规则还不能顾及所有国家的利益，因为这种做法带有“非中性”特征，因而会导致国际规则总是对一些国家有利而对另一些国家不利的结果。也就是说，一些国家从这些国际法规定中获取的收益要远远大于其他国家。① 即便是客观中立的国际规则，如果缺乏对弱者的保护机制，也可能在事实上导致更有利于强者的后果，甚至成为强国占据更多公共资源的合法依据，因为各国的行为能力并不相同，强国的能力总是大于小国的能力。② 诚然，国际规则的“非中性”特征也为大国提供了一定的激励作用，促使其愿意为全球治理提供最基本的公共产品。值得注意的是，当国际规则的“非中性”程度超出一定限度，维持全球治理秩序的边际收益就会随之递减。如果过分偏向维护秩序主导国的利益，那么国际规则将成为大国的权力操纵工具，最后必然导致全球治理机制失灵。③ 因此，尽量淡化全球海洋治理体系中的“非中性”规则作用，使海洋法规则更加清晰和更具可操作性，并建立相应的制度来保障这些规则得以实施，也是推动全球海洋治理体系变革的重要内容之一。

3. 加强治理规则之间的合作与协同

全球海洋问题所具有的利益多样性和复杂性以及治理主体的多元性和差异性等特点，决定了很难用单一的国际法规则对其进行全面调整和治

① 李明月：《国内规则与国际规则互动论析》，《国际观察》2018 年第 4 期。

② 李巍：《国际秩序转型与现实制度主义理论的生成》，《外交评论（外交学院学报）》2016 年第 1 期。

③ 任琳：《“退出外交”与全球治理秩序——一种制度现实主义的分析》，《国际政治科学》2019 年第 1 期。

理，因而需要一系列相互合作，至少是相互协同的机制才能有效应对。如前所述，在同一类海洋问题中，各种规范交叉重叠甚至冲突对立的现象非常多，这种混乱的治理机制严重制约了治理的效果。西方学者提出，治理机制的碎片化大体上分为三种情况：合作型碎片化、协同型碎片化和冲突型碎片化。其中，合作型碎片化可以在成本收益上取得重要的效果；协同型碎片化是一种次优解决方案；冲突型碎片化总体而言弊大于利。因此，治理机制的碎片化并不必然会导致治理效率的低下。[①] 例如，全球治理并不排斥区域治理，特别是以闭海或半闭海为代表的区域化治理路径，可以在充分尊重各沿岸国主权的情况下，有效弥补当前各专业化治理领域衔接不畅等方面的不足，从而使治理效果更好地得到彰显。所以，在完善全球海洋治理体系的过程中，我们要加强各个治理层面和环节之间的协调互动，通过打造各治理层次的协商对话平台来支撑有效可行的多元治理机制。

三　中国推动全球海洋治理体系变革的角色定位与路径选择

地缘政治学创始者拉采尔（Friedrich Ratze）曾断言：“只有海洋才能造就真正的世界强国，跨越海洋这一步在任何民族的历史上都是一个重大事件。”[②] 当前，中国正处于由海洋大国迈向海洋强国的路途中，但我们面临的海洋形势极为严峻。在此背景下，积极参与全球海洋治理体系建设，推动这一体系向更加公正合理的方向发展，既是我们建设海洋强国的必由之路，也是我们塑造负责任大国形象的题中之义。

① Frank Biermann，Philipp Pattberg，Harro van Asselt and Fariborz Zelli，“The Fragmentation of Global Governance Architectures：A Framework for Analysis，” *Global Environmental Politics*，Vol. 9，No. 3，2009，pp. 19-20，31.

② 〔英〕杰弗里·帕克：《二十世纪的西方地理政治思想》，李亦鸣等译，解放军出版社，1992，第63页。

（一）新中国参与全球海洋治理体系建设之回顾

中国虽然是在近代被西方列强强行纳入其主导的国际体系之内的，但长期被排除在国际海洋规则的制定权利之外。直到20世纪70年代，中国才逐步参与到国际海洋规则的制定过程中来。此后，中国的参与意愿和能力不断加强，并通过不同渠道积极参与全球海洋治理和国际海洋事务。

在国际立法方面，中国政府代表团全程参与了联合国第三次海洋法会议的各期会议。这也是新中国自恢复联合国合法席位后首次参加的重要多边谈判。不可否认的是，由于海洋法会议非常复杂、议题众多，中国当时又面临着内忧外患的形势，无论是谈判的知识储备、技术手段，还是人才队伍都相当缺乏，因此，除参与程序性规则的构建外，中国还把此次会议当成了第三世界对抗美苏两个海洋强权的一次机会。[①] 近年来，中国在参与国际海洋法规则的构建方面更加积极主动，例如，对于国际海底区域矿产资源勘探开发规章、国家管辖范围外区域海洋生物多样性国际文书、极地规则等前沿领域的立法活动，我们通过提交建议草案、立场文件和评论意见等方式，就诸多关键问题阐述或表达自己的立场，促进了有关规则的形成与具体内涵的澄清。

在国际司法方面，中国开始重视一些国际司法机构的咨询管辖案件。出于中华传统文化的“厌诉”基因以及近代中国时常受到西方国际法强烈冲击等原因，中国对于采用司法手段解决与邻国之间的领土及海洋纠纷持较为排斥的态度。不过，近年来，中国对于国际司法机构的咨询管辖案件参与度越来越高。2010年，中国就国际海洋法法庭“担保国责任咨询意见案”提交了书面意见，对国际海底区域内资源勘探开发过程中担保国的义务和责任的认定等相关问题表明了自己的立场。2013年，在“次区域渔业委员会咨询案”中，中国再次向国际海洋法法庭提交了书面意见，全面阐述了中国的观点与主张。与此同时，对于涉及自身利益的“南海仲裁案”，中国尽管

① Hungdah Chiu, “China and the Law of the Sea Conference,” *Occasional Papers/Reprint Series in Contemporary Asian Studies*, Vol. 41, 1981, p. 25.

没有直接参与，但还是通过发布声明、立场文件等方式，系统地论述了中国对于相关海洋法制度和规则的理解，推动了国际社会对这些问题的深入讨论。

在区域和双边层面，中国一直积极推动相关治理规则的形成与构建。中国在黄海、东海、南海与八个海上邻国存在权利重叠，目前仅与越南在北部湾区域达成了划界协定。为缓和与邻国之间的海上纷争，推动海洋合作，实现对海洋的可持续利用，中国秉承“亲诚惠容”的周边外交理念，致力于与周边国家通过谈判协商的方式解决争端，并创造性地提出了“搁置争议，共同开发”的建议，作为划界前缓和争端的一种临时性安排。在黄海，中国与朝鲜签署了《中朝政府间关于海上共同开发石油的协定》，与韩国签署了《中韩渔业协定》；在东海，中国与日本签订了《中日渔业协定》《中日东海问题原则共识》；在南海，中国与东盟签署了《南海各方行为宣言》，并与东盟建立了海上合作基金以及应对海上紧急事态外交高官会议热线平台，目前正致力于推动“南海行为准则”的达成，以期更好地治理南海，维护区域安全与稳定。

本文认为，尽管中国在参与全球海洋治理方面取得了长足的进步，话语权逐步提升，但与发达国家相比，中国在参与国际立法和司法方面仍存在不小的差距，主要表现在两个方面：一是中国对于国际海洋事务的议题设置能力和规则引领能力尚有很大的提升空间；二是中国在全球海洋治理体系构建过程中的话语权依然不足。这些都是造成当前中国海洋事业发展和海洋维权面临诸多困境的重要原因。未来中国海洋利益获取的多少，将在很大程度上取决于本身塑造国际海洋法律规则以及全球治理体系能力的大小。

（二）中国推动全球海洋治理体系变革的角色定位

中国已经走出了简单地支持或反对某一国家集团而被动参与国际海洋法规则制定的阶段，也不再处于为了与国际接轨而随波逐流的阶段。与其他国家一道共同推动全球海洋治理体系向公正与合理的方向发展，才是我们今天作为一个负责任大国的使命和担当。为此，中国应该在总结经验教训的基础上，科学合理地界定自身在推动全球海洋治理体系变革中的角色和作用。

1. 定位一：发展中国家、新兴大国、负责任大国与海洋地理相对不利国

尽管近年来中国参与全球海洋治理的意愿和能力不断提升，但一定要注意尽力而为、量力而行，特别是要避免提出“支付成本与所获收益严重失衡”的治理方案。这就要求我们必须对自身的多重复合身份有一个清晰的认识。首先，中国仍是一个发展中国家。这一身份是中国的一个长期定位，[①] 这意味着我们必须提出代表广大发展中国家的利益诉求和主张，并努力改变发展中国家在推动全球海洋治理改革过程中参与度不高的局面。其次，中国是发展最为迅猛且国际影响力日益凸显的新兴大国。这表明中国与美国的差距正逐步缩小，意味着美国推动的一些服务于其全球战略的新规则和标准及其所催生的治理体系，最终也可能使我们受益。[②] 因此，我们要具有前瞻性的战略眼光，准确预判其潜在的机遇与挑战。再次，中国是一个负责任的大国。目前，中国已经是世界第二大经济体，是安理会五大常任理事国之一，同时也是最大温室气体排放国和能源资源需求国，这意味着中国对国际社会应当承担的责任也随之增多。最后，中国是海洋地理相对不利的国家。尽管中国可主张的管辖海域面积达 300 余万平方千米，但其中约有 2/3 与海上邻国的主张存在重叠与争议，这意味着中国所处的海洋地理环境非常不利。

总的来看，中国这种多重复合的身份为自己准确界定利益和进行政策选择造成了较大困扰。一方面，中国的主张需要维护本国的海洋权益，因而必须在实力增长与利益诉求的扩大之间寻求平衡；另一方面，中国还要尽力提供公共产品以回应国际社会所谓“中国责任论”的论调，并推动全球海洋治理体系向着更加公平合理的方向发展。

2. 定位二：全球海洋治理体系的维护者与建设者

在国际社会中，每当涉及重大国家利益时，很多国家特别是大国会选择

① 也有学者指出，现在已经很难简单地再把中国定位为发展中国家了。杨泽伟：《航行自由的法律边界与制度张力》，《边界与海洋研究》2019 年第 2 期。

② 胡仕胜：《对当前国际秩序转型的几点看法》，《现代国际关系》2014 年第 7 期。

退出国际公约，从而导致既有的治理体系分崩离析。鉴于《海洋法公约》中存在诸多对中国不利的条款，而且以现在的眼光看，当初中国所坚持的一些观点和立场并不利于自身海洋权益的维护。例如，2009 年以来，一系列海洋纷争接踵而至，给中国的海洋维权带来了巨大挑战。于是，有学者建议中国应该根据《海洋法公约》第 317 条所赋予的权利退出《海洋法公约》。[①]然而，退出并不是对《海洋法公约》表达不满的唯一方式，缔约国也可以通过发声的方式，利用《海洋法公约》所创设的修正机制，推动《海洋法公约》的发展与完善。从某种意义上看，中国是现行全球海洋治理体系的受惠者，因此，一味地否定这一体系，或是片面地强调其负面作用，我们就无法解释中国近年来在海洋事业上所取得的巨大成就。事实上，很多纷争在《海洋法公约》出台之前就已存在，退出《海洋法公约》后它们未必就能得到妥善解决。中国依据《海洋法公约》所获得的权益并不限于南海一地，特别是中国已获得了五块国际海底区域专属勘探区，是世界上享有专属探矿合同区最多的国家。此外，一旦中国游离于《海洋法公约》之外，将无法有效参与全球海洋事务的决策，从而丧失在部分关键领域的发言权，失去推动有利于自身发展的国际海洋法规则体系形成的机会。

鉴于国际规则本身的发展具有明显的延续性，因此，并非所有的旧规则都必须加以抛弃或改变。对于以《海洋法公约》为核心的全球海洋治理体系中所反映出的人类政治文明成果的基本价值和理念，我们仍然需要坚持和维护。这样做并不等同于我们要抱陈守旧，对既有规则中的不合理部分委曲求全，而是要与时俱进地变革其不公正与不合理之处，以使其适应时代的发展与国际格局的变迁，促进海洋治理目标的实现。当然，这并不意味着中国要囿于现有治理机制的樊篱。在某些特定的海洋治理领域，创造性地提出新的治理方案，以补充现行治理体系难以覆盖的领域，也是我们必须作出的选择。总之，中国参与全球海洋治理的方案是一种补充、修改和完善性质的方

① 吴志伟：《潘国平：中国应该尽早退出〈海洋法公约〉》，环球网，https：//world. huanqiu. com/article/9CaKrnJWrDT。

案，而绝非推倒重来。盲目地退出《海洋法公约》并非明智之策，对国内法与国际法进行双向适应性调整，才是平衡自身利益与国际社会整体利益的最佳选择。

3. 定位三：治理理念和治理方案的贡献者

纵观历史，大国的崛起常常伴随着引领世界未来发展的价值理念。康德曾指出："真正的政治不先向道德宣誓效忠，就会寸步难行。"[①] 因此，崛起国的发展理念与方式只有与世界发展潮流一致，即以维护全人类共同利益为价值取向，才会得到大多数国家的认可与支持，否则，其权力的增长无异于竭泽而渔，难以持久。[②] 在国家交往中，中华文明一直秉承"和为贵"的理念，强调"以和邦国""天下为公"，崇尚"兼相爱，交相利"，坚信"己所不欲，勿施于人"的原则。[③] 中华人民共和国成立后，从"和平共处五项原则"到"和谐世界伟大构想"，中国的国际秩序观与全球治理观不断发展与更新。以习近平同志为核心的党中央在吸收中国传统文化精髓的基础上，提出了构建新型国际关系和人类命运共同体等一系列观点和理念，以及"共商共建共享"的新型全球治理观，旨在推动全球治理体系民主化。

全球海洋治理是全球治理在海洋领域的具体体现，也是中国参与全球治理的重要组成部分。面对全球海洋治理体系存在的缺陷，中国提出构建"和谐海洋秩序"的理念，倡导建立全方位、高层次、多领域的"蓝色伙伴关系"，以实现人海和谐、共享海洋福祉的目标。2019 年 4 月 23 日，习近平在出席中国人民解放军海军成立 70 周年纪念活动时，正式提出了"海洋命运共同体"理念。作为中国参与全球海洋治理的基本立场与方案，"海洋命运共同体"既是对"人类命运共同体"理念的丰富和发展，又是这一理念在海洋领域的具体运用与实践。"海洋命运共同体"理念意味着中国将自身海洋权益的维护与建立公正合理的国际海洋秩序相结合，将完善全球海洋治理体系置于人类社会共同发展的框架之下。可见，有别于历史上推崇实力

① 〔德〕伊曼努尔·康德：《永久和平论》，何兆武译，上海人民出版社，2005，第 56 页。

② 李慧明：《全球气候治理与国际秩序转型》，《世界经济与政治》2017 年第 3 期。

③ 徐宏：《人类命运共同体与国际法》，《国际法研究》2018 年第 5 期。

政治的国际海洋秩序逻辑，中国的理念与倡议摒弃了“丛林法则”，超越了狭隘的国家本位主义，更具科学性与包容性。尽管理念只是落实具体行动的指导，但是如果中国以制度为支撑和保障，就能够将理念落地生根，就能够赢得国际社会的支持，并焕发出生命活力。鉴于此，如果中国把“海洋命运共同体”理念转化为世界各国广为接受的国际法原则和规则，不仅要与国际话语进行有效衔接，而且要以国际法为基础对其进行阐释，并通过实践来不断加以丰富和完善。

（三）中国推动全球海洋治理体系变革的路径选择

当前，中国在全球海洋治理中的话语权依然不充分，尚未获得同自己的新兴大国力量和地位相匹配的身份。众所周知，一国在国际社会中话语权的确立离不开强大的硬实力和软实力作为支撑。为了提升言辞的信任度，中国不仅要具有良好的国内法治环境及治理制度，而且要具备熟练运用国际法的能力。在此基础上，中国才可从全球、区域和双边三个层面上全方位推进全球海洋治理体系的变革。

1. 实现硬实力和软实力相得益彰

一国参与全球海洋治理体系变革，不仅需要有参与的意愿，而且需要具备参与的能力。加强自身硬实力和软实力是中国提高引领全球治理体系改革能力的前提，也是中国在当前全球治理存在严重赤字的背景下承担治理责任的基础。

从地理大发现到20世纪初，人类世界先后出现过葡萄牙、西班牙、荷兰、英国等海洋强国。毫无疑问的是，这些国家的海洋力量鼎盛的时期也是它们塑造海洋秩序能力最强的时期。[①] 可以说，国家的硬实力是其参与全球海洋治理的物质基础。中国要推进全球海洋治理体系变革，就必须首先做到以下几点：第一，要加快实现海军武器装备的升级改造，并将中国海警打造成为一支反应敏捷、行动有力的海上综合执法力量，对内保障涉海事务的秩

① 牟文富：《海洋元叙事：海权对海洋法律秩序的塑造》，《世界经济与政治》2014年第7期。

序，对外维护与拓展国家海洋权益；第二，加大科技投入力度，开展海洋科技基础研究，重视海洋应用技术的自主创新，为中国进军深海、北极等新兴领域以及引领海洋治理规则的发展方向奠定坚实的基础；第三，将硬实力的提升转化为海洋维权能力的增强，努力消除我们在海洋权益维护方面存在的“外部疲软”和“内部互耗”的缺陷。[①] 为此，中国应以更加积极的实际行动彰显海洋权益不容侵犯的决心，特别是对于他国损害中国海洋权益的行动应予以坚决和快速的回击，以迫使对方重回谈判桌，理性解决海洋争端。

由于历史上海上霸权和秩序主导者的更替都是以战争的方式实现的，传统国际关系理论认为，新兴国家在崛起过程中必然会挑战现有的国际秩序，甚至会导致战争的爆发。[②] 面对中国的高速发展，特别是中国近年来在海洋维权上采取了更加积极的行动，西方国家部分政治家和媒体借机妖魔化中国，“中国威胁论”一时间甚嚣尘上。为此，中国应在保持硬实力稳步提升的基础上，重视软实力建设，实现软硬实力的相得益彰与均衡发展：一方面，中国应加大参与现有国际海洋话语平台活动的力度，强化国际海洋议题的设置能力与话语塑造能力；另一方面，中国还需要亲自打造更多的平台和机制来扩大自己的影响力，以便有效地推动全球海洋治理体系的变革。[③] 因此，中国还应加强与利用自身倡导的“海洋命运共同体”“蓝色伙伴关系”“21 世纪海上丝绸之路”等话语平台，并通过在打击海盗与海上恐怖主义、海洋环境保护、海难救助等非传统安全领域贡献公共产品，彰显中国的道义与责任，破解西方舆论对中国的误解和偏见。此外，中国还应在科学评估的基础上，大量开展主场外交活动，例如申请承办国际性海洋会议、创办国际性海洋论坛，通过借助东道国的便利，倡导新的理念与制度，不断增大国际贡献，优化国际形象。当然，由于海洋领域缺乏诸如世界贸易组织之类的全球治理机构，国内很多学者提出中国应顺势而为，发起成立“世界海洋组

---

① 王印红、渠蒙蒙：《海洋治理中的“强政府”模式探析》，《中国软科学》2015 年第 10 期。

② 秦亚青：《世界格局、国际制度与全球秩序》，《现代国际关系》2010 年庆典特刊。

③ 凌胜利：《主场外交、战略能力与全球治理》，《外交评论（外交学院学报）》2019 年第 4 期。

织”的倡议，以简化和理顺目前涉海组织错综复杂的关系，缓解现行涉海制度供给不足的问题。[①] 应当说，这是中国发挥国际领导作用的难得机会，也是未来中国海洋外交的着力点之一。

2. 促进国际规则与国内规则、全球治理与国内治理的良性互动

联合国大会自 1992 年以来一直将法治作为一个议程进行审议，并从 2006 年起每年都通过《国家级和国际级法治宣言》，强调国际法治与国内法治之间的衔接，促进二者之间的良性互动。在全球化背景下，国内法治与国际法治并不是毫无关联的两个维度，而实际上存在相互配合与相互渗透的紧密关系。[②] 目前，许多领域的国际海洋法规则处于创制阶段，如果一个国家已经在特定的议题领域里建立了比较完善的国内法体系，那么该国在参与国际规则制定与秩序构建过程中就将会占据制高点。事实上，很多国际法规则最初是某个国家的创新成果，只不过是后来获得了越来越多国家的追随和认可并最终发展成为国际法而已。长期以来，中国将国内法及自身主张转化为国际法规则的能力相对不足，对此，我们应该要有清醒的头脑。未来，对于一些前沿领域的问题，我们一定要具备前瞻性的眼光，一定要率先制定国内法，并逐步将其转化为国际共识。当然，要实现中国国内规则的外溢、有效吸引规则的追随者，我们必须首先具有先进的规则体系以及对国内规则进行理论加工的能力。

党的十八届四中全会通过的《中共中央关于全面推进依法治国若干重大问题的决定》指出：“依法治国……是实现国家治理体系和治理能力现代化的必然要求。”[③] 在全球海洋竞争日趋激烈的形势下，完善涉海法律体系既是国家自身法治建设不可或缺的组成部分，也是推动国家海洋治理体系和海洋治理能力现代化的基础，同时还是中国建设海洋强国和参与全球海洋治

① 杨泽伟：《新时代中国深度参与全球海洋治理体系的变革：理念与路径》，《法律科学（西北政法大学学报）》2019 年第 6 期。

② 何志鹏、都青：《从和平共处到合作共赢——中国国际法治观的认知迭代》，《武大国际法评论》2018 年第 1 期。

③ 中共中央文献研究室编《十八大以来重要文献选编》中，中央文献出版社，2016，第 155 页。

理的现实需求。中华人民共和国成立以来，特别是签署和批准《海洋法公约》以来，中国的涉海法律法规从无到有、从少到多、从小到大，为中国海洋事业的发展、维护国家海洋权益与开展国际合作奠定了坚实基础。但是，中国的涉海法律法规体系还存在不少薄弱环节，有些领域甚至还存在“法律真空”现象，处于无法可依状态；还有些领域的法律法规过于笼统，不适应当今形势发展的需要，亟待修订与补充。需要注意的是，海洋法体系的健全与完善是一个动态的过程，缺乏科学规划以及被动应急式地出台一些法律法规，对整个海洋法律体系的建设并无太大裨益，因为完善海洋法体系应从海洋事业建设的全局出发，既需要符合国家的根本利益，还要与国际发展趋势相一致。这一体系应当是国家的宪法、海洋基本法、各涉海行业的法律、行政法规、部门规章以及地方性法规和规章等法律法规文件的系统组合，如此才能治理好国家管辖范围内的海域，并在处理与邻国的海洋争端时，可以充分运用法律武器为自身的权利和主张保驾护航。

海洋的流动性与连通性以及全球化的高速发展，不仅使全球海洋治理与国家海洋治理紧密相连，而且也使任何国家的海洋政策都是全球海洋治理的一个组成部分。因此，推动全球海洋治理体系变革，必须内外兼修，必须树立整体治理观。一方面，参与全球海洋治理的过程，是按照通行的国际海洋规则推进自身海洋管理体制改革、助推全球治理的经验内化到国家治理的过程；另一方面，良好的国内海洋治理体系，既是一国参与全球治理的基础，同时还有利于增强该国反向塑造全球海洋治理规则的能力。近年来，为治理好自身管辖范围内的海域、加大海洋维权力度，中国在海洋管理体制改革方面取得了诸多进展：第一，在新一轮党和国家机构改革方案中，在中央外事工作委员会办公室内设了维护海洋权益工作办公室，以期更好地统筹外事与涉海部门的资源和力量来有效地维护国家的海洋权益；第二，国务院整合了八个部委的相关职能，组建了自然资源部，对外保留了国家海洋局牌子，以便把全国所有自然资源都统筹起来进行规划；第三，在海上执法力量方面，调整组建了武装部队海警总队，即中国海警局，统一履行海上维权职责。需要注意的是，如何进一步完善海洋管理体制，特别是调动非国家行为体的积极性，减少阻碍海洋治理的因素，提升治理能力与效能，[①] 还有待进一步探索和筹划。

3. 提升运用法律手段维护自身海洋权益的能力

《中共中央关于全面推进依法治国若干重大问题的决定》提出，要善于“运用法律手段维护我国主权、安全、发展利益”。[②] 在海洋领域，这种能力的提高主要包含两个方面：一是提高应对其他国家将涉海争端司法化的能力；二是提高对国际海洋法规则的解释和运用能力。近代以“弱肉强食”为主要特征的国际政治以及由此产生的带有“丛林法则”性质的国际法规则，使中国对国际法持有相对疏离的态度，特别是在与邻国的领土主权与海洋划界争端方面，中国一贯主张通过谈判与协商的方式来解决问题。然而，如果中国总是以法律之外的话语表达自己的立场，用法律之外的方式来解决与邻国的纠纷，那么中国的倡议与主张就很难被国际社会所广泛认同和接受。[③] 事实表明，无论是在全球还是在亚洲范围内，越来越多的国家都将涉海争端诉诸第三方争端解决机构。与此同时，国际法庭在咨询管辖权方面也呈现出明显的扩张倾向，“国家同意原则”被不断打破。[④] 尽管中国声称对“南海仲裁案”的裁决结果“不承认、不接受”，但仲裁案在法律上的消极影响并不会因为中国的态度而随之消退。中国也无法排除海上邻国将涉及领土主权与海洋划界的争端进行包装的做法，更不能阻止其通过司法手段来谋求更多海洋权益情况的发生。因此，中国应该以“南海仲裁案”为鉴，制定适应海洋争端解决司法化趋向的长期战略，[⑤] 敢于和善于运用国际法捍卫

---

① 与国外发达国家相比，中国的非政府组织发展程度相差甚远，具备国际视野以及参与全球海洋治理能力的非政府组织更是稀缺，故而目前中国参与全球海洋治理仍以国家或政府的身份为主。未来，中国政府不仅要加强与国际非政府组织的联系，更要注重培育国内的市民社会，创造相应的条件帮助它们提高自身的国际化水平，鼓励和引导其广泛深入地参与全球海洋事务，从侧面传达中国声音，充分发挥非政府组织在海洋外交方面的积极作用。

② 中共中央文献研究室编《十八大以来重要文献选编》中，中央文献出版社，2016，第180~181页。

③ 何志鹏：《走向国际法的强国》，《当代法学》2015年第1期。

④ 罗国强、于敏娜：《国际法庭咨询管辖权的扩张倾向与中国策略》，《学术界》2019年第10期。

⑤ 江河：《中国外交软实力的强化：以国际法的基本范畴为路径》，《东方法学》2019年第2期。

国家的海洋权益，以减少对中国不利的国际舆论导向，增强中国所倡导的理念与制度的说服力与可信度，进而提升中国塑造国际海洋法律秩序的能力。

现阶段，中国对国际海洋规则的解释与运用能力还有待提高。事实上，以联合国为中心的国际规则体系大多是各种政治力量相互妥协的产物，虽然西方大国在其中的优势地位非常明显，但这个体系毕竟是当今大多数中小国家参与国际事务最民主和最有效的平台之一，至少保证了“法律上的平等”，是相对公平的、中性的。

随着中国在国际经贸领域参与司法程序的经验不断增多，我们会发现越来越多的国际规则可以被认定为技术中性的，在解释时具有较强的可塑性，而非只能是机械或是僵化的适用。可以预见，“法律战”将成为未来国家之间海洋权益博弈的新战场。无论中国未来对以司法手段解决与邻国的海洋争端持何种态度，都需要运用国际法予以应对。为此，中国必须加强自身对国际法规则的解释和运用能力，一定要主动驾驭国际法规则，坚决防止疲于应对其他国家提出的法律挑战，减小中国增强实力过程中的阻力。这不仅是维护国家海洋权益的需要，也是中国为全球海洋治理作出负责任贡献的需要。①

4. 推动全球、区域与双边治理的协同发展

当前，诸多海洋领域的国际规则正在酝酿和形成之中，规则的主导权之争异常激烈。债务危机导致欧美国家经济增速放缓，其综合国力与国际影响力呈现相对衰落之势，这为中国提升在国际海洋事务及全球海洋治理中的话语权提供了契机。《中共中央关于全面推进依法治国若干重大问题的决定》适时地提出，要“积极参与国际规则制定……增强我国在国际法律事务中的话语权和影响力”。② 因此，中国应密切关注海洋领域重大国际议题的磋商进程，推动符合国际社会发展需要的海洋治理体系以及更加公平合理的国际海洋秩序的建立。全球海洋治理体系变革是一项复杂而又艰巨的系统工

① 胡波：《中国海权策：外交、海洋经济及海上力量》，新华出版社，2012，第 173 页。

② 中共中央文献研究室编《十八大以来重要文献选编》中，中央文献出版社，2016，第 180 页。

程，中国不可能凭借一己之力塑造新的国际规则，也不可能单独承担全球治理的重任，因而需要和其他国际行为体携手同行，在全球、区域和双边三个层面共同推动形成一套全方位、多层次和立体化的全球海洋治理机制。

在全球层面，为了推动全球海洋治理体系的改革，中国必须走一条“内线推动”和“外线拓展”双管齐下的路径：一方面要采用“发声”策略，在现有海洋治理体系内推动渐进式的改革以便为守成大国所接受；另一方面要密切关注海洋法的前沿领域的发展动向，积极介入《海洋法公约》外的海洋治理制度的构建工作，充分利用联合国大会、《海洋法公约》缔约国会议、“海洋法非正式磋商进程”等平台，适时提交相关专题的建议案文，引领国际海洋法规则的发展方向，以弥补现行治理体系的不足，开拓全球海洋治理的新路径。①

在区域层面，中国必须推动区域性海洋治理规则的形成。良好的区域海洋治理体系不仅可以有效缓解区域内国家之间的海洋争端，还可以形成聚合性的力量与更大的话语权，并将区域治理的经验推广到全球各地。2009 年以来，南海争端当事国之间的纠纷逐渐升温，并多次出现剑拔弩张的局面。近年来，中国与东盟一直在致力于推进“南海行为准则”的制定进程，以期更加有效地管控彼此之间的纷争，维护地区的安全与稳定。然而，各方围绕“南海行为准则”的法律约束性、适用海域范围、执行措施与仲裁机制等关键问题仍难以达成共识，“南海行为准则”案文的磋商可能会经历一个较为漫长的过程。② 需要注意的是，南海区域的治理体系不仅要管控争端，更要超越争端。因此，除了要在“南海行为准则”的制定方面作出努力，中国和东盟还可以就一些特定领域的问题，如海洋环境与海上安全等进行合作治理，这不仅是共同应对海上风险的需要，也是克服全球化对区域内国家造成的冲击之所需。事实上，对于中国这样具有独特而复杂的周边环境的国

① 陈志敏、苏长和：《做国际规则的共同塑造者》，《外交评论（外交学院学报）》2015 年第 6 期。

② Ian Storey, “Assessing the ASEAN-China Framework for the Code of Conduct for the South China Sea,” *Iseas Perspective*, Vol. 62, No. 2, 2017, pp. 5-7.

家来说，积极参与并引领区域治理，可以夯实中国参与国际海洋事务的周边战略依托，助力中国在全球海洋治理中发挥更大的作用。①

在双边层面，中国应加强与邻国和其他域外国家之间的互动。众所周知，并非所有问题都可以在全球或区域规则的框架内加以解决。中国提出的“蓝色伙伴关系”“一带一路”等倡议均离不开周边国家以及域外国家的配合和支持。在与海上邻国的互动方面，由于东盟部分成员国与中国存在海洋纷争，中国与东盟各成员国在关系亲疏方面存在不同程度的差别，各方在利益认知和理解上也存在不同程度的差异，这需要我们在加强与东盟整体的海洋伙伴关系的同时，必须坚持“与邻为善、以邻为伴”的外交方针，注重提升与单个国家（特别是与中国存在海洋争端的国家）的合作水平，从而形成整体合作和双边合作共同驱动的良性格局。② 除关注地理上毗邻的国家，中国还应积极发展与欧盟国家、小岛屿国家之间的友好合作关系，倾听对方的声音，增进彼此间的理解，扩大彼此间的利益交会点，凝聚更多的国际共识，构建合作共赢的“蓝色伙伴关系”，共同推动全球海洋治理目标的实现。

四　结语

当前的全球海洋治理体系不能有效应对层出不穷的海洋问题与纷争，而有效性的不足源于治理理念的落后、治理结构民主性的缺失、治理机制的碎片化以及治理责任的赤字。为适应国际社会权力结构的变化、应对层出不穷的全球性海洋问题与纷争，对全球海洋治理体系进行变革势在必行。在变革的过程中，参与治理的行为体应与时俱进，不断更新治理理念，推动全球海洋治理体系向“善治”发展。中国目前正处于迈向海洋强国的路途中，参

① 毕海东：《全球治理地域性、主权认知与中国全球治理观的形成》，《当代亚太》2019 年第 4 期。

② 韦红、颜欣：《中国-东盟合作与南海地区和谐海洋秩序的构建》，《南洋问题研究》2017 年第 3 期。

与全球海洋治理体系变革的能力与意愿不断增强。为维护与拓展本国的海洋权益，中国应在准确界定自身的多重复合身份后，承担应尽的治理责任，为全球海洋治理体系的变革提供中国方案。该方案不是彻底否定现有的海洋治理体系，或是一味地强调其负面作用，而是在肯定现有海洋治理体系正面效应的基础上，构建一个更加公平合理的国际海洋法律秩序，借此推动国际社会实现人与海的和谐共生以及国与国之间的合作共赢，最后形成海洋命运共同体。为实现这一目标，中国必须不断加强硬实力和软实力建设，为不断提升自己在国际海洋法规则制定中的话语权提供战略支撑。此外，中国还应统筹国内与国际两个大局，特别是要提高自身运用国际海洋法规则的能力，通过充分调动国际社会各行为体的力量，从全球、区域和双边三个层面来推进海洋治理体系的变革。

疫情防控常态化时期海上公共卫生安全法治的挑战与中国方案*

白佳玉**

摘　要：　疫情防控常态化时期，海上公共卫生安全问题不仅威胁着全球各国公共卫生安全，同时也对海上人员安全、船舶航行安全、海洋环境安全造成了威胁。究其根本，疫情防控常态化时期有关海上公共卫生的防治治理中，存在人类活动与海洋环境保护的冲突、主权与人权的冲突、国际法规则碎片化、国家履约中的能力不足与意愿欠缺、国际组织权利受限及职能欠缺等挑战。因此应当以海洋命运共同体为价值指导处理人海关系冲突；以人类命运共同体理念所包含的价值平衡海上公共卫生安全中主权与人权的冲突；并以共同利益为基础，提升各国履约意愿，促进国家间合作；立足国家实践整合各领域法治规则，突破国际法规则的碎片化；完善国际组织在海上公共卫生安全中的应对与协调职能，推动人类卫生健康共同体的构建。

关键词：　疫情防控常态化时期　海上公共卫生安全　海上安全　人类命运共同体

---

*　本文为国家社科基金新时代海洋强国建设重大研究专项“海洋命运共同体视角下的中国海洋权益维护研究”（项目编号：19VHQ009）的子课题“以海洋命运共同体理念指导海洋争端解决”的阶段性成果。本文以《后疫情时代海上公共卫生安全法治的挑战与中国方案》为题原载于《新疆师范大学学报（哲学社会科学版）》2021 年第 5 期。

**　白佳玉，南开大学法学院教授、博士生导师。

引　言

全球安全包含传统安全与非传统安全。传统安全如国家政治安全与军事安全一直是全球安全的重心所在。冷战结束后，SARS 病毒、海盗，以及全球环境污染与恶化等事件，均超出了传统安全范围，被称为非传统安全。[①] 2019 年底在全球暴发的新冠肺炎疫情即构成了非传统安全中的公共卫生安全威胁。

新冠肺炎疫情的暴发极大地威胁了世界人民的生命健康安全。在海上，当船上人员感染新冠病毒后，其生命健康会受到直接威胁；船员也可能产生心理和身体健康问题，影响船舶航行安全；[②] 这类船舶产生的生活污水如处理不当排放入海还将威胁海洋生物的健康与海洋环境安全，危及海洋生物多样性，损害海洋生物安全。[③] 可见海上疫情的暴发与蔓延导致了一系列问题，在疫情防控常态化时期，更需多维度维护海上公共卫生安全。

海上突发疫情时，全球各港口国对船舶采取的紧急措施是保障海上公共卫生安全的重要环节，若港口国不允许受染船舶停靠，该船只能暂时漂泊于海上，使疫情进一步扩散。例如，停靠在中国天津港的意大利船籍“歌诗

① 付玉慧：《海上交通公共安全管理》，大连海事大学出版社，2018，第 6~7 页。

② 由于疫情在全球蔓延，许多国家关闭口岸，采取旅行禁止措施，导致大量船员无法正常休假；而且在船舶靠港时，船员也不可登陆，加剧了船员心理和生理问题恶化。徐强：《新冠肺炎引起的船员应激心理问题及应对》，《中国远洋海运》2020 年第 9 期；船舶航行事故的发生，主要与船员的心理状况、疲劳程度、生理状况、海上工作时间以及健康程度等方面直接或间接相关。段爱媛、赵耀：《航行船舶安全状况风险预先控制方法研究》，《船海工程》2006 年第 6 期。

③ 加拿大达尔豪斯大学医学院的病理学家萨巴齐尚・马萨瓦拉贾依据研究指出鲸鱼、海豚、海豹以及海獭等动物极易感染来自废水排放中的病毒。《研究指出：新冠病毒或对海洋生物构成严重威胁》，https：//news. sina. com. cn/w/2020-09-15/doc-iivhvpwy6916030. shtml。新冠病毒存在于受染者产生的污水废水中，且该病毒在水中仍具有感染能力。董旭、郑宇、单欣、李锋民：《医疗废水处理新技术与未来需求》，《水处理技术》2020 年第 9 期。这意味受染船舶的污水未经正确处理被排放入海，将威胁鲸鱼类海洋哺乳动物的生命健康。

达·赛琳娜”号邮轮，由于天津市政府采取了紧急措施，船上人员得到快速有效的救治；停靠在日本横滨港的英国船籍“钻石公主”号邮轮由于日本应对措施拖延，新冠病毒在该邮轮上不断扩散，感染人数增多；[①] 而美国船籍“威斯特丹”号邮轮因船上载有疑似感染新冠病毒的人员，被多国拒绝停靠，在海上漂泊了 13 天后才得以靠泊。[②] 可见，港口国等其他国家积极合作，采取及时合理的防疫抗疫措施能有效维护海上公共卫生安全。

面对来势凶猛的疫情，中国采取积极行动遏制了国内疫情的暴发，并给其他国家和国际组织提供大量的医疗物资援助，向世界贡献抗击疫情的中国方案，展现出备受瞩目的大国担当。全球将进入疫情防控常态化时期，对疫情的事前预防与事后控制也将呈现规范化特点。在疫情防控常态化时期，针对海上公共卫生安全威胁的国际法治现状如何？国际法治手段在应对该种特殊的非传统安全问题时面临哪些挑战？疫情治理最具成效的中国又可以提供怎样的理念与制度反思？下文将逐一对上述问题展开分析论证。

一 疫情防控常态化时期海上公共卫生安全问题的多领域法治

海上公共卫生安全涉及海上人员安全、船舶航行安全和海洋环境安全多领域问题，需要多领域法治手段予以治理。“法律是治国之重器，良法是善治之前提”[③]，“良法善治”是法治的基本含义之一，[④] 良好的法律获得民众的普遍服从才能实现法治。[⑤] 可见，国际法治的实现依托于良好的国际法律

① Yuan Sha, “The Cruise that Escaped COVID-19 Outbreak,” https://news.cgtn.com/news/2020-02-25/The-cruise-that-escaped-COVID-19-outbreak-OmVIqpOIyk/index.html.

② Ben Westcott, “Westerdam Passenger Infected with Coronavirus: What We Know and What We Don't,” https://edition.cnn.com/2020/02/18/asia/westerdam-cruise-infection-coronavirus-intl-hnk/index.html.

③ 习近平:《论坚持全面依法治国》，中央文献出版社，2020，第 166 页。

④ 张文显:《习近平法治思想的理论体系》，《法制与社会发展》2021 年第 1 期。

⑤ 〔古希腊〕亚里士多德:《政治学》，吴寿彭译，商务印书馆，1965，第 81、163、171 页。

规则，且这种“良法”须得到国际法主体的遵守与运行。因此，海上公共卫生安全的多领域法治以规制国际法主体权利义务关系及行为的规则为基础，并需要国家履约和国际组织的治理保证规则的运行。由此，下文在海洋综合法治、公共卫生专门法治、海事安全领域法治和人权保障法治四个方面予以阐释。

（一）海洋综合法治

《联合国海洋法公约》（以下简称《海洋法公约》）作为海洋法领域的一揽子协定，从“事前预防”和“事后应对”两个层面，规定了国家、国际组织等国际法主体在不同海域中为维护海上公共卫生安全的权利和义务。

“事前预防”是确立国际法主体权利义务关系的规则。《海洋法公约》规定各国应普遍遵守海洋环境保护义务，① 为减少船舶对海洋环境和海岸造成的污染，威胁沿海国利益，各国可根据主管国际组织所制定的规则和标准的指引，在本国海域内制定防止海洋环境污染的规定。②

“事后应对”是制约国际法主体行为的规则。首先，船旗国对在公海上航行的船舶享有管辖权，甚至不论该船在何处，均有权管辖并采取行动。③其次，若船舶自愿靠港，港口国和沿海国享有调查权并可提起司法程序。④最后，沿海国在本国管辖海域内对违反其卫生法律和规章的船舶，可行使管辖权和必要的管制权。⑤ 因此，船旗国对涉疫船舶享有管辖权并具有接收和救助义务，沿海国和港口国出于保护本国卫生安全需要也享有管辖权，但没有接受其通行和停靠的义务。⑥

《海洋法公约》强调通过国际合作以有效运行上述规则。例如，当一国得知海洋环境受到污染时应立即通知相关国家及主管国际组织，尽力合

---

① 《联合国海洋法公约》第 192、194 条。

② 《联合国海洋法公约》第 211 条。

③ 《联合国海洋法公约》第 94、217 条。

④ 《联合国海洋法公约》第 218、220 条。

⑤ 《联合国海洋法公约》第 25、33、56、60、80 条。

⑥ 孙思琪、金怡雯：《国际邮轮突发公共卫生事件应急管理的法律检视》，《大连海事大学学报（社会科学版）》2020 年第 5 期。

作消除污染。[①] 船旗国应将采取的措施通知有关国家及国际组织，沿海国需加强与邻国合作促进海上搜救服务，港口国应向相关国家转交调查记录，等等。[②] 总之，有关国家及主管国际组织应积极合作，合力采取卫生防控和救助措施。

在“钻石公主”号事件中，英国作为船旗国对该船负有绝对的管辖权和接收及救助义务；因该邮轮停靠可能危及港口国的卫生安全，日本作为港口国拥有管辖权，但没有依据《海洋法公约》必须承担的接收和救助义务。日本虽暂时拒绝了船舶进港，但仍依国际合作义务，对船舶采取了相应的卫生防控措施，相对于作为消极的英国较好地进行了国际履约。[③]

（二）公共卫生专门法治

在公共卫生领域，《国际卫生条例（2005）》（以下简称《条例》）以具体的法律规则防治国际突发公共卫生事件，世界卫生组织（WHO）与各国的法律实践合力推动该领域的法律运行。

1. 公共卫生专门国际法律规则

《条例》中规定了应对突发公共卫生事件的专门的国际法律规则，亦可从“事前预防”和“事后应对”两个层面予以阐释。“事先预防”规则强调加强缔约国的卫生能力建设，“事后应对”规则强调缔约国应对事件及时采取措施，如通报义务、救助义务和额外卫生措施等。

“事前预防”方面，首先，缔约国应建立国家归口单位与 WHO 设置的联络点保持联系，进行沟通；[④] 其次，在《条例》对缔约国生效后五年内，缔约国应尽快加强发现、评估、通报突发公共卫生事件的能力建设；[⑤] 最后，为确保有效应对海上突发公共卫生事件，缔约国应进行卫生口岸能力建

---

① 《联合国海洋法公约》第 198、199 条。

② 《联合国海洋法公约》第 98、217、218 条。

③ 孙婵：《论邮轮疫情责任主体及风险防控法律机制》，《中国海商法研究》2020 年第 3 期。

④ 《国际卫生条例（2005）》第 4 条。

⑤ 《国际卫生条例（2005）》第 5 条。

设，提高港口的卫生监测和应对的核心能力，等等。①

“事后应对”方面，首先，缔约国对国际突发公共卫生事件评估后应及时向 WHO 通报；② 其次，若缔约国的入境口岸具备相应卫生能力，则不应因公共卫生原因拒绝船舶停靠或通行，若船舶受染，缔约国可进行检查和隔离等卫生措施；③ 最后，缔约国还可采取合理的、科学的、有至少相同保护程度的额外卫生措施，若干扰国际交通，应向 WHO 报告并说明理由。④

2. 世界卫生组织的专门治理

在本次疫情中，WHO 及时向世界发出疫情警报，发布应对指南，开展现场考察、提供技术支持和防控政策指导。⑤ 例如，WHO 出版了《支持国家做好准备和应对的业务规划指南》，对入境口岸当局采取的应对规划提供了技术指导意见，WHO 公布的《管理船上 COVID-19 病例和疫情的操作考虑》，为疫情暴发后在航的船舶提供了卫生操作指导和管理建议。⑥

3. 缔约国的履约现状

海上疫情的暴发危及邮轮上的公共卫生安全，以“钻石公主号”邮轮为例，日本作为《条例》的缔约国，也是该船的港口国，为应对邮轮上的突发疫情，采取了额外卫生措施，拒绝该船停靠并对其隔离。但日本未对船上人员检疫就进行全员隔离，且该封闭隔离没有充足防护设备，不符合额外卫生措施要求的科学、合理且达到同等保护程度的标准。⑦ 此外，日本检验耗时过长使额外卫生措施明显干扰国际交通秩序，同时未向 WHO 报告，也

① 参见《国际卫生条例》附件一 A 规定的缔约国应具备监测和应对的核心能力要求及附件一 B 规定的缔约国港口随时具备的 5 项核心能力要求和 7 项应对国际突发公共卫生事件的核心能力要求。

② 《国际卫生条例（2005）》第 6 条。

③ 《国际卫生条例（2005）》第 27、28 条。

④ 《国际卫生条例（2005）》第 43 条。

⑤ 张海滨：《重大公共卫生突发事件背景下的全球卫生治理体制改革初探》，《国际政治研究》2020 年第 3 期。

⑥ 《世卫组织应对 COVID-19 疫情时间线》，https：//www. who. int/zh/news/item/29-06-2020-covidtimeline。

⑦ 郭中元、邹立刚：《全球卫生治理视域下〈国际卫生条例〉中额外卫生措施之适用》，《江淮论坛》2020 年第 5 期。

违反了 WHO 规定的义务。

（三）海事安全领域法治

以国际海事组织（IMO）为平台所达成的国际海事公约对海上人员安全、船舶安全和海洋环境安全起着重要的法律保障作用，IMO 的治理举措以及各国的有效履约均充分推动了公约规则的实施。

1. 海事安全领域国际法律规则

IMO 和国际劳工组织（ILO）颁布了诸多公约以应对海上公共卫生安全威胁。“事前预防”规则主要体现在船方提高自身标准、完善船舶应急设施、预防船舶污染的规定中；“事后应对”规则主要体现在船旗国和港口国允许船舶停靠，救助船上人员的规定中。

“事前预防”方面，首先，在发生疫情等紧急情况时防止人员伤亡，船员、船舶所有人应做好应急准备以保护海上人员安全；① 其次，海员须达到负责医护和医疗救助的适任标准，以应对事件发生时所需的医疗急救请求；② 最后，缔约国要着重预防来自船舶的污染，特别预防船舶生活污水排放入海对海洋环境和生物造成威胁。③

“事后应对”方面，船旗国应尽力保护船员健康，当船舶位于某缔约国境内时，该国应当允许船员上岸并获得与岸上人员同等标准的医疗服务。④ 港口国管理当局在船舶遇有卫生安全威胁需要停靠和帮助时，应尽快采取卫生检疫措施，平等对待所有国家船舶。⑤

2. 海事安全领域国际组织治理

疫情暴发后，IMO 通过发布一系列通函指导各国采取行动并呼吁相关国家和国际组织共同合作。在 IMO、WHO 关于应对疫情的联合声明中，建

---

① 《国际海上人命安全公约》第 9 章附则，即国际安全管理规则（ISM 规则）。

② 《海员培训、发证和值班标准国际公约》第 A-Ⅵ/4 节。

③ 《国际防止船舶造成污染公约 73/78》附件四：防止船舶生活污水污染规则规定。

④ 《国际海事劳工公约》规则 4.1。

⑤ 1965 年《国际海上便利运输公约》附件 4.7 规定。

议船旗国和港口国积极合作，确保乘客可以上、下船，船员可以换班。[①] IMO 发布的《应对新冠肺炎疫情确保船岸人员在船安全接触指南》，建议各国要求船舶靠港前及时将卫生情况上报停靠港当局，以降低船岸界面所有人员的感染风险。[②] ILO 为保障船员权益也发挥了重要作用，例如，ILO 海事特别三方委员会官员表示海员在疫情期间应免受旅行限制。[③]

3. 缔约国的履约现状

海事安全领域的国际公约重视对船上人员生命安全及船舶航运安全方面的保护。此次疫情中，中国就海事安全的应急处理措施有目共睹。在“歌诗达·赛琳娜”号发现受染患者后，中国疫情防控指挥部迅速组织医护人员采样检测，合理安排船上人员隔离观察和下船返回，有效保障了船上人员生命安全；中国还向 IMO 提交了《船舶船员新冠肺炎疫情防控操作指南（V1.0）》，以指导船舶和船员如何防治疫情，维护船舶航运工作。

（四）人权保障法治

人权保障法治方面，既有多个国际人权公约作为静态规则予以规制，也有联合国人权理事会治理和各国履约保证法律运行。

1. 人权保障国际法律规范

新冠肺炎疫情的暴发对人权保护产生了巨大挑战，公民的生命和健康权要得到特别保护，而且还需保障公民的信息知情权，疫情风险及隔离地区人员的基本生活水平，平等对待该区人员的基本人权。无论在“事前预防”还是“事后应对”方面，均要充分保障人权。依据《公民权利和政治权利国际公约》，公民的生命安全需得到保障、保证人人接受平等对待，不受歧视；[④] 依据《经济、社会及文化权利国际公约》，保证人人所能享有的体质

① 2020 年 2 月 21 日，IMO 发布的 Circular Letter No. 4204/Add. 2 通函件。

② 2020 年 5 月 11 日，IMO 发布的 Circular Letter No. 4204/Add. 16 通函件。

③ International Labour Organization, “Treat Seafarers with ‘Dignity and Respeet’ during COVID-19 Crisis,” http://www.ilo.org/golbal/about-the-ilo/newsroom/news/WCMS_740307/lang--en/index.htm.

④ 《公民权利和政治权利国际公约》第 6 条规定。

和心理健康权、接受医疗照顾的权利①；保障《世界人权宣言》规定的公民获取信息权和基本生活水准的权利；等等。②

2. 人权保障领域的国际组织治理

本次疫情期间，联合国人权理事会在线讨论了全球、区域、国家和地方各级应对新冠肺炎疫情对人权的各种影响和趋势，为疫情中的人权保护提供了支持。人权理事会对侵犯人权的成员国规定了明确的惩罚措施，即在一定条件下中止成员国资格以减少该国的不履约行为。但基于人权问题的敏感性和国家保护本国利益的实际需求，此次疫情中联合国人权理事会并没有行使停止会员国资格的惩罚措施。

3. 缔约国的履约现状

防控疫情时，一些缔约国如中国充分履约，保障人权。中国发现疫情后及时分享疫情变动信息，为隔离区民众提供完备的生活物品，保障了公民的知情权、生命健康权和基本生活水平；中国妥善处理了“歌诗达·赛琳娜”号邮轮事件，保障了他国人员的生命健康权，遏制了疫情在海上蔓延；中国承诺将新冠疫苗作为全球公共产品并已向多个国家捐赠了新冠疫苗，为全球的疫情治理作出了中国贡献。③ 然而有些缔约国漠视疫情警告，没有呼吁民众有效自我防护导致疫情持续蔓延，歧视疫情受害地区，等等，均是忽视基本人权保障，违反人权普遍性原则的不履约表现。

二　疫情防控常态化时期海上公共卫生安全问题多领域法治的挑战

海上新冠肺炎疫情的暴发引发了多领域的安全威胁，需要多重领域的法治手段予以解决，这种多领域的法治治理正面临诸多挑战。

---

① 《经济、社会及文化权利国际公约》第 12 条规定。

② 《世界人权宣言》第 19、25 条规定。

③ 《综述：中国新冠疫苗助力多国抗疫》，新华网，http：//www. xinhuanet. com/world/2021-01/19/c_1127001381. htm。

（一）人类活动与海洋环境保护的冲突

海洋孕育了世界，联通了世界，发展了世界。[①] 海洋赋予了人类更大的生存和发展空间，人类有保护海洋环境的义务。《海洋法公约》规定的海洋环境保护义务是一项“对一切义务”，既要防控海洋环境污染，也要保护海洋生物及其生存环境，[②] 即保护海洋环境安全。环境安全作为非传统安全的一种，从广义视角来说，包含生物安全及生态安全等领域，[③] 广义的海洋环境安全也容纳了海洋生物安全和海洋生态安全等领域。[④] 因此，海洋生物安全关系到海洋环境保护，保护海洋生物安全，避免海洋生物多样性受损，能在一定程度上保护海洋环境安全。

此次疫情中，受染船舶的污水、废水若未经处理被排放入海，使海洋生物感染新冠病毒，将破坏海洋生物安全，损害海洋生物多样性，威胁海洋环境安全；疫情防控常态化时期，一些国家若不重视航运安全，造成海洋污染将进一步威胁海洋生物安全，损害海洋生态环境，[⑤] 而且由人类活动引发的气候变化、海水变暖可能会加剧病毒在海洋中的传播，严重威胁了海洋公共卫生安全。可见人类在应对海上公共卫生安全问题时，若忽视对海洋生物的保护，将威胁到海洋环境的安全，引发人类活动与海洋环境保护的冲突。

（二）主权与人权的冲突

在海上公共卫生安全领域，主权与人权均受到国际法的保护。《联合国宪章》确立了国家主权平等原则，各国须互相尊重主权与领土完整；生命

---

① 《习近平集体会见出席海军成立 70 周年多国海军活动外方代表团团长》，新华网，http：//www. xinhuanet. com/politics/leaders/2019-04/23/c_1124404136. htm。

② 曲波、喻剑利：《论海洋环境保护——“对一切义务”的视角》，《当代法学》2008 年第 2 期。

③ 张勇、叶文虎：《国内外环境安全研究进展述评》，《中国人口·资源与环境》2006 年第 3 期。

④ 杨振姣、姜自福、罗玲云：《海洋生态安全研究综述》，《海洋环境科学》2011 年第 2 期。

⑤ 《地球生命力报告 2020》指出，无论是近海还是深海，过度捕捞、海洋污染等压力是影响整个海洋的重要因素，而气候变化持续给海洋生态系统带来深远影响。

健康权作为基本人权为人人享有，每个国家都应履行保障人权的义务。此次疫情中，港口国因维护本国公共卫生安全，拒绝外国邮轮入境停靠，导致一些受染邮轮被“放逐”海上，危害了船上人员的生命和健康安全。此外，由于“方便船旗”盛行，可能会有多艘受染邮轮同时航至“方便船旗国”，该国为维护本国主权可能将受染邮轮“放逐”，置船员及乘客的生命于不顾。在这种情况下，受染船舶不能靠港，船上人员不能获得及时救治，反映了一些国家面临海上公共卫生安全威胁时为维护主权而对人权的漠视。

《条例》以“充分尊重人的尊严、人权和基本自由”为原则，[①] 要求海上突发公共卫生事件时，港口国须允许受染船舶靠泊并对船上人员进行救助；然而一些国家卫生能力低下、应对疫情经验不足，为免本国民众处于被感染的风险之中，可以拒绝感染邮轮靠泊；[②] 而且额外卫生措施赋予缔约国依据本国国内法或其他国际法义务拒绝因公共卫生原因的船舶停靠或通行、阻止乘客上下船及禁止旅行者继续国际旅行等权利。[③] 为此，缔约国只要符合《条例》规定，就可依据国内法自由裁量实施额外卫生措施，然而一些国家的限制措施没有明确的结束日期、限制范围比较模糊或混淆检疫与隔离措施，[④] 可能导致对来自疫情地区的人员的歧视，威胁被拒绝停靠船舶上人员的生命健康、人身自由及基本生活保障的权利。因此，缔约国应均衡本国主权维护和对他国公民人权的尊重，确保采用干扰度较小的措施控制疫情传播，避免额外卫生措施适用过度引发主权与人权之间的冲突。

（三）国际法律规则的碎片化

联合国国际法委员会第 58 届会议报告中提出，由于国际社会的各个领

---

① 《国际卫生条例（2005）》第 3、32 条。

② 依据《国际卫生条例（2005）》第 28 条，若入境口岸不具备相应卫生能力，可命令船舶驶往其他适宜入境口岸，而且依据第 43 条，缔约国实施额外卫生措施时，允许国家因公共卫生原因阻止船舶停靠。

③ 《国际卫生条例（2005）》第 43 条。

④ 周阳：《〈国际卫生条例（2005）〉的法理冲突与规则重构》，《上海对外经贸大学学报》2020 年第 6 期。

域部门独自分工，专业化较强，国际法不成体系，即国际法碎片化。[①] 在海上公共卫生安全方面，相关国际法律规则涉及海洋法、公共卫生法、海事法和人权法的专门领域调整的规则。各领域由于专业性不同，往往无视相邻领域的立法和制度现状，偏离相关制度与法律的整体视角，从而引发规则或规则体系间的冲突。即国际法碎片化的后果之一便是产生相互冲突和相互抵触的原则、规则、制度实践。

新冠肺炎疫情的暴发直接影响了海上公共卫生安全，按照依法之治的思路，就需要在国际法律规则中寻求管理、防治、解决海上公共卫生安全问题的依据。对于一艘发生海上公共卫生事件的邮轮，有关管辖权的问题适用《海洋法公约》；其是否能靠泊港口，以及港口国是否有义务接收该船舶，则适用《条例》；对于涉疫邮轮上的乘客的医疗救治适用《条例》，但《条例》未将船员纳入其中，受染船员的医疗救治则适用《国际劳工公约》。因此解决海上公共卫生事件，需要对碎片化的国际公约“叠加”适用，并且需要各国依据国内法妥善落实。如各国缺少对海上公共卫生事件处理的统一立法，则其国内法规制也容易出现相应的碎片化状态，既造成本国应对海上公共卫生安全问题时效率低下，又致使各国共同行动中缺少一致认可的有针对性的法律措施。

（四）国家履约中的能力不足与意愿欠缺

“条约必须遵守”是国际法的重要原则，条约一旦由国家签署或批准，并在国内生效，国家就必须遵守条约规定，履行条约义务。[②] 《维也纳条约法公约》及《海洋法公约》都对此做了明确规定。[③] 国家履约即国家对条约义务的履行，取决于缔约国的履约能力和履约意愿。由于各国发展水平不同，经济落后的国家可能履约能力不足，部分发达国家为了维护自身利益可

① Martti Koskenniemi, *Fragmentation of International Law: Difficulties Arising From the Diversification and Expansion of International Law*, New York: International Law Commission, 2006, pp. 11-14.

② 卜璐：《论国际条约的单方退出》，《环球法律评论》2018 年第 3 期。

③ 《维也纳条约法公约》第 26、27 条；《联合国海洋法公约》第 300 条。

能欠缺履约意愿，进而使国家履约存在能力不足与意愿欠缺的现象。

1. 各国履约能力存在差异

部分国家由于发展落后，欠缺履约能力，主要体现为国家的卫生口岸医疗防护能力与基础设施建设不足。

发展中国家与发达国家在卫生口岸医疗方面存在医护能力、救治能力和反应能力的差异；在口岸防护方面存在防护能力、口罩和呼吸机等医疗设施以及防止新冠病毒扩散能力的差异；在卫生口岸基础设施方面存在口岸城市对防治新冠肺炎隔离医院的建设、主管机关的应急响应程序和能力，以及卫生口岸国对医护、海事、检疫、政府部门的协调能力等方面的差异。可见，发展中国家的卫生口岸可能不具备有效的应对能力，无法允许船舶安全地入境停靠并提供良好的卫生措施。

2. 国家合作意愿欠缺

《海洋法公约》明确规定了国家间的合作义务，《条例》中也规定了缔约国在卫生能力建设方面相互合作的义务。[①] 为应对海洋暴发疫情的公共性挑战，《条例》要求各国在国家履约意愿层面必须具备合作意识。

新冠肺炎疫情暴发期间，一些具备卫生口岸建设能力的国家拒绝受染船舶入境停靠或采取的救助措施不力，导致海上人命安全得不到有力保障。究其原因，主要是这些国家不愿合作救助、漠视人民生命安危、主管部门行政迟缓和政府不愿担责等。疫情不仅威胁着各国政治和经济发展，也威胁着人类整体的生命健康安全。一些国家对疫情防控存在侥幸和松懈的心理，对疫情暴发存在政治偏见和利己主义，缺乏国际合作精神。[②] 在疫情防控常态化时期，各国对病毒已有不同程度的认识，为有效防控疫情态势蔓延，应抛去偏见与利己主义，履行国际合作义务，提高合作意识，积极交流防疫抗疫经验，达到合作共赢的局面。

---

① 《国际卫生条例（2005）》第 44 条。

② 王明进：《全球化“十字路口”，新型大国关系再思考》，《人民论坛》2020 年第 S1 期。

（五）国际组织权利受限与职能欠缺

世界卫生组织是唯一的专门应对公共卫生安全的政府间国际组织，在疫情防控、采取措施和提供建议等方面发挥着重要作用。但是，囿于世界卫生组织权利受限及职能欠缺，其对新冠肺炎疫情的防控防治、协同应对方面尚存不足。

1. 世界卫生组织权利受限

为应对全球性的公共卫生事件，世界卫生组织形成了较为完整的国际公共卫生治理体系：协助缔约国应对公共卫生事件，汇聚缔约国关于公共卫生事件的信息，对各缔约国提出有针对性的意见和建议等。[①] 但 WHO 对各国执行疫情防控措施的监督仅仅停留在建议层面，没有相应的谴责权。例如，在公共卫生信息共享层面，缔约国如拒绝接受合作建议，WHO 可在公共卫生被证实确有足够风险时，与其他缔约国共享该信息，并鼓励该缔约国接受合作建议。[②] 可见，WHO 仅是“鼓励”接受建议，很难强行要求不配合的缔约国进行信息共享合作。

面对国际公共卫生事件，WHO 主要通过软性手段而非强硬措施约束各国行为，导致 WHO 提出的建议并未被所有缔约国重视，所做的决议也不具有强制约束力，主要依靠成员国自觉自愿参考借鉴，容易致使决议的目标落空。

2. 世界卫生组织职能欠缺

WHO 作为主导全球公共卫生治理的政府间国际组织，应充分发挥其职能促进全球公共卫生合作。此次疫情中，WHO 反应比较迅速，并采取了具体行动和措施，然而一些国家的履约情况并不理想，在一定程度上反映了

① 《国际卫生条例（2005）》第三编：建议。包括（1）临时建议，在确定国际公共卫生事件已经结束后，根据需要发布旨在预防或迅速发现其再次发生的其他临时建议；（2）长期建议，目的是防止或减少疾病的国际传播和避免对国际交通的不必要干扰；（3）建议的标准，包括缔约国意见、科学原则、合理措施等。

② 《国际卫生条例（2005）》第 10 条第 4 款。

WHO 存在的职能缺陷。

首先，WHO 在疫情防控指导方面领导职能欠缺。虽然 WHO 及时警告，敦促各国进行信息公开和技术共享，但一些国家漠视警告，没有采取有效应对措施而导致疫情持续蔓延。其次，WHO 应对重大突发公共卫生事件的协调能力较弱，逐渐让步于主权国家的政治干预，缺乏有效的国际公共卫生合作机制。① 面对疫情引发的全球卫生健康、药品生产、货物贸易，甚至地缘政治等多领域的综合性危机，WHO 难以紧急开展多领域、多层次的协调工作。② 最后，WHO 资金筹集能力较差，WHO 资金来源于成员国缴纳的会费和成员国或其他国际组织等的捐赠，而此次疫情影响世界经济发展，且世界银行等其他机构也大力拓展公共卫生投资，导致 WHO 难以筹集应对疫情所需的大量资金，实现对发展中国家的支持。③

三　疫情防控常态化时期的海上公共卫生安全法治建设的中国方案

随着全球化步伐加快，国际社会日益成为一个“你中有我，我中有你”的命运共同体。2012 年党的十八大报告首次提出“倡导人类命运共同体意识”,④ 2017 年党的十九大报告提出“倡导构建人类命运共同体，促进全球治理体系变革”。⑤ 此后基于全球利益一体化，中国又相继提出构建“海洋命运共同体”和“人类卫生健康共同体”等理念。因此本文以人类命运共同体理念为思想基础，提出疫情防控常态化时期的海上公共卫生安全法治建

① 穆丽：《重大突发公共卫生事件国际应急管理合作机制探究》，《延边大学学报（社会科学版）》2020 年第 5 期。

② 张海滨：《重大公共卫生突发事件背景下的全球卫生治理体制改革初探》，《国际政治研究》2020 年第 3 期。

③ 郎帅：《传染病治理国际合作：历史理路、现实审思与未来走向》，《北京科技大学学报（社会科学版）》2020 年第 5 期。

④ 《胡锦涛文选》第三卷，人民出版社，2016，第 651 页。

⑤ 习近平：《决胜全面建成小康社会 夺取新时代中国特色社会主义伟大胜利——在中国共产党第十九次全国代表大会上的报告》，人民出版社，2017，第 7 页。

设的中国方案。

（一）构建海洋命运共同体，实现海洋可持续发展

人类活动加剧了海洋生态环境污染，致使海洋垃圾、溢油污染、过度捕捞等海洋非传统安全威胁不断，严重制约了海洋资源的可持续开发利用。① 针对此次疫情，人类活动可能导致新冠病毒传染给海洋哺乳动物，威胁海洋生物健康，破坏海洋生态平衡。而有些国家忽视对海洋生物和环境的保护，欠缺合作意识，致使全球海洋治理陷入困境。海洋公共卫生安全损害将通过海洋生态循环蔓延至全球，严重威胁人类的生存与发展，因此维护海洋环境卫生安全关乎世界各国共同利益，需要各国共同推动全球海洋治理。

习近平总书记提出构建海洋命运共同体，并表示海洋的和平安宁关乎世界各国安危和利益，需要共同维护。② 海洋命运共同体是人类命运共同体思想在海洋领域的具体实践，强调在海洋安全和海洋环境保护等方面进行国际合作，实现海洋的可持续发展。③ 中国为实现“十四五”规划和 2035 年远景目标，提出要提高海洋资源开发和保护水平，确保生态安全，强化生物安全保护，促进人与自然和谐共生。④ 联合国《变革我们的世界：2030 年可持续发展议程》将保护和可持续利用海洋和海洋资源以促进可持续发展列为目标之一，⑤ 构建海洋命运共同体是对该目标的积极践行。因此，海洋命运共同体理念符合国际社会主流趋向，以此为基础进行全球海洋治理，能有效保护海洋生物安全与环境安全，实现海洋的可持续发展。

---

① 马金星：《全球海洋治理视域下构建“海洋命运共同体”的意涵及路径》，《太平洋学报》2020 年第 9 期。

② 《习近平集体会见出席海军成立 70 周年多国海军活动外方代表团团长》，新华网，http：//www. xinhuanet. com/politics/leaders/2019-04/23/c_1124404136. htm。

③ 杨泽伟：《论“海洋命运共同体”构建中海洋危机管控国际合作的法律问题》，《中国海洋大学学报（社会科学版）》2020 年第 3 期。

④ 《中共中央关于制定国民经济和社会发展第十四个五年规划和二〇三五年远景目标的建议》，《人民日报》2020 年 11 月 4 日，第 1 版。

⑤ 《变革我们的世界：2030 年可持续发展议程》，https：//www. fmprc. gov. cn/web/ziliao_674904/zt_674979/dnzt_674981/qtzt/2030kcxfzyc_686343/t1331382. shtml。

（二）人类命运共同体理念对海上公共卫生安全法治价值的平衡指导

在主权与人权的关系中，理想上二者都以保障人的幸福生活为目标，不存在矛盾。人权是人的利益的总和，主权通过提供公共物品，充分实现人的利益。但人权的主体模糊、内涵庞杂，导致实践中主权与人权的关系也错综复杂。[①] 马克思主义哲学以动态的眼光看待事物的发展变化，片面强调一方则不可取。人类命运共同体理念以此为基础，重视全体人权，[②] 坚持包容开放、合作共赢，强调各国利益与人类共同利益一同发展，既要立足主权，尊重和维护国家利益，又要保护人权，保障人民的生命健康不受疫情威胁。"和平、发展、公平、正义、民主、自由"作为人类命运共同体理念内涵的核心，既关切国家间共同利益，也关乎人类共同利益，[③] 能从人类整体利益出发，对主权与人权的冲突提供价值引领和平衡。

和平和发展价值与国际社会的发展趋势和时代主题相呼应，维护海上公共卫生安全就是促进国际社会的和平稳定，只有在和平安全的海洋环境下才能实现海洋的可持续发展。针对疫情，各国须积极履约、加强合作，以和平与发展为目标，维护海上公共卫生安全，贯彻海洋命运共同体理念，实现可持续发展。公平和正义价值体现在维护海上公共卫生安全的各种国际规则中，是追求和平与发展所要求的规范价值。负有救助义务和合作义务的国家应遵守国际规范，履行义务，充分保障船上人员的基本人权；卫生建设能力较强的国家要援助和支持能力较弱的国家，抛弃单边主义，尽可能保护人民的生命和健康权。民主和自由价值保证公平正义的国际规则的运行，其体现了主权在民的思想，国家是由人民组成的，不得忽视人民的安全利益，要平等对待各国人权。对于能力不足无法合作抗疫的国家，不强迫其牺牲本国公

① 何志鹏：《国际法哲学导论》，社会科学文献出版社，2013，第 170 页。

② 鲁广锦：《历史视域中的人权：中国的道路与贡献》，《红旗文稿》2021 年第 1 期。

③ 李寿平：《人类命运共同体理念引领国际法治变革：逻辑证成与现实路径》，《法商研究》2020 年第 1 期。

民利益，充分尊重他国人权的保障。

新冠肺炎疫情期间，中国无数抗疫人员前赴后继，极大地保护了人民的生命健康，中国政府对疫情地区积极予以援助和支持，保障了后疫情时期人民的幸福生活。人民群众的生命安全得到捍卫是对保障人权的最好诠释。在人权保障方面，中国积极推动构建人类命运共同体，坚定不移走中国特色人权发展道路；立足本国实际，坚持党的领导，遵行人权的普遍性原则，实施人权法治保障，促进社会的公平和正义；不以固守主权压制人权保障，不以维护人权干涉别国利益，推动全球人权事业共同发展。①

（三）以共同利益为基础提升国家履约意愿，促进国家间合作

海上公共卫生安全与全球公共卫生安全利益相一致，维护海上公共卫生安全就是维护各国的共同利益，因此各国应以共同利益为基础提升履约意愿，促进国家间在全球层面和区域层面的合作。

1. 海上公共卫生安全与全球公共卫生安全的利益一致性

海上公共卫生安全问题不仅威胁了船上人员的生命安全，而且新冠病毒通过海上途径加快了在全球扩散的速度，也威胁着全球人类的生命安全。对此进行有针对性的预防、控制措施以保护海上生命安全，关系到全人类的命运。因此，海上公共卫生安全将海上人员和岸上人员的公共卫生与海洋环境安全联系为一体，海上公共卫生安全与全球各国的安全利益具有一致性。通过保护海上公共卫生和健康利益，能有效促进全球公共卫生安全利益的维护。

2. 提升各国履约意愿，促进国家相互合作

维护海上公共卫生安全关乎全球的共同利益，需要各国积极履约、加强合作，共同采取措施防治海上突发公共卫生事件。在此次新冠肺炎疫情中，一些国家履约意愿不足，影响国家间有效合作。因此，避免海上突发卫生事件，首先要提升各国履约意愿，在此基础上实现国家间的通力合作。

---

① 张文显：《习近平法治思想的理论体系》，《法制与社会发展》2021 年第 1 期。

提升履约意愿要求各国就履约目的达成共识，也即要求各国具备命运共同体意识。各个国家被海洋联结成了命运共同体，各国人民安危与共。海洋环境卫生安全关乎世界各国共同安危，需要共同维护，因此各国应秉持人类命运共同体与海洋命运共同体理念，维护人类与海洋的卫生健康利益，推动人类卫生健康共同体的构建。

促进国家间合作，可在全球层面与区域层面展开交流。首先，在全球层面，各国可以以相应主管国际组织为纽带，加强本国卫生口岸建设，实现医疗信息、港口建设技术的互通。其次，在区域层面，国家可开展区域卫生合作战略，譬如推动东盟与中、日、韩（“10+3”）的卫生合作机制，构建常态化、长期性、一体化的疫情警报、联防联控机制，打造区域卫生治理合作的新模式。[①] 最后，全球与区域层面的国际组织之间可以相互交流经验，在卫生防控与合作方面实现共同发展。

新冠肺炎疫情暴发后，中国充分利用外交手段推动国际社会合作抗疫。习近平主席首次提出打造人类卫生健康共同体，推动中法疫情防控协作，[②] 并在第 73 届世界卫生大会视频会议上表示应加强国际合作，推进全球公共卫生治理；[③] 随后继续推动中日韩、中非等国家间联合抗疫，同有关各方探讨区域公共卫生应急联络机制。[④] 疫情防控常态化时期，中国继续推动构建人类卫生健康共同体，织密海上防线，筑牢海上屏障，巩固抗疫成果；中国与韩国、德国等国建立了“快捷通道”，并通过“陆海新通道”实现海上乃至全球贸易复苏；[⑤] 中国继续坚持多边主义，与世界各国加强政策对话和协

① 晋继勇：《全球卫生治理的“金德尔伯格陷阱”与中国的战略应对》，《国际展望》2020 年第 4 期。

② 《习近平向法国总统马克龙致慰问电》，人民网，http：//cpc. people. com. cn/n1/2020/0322/c64094-31642756. html。

③ 习近平：《团结合作战胜疫情 共同构建人类卫生健康共同体》，《人民日报》2020 年 5 月 19 日，第 2 版。

④ 高祖贵：《坚持多边主义 推动构建人类卫生健康共同体》，《学习时报》2020 年 6 月 26 日，第 1 版。

⑤ 《着眼“后疫情时代”习近平多次提到这两条“通道”》，央视网，http：//news. cctv. com/2020/07/16/ARTI50o68PBY8jVuSP5CSOLS200716. shtml。

调，通过二十国集团、“1+6”圆桌对话会展望世界经济形势，开展互利合作，[①] 并通过“一带一路”建设进行卫生交流合作，努力实现各国的共同发展。

（四）立足国家实践整合各领域法治规则，突破国际法的碎片化

国际社会并无统一的且高于国家主权之上的机构，往往依靠国际条约和国际习惯来解决各种复杂的国际问题。随着新问题日益增加，各领域的国际规则也逐渐增多，导致国际法规则呈现碎片化状态。

目前有关海上公共卫生安全问题的解决依赖多领域法治，很容易造成各国在法律适用时的冲突或空白现象。各国也较难达成一致意见制定出具有拘束力的全球海上公共卫生法，因此作为国际法治和国内法治双重载体的国家可成为解决该问题的有力工具。国家通过履行国际义务，一方面保护了国际社会的稳定与发展；另一方面将具体的国际规则通过转化或纳入的方式适用于国内法，通过整合各领域的法律规则形成统一的国内法律体系，并以此为基础进行国家实践。继而，通过国家的一般实践和各国对实践的法律确信推动国际习惯的形成，从而在该领域突破国际法律规则的碎片化状态。简言之，国家履行国际义务不仅能促进国际法治稳定，而且促进了国内法治发展，推动了国家实践。国家承担国际义务的结果是通过国家实践，逐步形成习惯国际法，促进国际法治和国内法治共同发展。[②]

中国就统筹推进国内法治与国际法治共同发展提出要加强涉外法治体系建设，维护国际秩序，共同应对全球性挑战。[③] 涉外法治涉及国内法与国际法多重领域，渗透国家立法、司法和执法的各个环节，是联结国内法治与国际法治互动融通的桥梁。[④] 统筹推进国内法治与国际法治，能促进国家治理

① 金观平：《推动后疫情时代全球经济复苏与增长》，《经济日报》2020 年 11 月 26 日，第 1 版。

② 蔡从燕：《国家的“离开”“回归”与国际法的未来》，《国际法研究》2018 年第 4 期。

③ 《中共中央关于制定国民经济和社会发展第十四个五年规划和二〇三五年远景目标的建议》，《人民日报》2020 年 11 月 4 日，第 1 版。

④ 黄惠康：《统筹推进国内法治和涉外法治》，《学习时报》2021 年 1 月 27 日，第 2 版。

与全球治理相得益彰、有效处理国家间事务、防范和化解全球治理危机、共同应对国内和国际双重挑战。[①]

（五）完善国际组织在海上公共卫生安全中的应对与协调职能

2021 年伊始，疫情防控常态化时期何去何从，中国提出奉行多边主义的观点，掷地有声。习近平主席在世界经济论坛“达沃斯议程”对话会上发表致辞，多边主义的要义是国际上的事由大家共同商量着办，世界前途命运由各国共同掌握，多边机构是践行多边主义的平台，是维护多边主义的基本框架。[②] 因此，解决疫情防控常态化时期海上公共卫生安全的难题，需要践行多边主义，通过国际多边机构的规则指引，使各国有效履行国际义务，应对全球性挑战。

世界卫生组织、国际海事组织及联合国人权理事会等是维护海上公共卫生安全的重要多边机构，世界卫生组织在公共卫生治理方面发挥着主导作用，但在此次新冠肺炎疫情中仍显露出一些不足，因此可由国际海事组织、联合国人权理事会协助 WHO 发挥治理功能。

1. 完善世界卫生组织在海上公共卫生安全中的应对职能

WHO 在全球公共卫生治理中的主导作用不可代替，但其权利受限、权威性不足，在疫情防控方面仍存在短板，对此可从以下两方面进行解决。其一，加强国际卫生立法。鉴于本次疫情中一些国家对《条例》履行不到位，可推动 WHO 制定具有强制性的国际公约或使 WHO 规定的义务和提出的临时建议更具约束力，在规则层面确保各国履约。[③] 其二，增加国际监督机制。WHO 可对各国的国内卫生法律制度及卫生建设举措进行无差别的定期审议，逐步实现各国国内卫生建设与国际标准的协调。这不仅可以提高各国事前防范和事后应对的能力，还可监督各国对疫情防范义务的履行。

---

① 张文显：《习近平法治思想的理论体系》，《法制与社会发展》2021 年第 1 期。

② 习近平：《让多边主义的火炬照亮人类前行之路》，《人民日报》2021 年 1 月 26 日，第 2 版。

③ 张海滨：《重大公共卫生突发事件背景下的全球卫生治理体制改革初探》，《国际政治研究》2020 年第 3 期。

本次新冠肺炎疫情中，中国作为港口国对靠泊船舶进行了有效救助，履行了《条例》规定的义务；并健全和完善了国内的卫生医疗体系，为国际卫生立法提供了国内法治经验；国家卫健委还与 WHO 建立了定期沟通交流机制，磋商国内外疫情发展的重要问题。[①]

2. 增强海上公共卫生安全的各组织间协调职能

海上公共卫生安全威胁到公共卫生、海事安全及人权保障等多重领域，WHO 进行国际公共卫生治理时不可能面面俱到。鉴于海上公共卫生安全问题涉及多领域法治工具，WHO 既要发挥领导作用，也需协调其他国际组织在专门领域协作治理，共同防疫。

随着公共卫生治理在全球化治理过程中日趋重要，须相应提升 WHO 的领导地位，使其有权力也有实力主导国际卫生治理工作。一方面，通过国际卫生立法改革加强 WHO 的制度性权力，赋予 WHO 更多的权力来主导和改善公共卫生治理工作；另一方面，各成员国须大力支持对 WHO 的财力和人力资源供应，满足 WHO 治理所需的大量资金和技术提供，[②] 使其有实力开展国际卫生治理。

依据《世界卫生组织组织法》和《条例》规定，WHO 应与其他国际组织密切合作并协调它们的行动。[③] 在涉及多领域法治的海上公共卫生安全治理中，WHO 更应充分发挥其协调职能。由于卫生、海事、人权三个维度的矛盾交叉融合在海上卫生安全领域中，难以割裂，WHO 独木难支，需要多个国际组织的联合共治。对此参考罗西瑙提出的多向性的网络化治理理论，[④] 凭借一种多元化的治理方式强化全球合作，能有效改善国际社会中无具体机构的治理现状。[⑤] 针对此次新冠肺炎疫情防控，WHO 与 IMO 发表联

① 张贵洪、王悦：《论当代中国特色国际组织外交的主要特点——以世界卫生组织为例》，《国际观察》2020 年第 4 期。

② 孙吉胜：《新冠肺炎疫情与全球治理变革》，《世界经济与政治》2020 年第 5 期。

③ 《世界卫生组织组织法》第 70 条、《国际卫生条例（2005）》第 14 条规定。

④ 〔美〕詹姆斯 · N. 罗西瑙：《没有政府的治理》，张胜军、刘小林译，江西人民出版社，2001。

⑤ 翁士洪：《跨国行为体和没有政府的全球治理》，《学术月刊》2016 年第 2 期。

合声明，采取协调性行动，有效遏制了疫情蔓延，可见这种多元化治理方式在理论和实践中均有迹可循。因此，在海上公共卫生安全领域，WHO 可基于各主管国际组织的专门治理职能，进行协调，以该主管国际组织为中心进行多元化治理，达到“多中心治理”的效果。在主要涉及公共卫生的方面，以 WHO 为中心治理，IMO 和联合国人权理事会可在相关的海事、人权方面予以监督并提出建议；在主要涉及海事安全的方面，以 IMO 为中心治理，其他国际组织予以督促和帮助；在主要涉及人权保护的方面，以联合国人权理事会为中心治理，其他国际组织也要予以支持及合作。

针对此次新冠肺炎疫情，中国第一时间向 WHO 通报信息，保持联络，呼吁以 WHO 为主导，完善公共卫生安全治理体系，支持 WHO 领导国际社会抗疫合作，[①] 还加大对 WHO 的资金支持和资源投入，与联合国合作建立全球人道主义应急仓库和枢纽，以保障抗疫物资供应链，并建立运输和清关绿色通道。[②]

四 结语

新冠肺炎疫情对海上公共卫生安全造成了不容忽视的影响，引发了有关海上人员生命健康、船舶航行停靠和海洋环境安全等问题，也暴露了海上公共卫生治理的缺陷与短板。为维护全球共同利益，可以人类命运共同体理念为基础，从价值引领、共识达成、国际合作、规则构建、组织职能完善等方面应对相关不足。第一，以海洋命运共同体为价值引领，解决人类活动与海洋环境保护的冲突；第二，以人类命运共同体理念包含的和平、发展、公平、正义、民主、自由的价值指引和平衡主权与人权的冲突，解决国家间合作抗疫的基本矛盾；第三，以共同利益为基础，形成命运共同体意识，提升

① 习近平：《团结合作战胜疫情 共同构建人类卫生健康共同体》，《人民日报》2020 年 5 月 19 日，第 2 版。

② 李丹、罗美：《构建人类卫生健康共同体的中国经验与合作方案》，《武汉科技大学学报（社会科学版）》2021 年第 1 期。

各国履约意愿，促进各个国家在全球和区域层面开展合作，互助互利；第四，通过国家履约促使国内法治与国际法治互动发展，立足国家实践整合各领域法治规则，推动形成国际习惯，突破国际法的碎片化；第五，以世界卫生组织为领导，应对全球和海上的公共卫生安全挑战，同时辅以国际海事组织或联合国人权理事会的协调共治，形成多中心治理的网状结构。

基于全球公共卫生治理的深入推进，海上公共卫生治理体系的构建应以人类卫生健康共同体为价值引领，辅以人类命运共同体和海洋命运共同体为价值指导，积极回应海上公共卫生、海事安全及人权保护日益严峻的现实之问。即海上公共卫生安全法治建设只有从人类整体的利益出发，推动各国和国际组织联防联控、密切合作，方可最终实现构建人类卫生健康共同体的目标。

第二部分 海洋治理前沿问题研究

全球海洋塑料垃圾治理与中国参与*

崔 野 孙 凯**

摘 要： 海洋塑料垃圾问题已成为全球海洋治理中的新兴议题，对这一问题的治理需要坚持科学路径与政策路径相结合。迄今为止，国际社会已在全球、区域和国家层面采取了多项措施，取得了一定进展。这些措施不仅具有现实意义，还可以归纳为多条有益的治理经验而推广应用。然而，全球海洋塑料垃圾治理也在认知、科学、政治等维度面临着多重困境。作为全球海洋治理的重要一员，中国应以践行者、推动者和引领者为角色定位，立足自身、强化周边、带动全球，为全球海洋塑料垃圾治理作出更大贡献，推动构建海洋命运共同体。

---

* 本文以《全球海洋塑料垃圾治理：进展、困境与中国的参与》为题原载于《太平洋学报》2020 年第 12 期。

** 崔野，中国海洋大学国际事务与公共管理学院讲师；孙凯，中国海洋大学国际事务与公共管理学院教授、博士生导师。

关键词： 海洋塑料垃圾　中国参与　公地悲剧

一　引言

广袤无垠的海洋是地球重要的生态系统调节器，海洋也为人类提供了重要的食物来源。健康的海洋生态系统，是海洋经济发展的基础，是海洋可持续发展的前提。人类社会开发和利用海洋进程的推进，造成了对海洋资源的过度开发和利用，以及对海洋生态系统的破坏和污染，这些都威胁着海洋生态系统的健康发展。在这些威胁海洋生态系统的问题当中，海洋塑料污染问题在近年来日益突出，成为国际社会关注的焦点问题。这是由于塑料制品的大量生产和使用，尤其是一次性塑料制品的广泛使用，塑料垃圾处置不当，大量被废弃的塑料制品最终都流向了海洋。海洋塑料污染问题是典型的"公地悲剧"问题，需要国际社会集体行动，才能对海洋塑料污染问题进行有效的应对，实现海洋可持续发展的目标。

塑料制品由于价格低廉、经久耐用、轻盈便捷等特点，自 20 世纪以来就被人们广泛地使用。自塑料制品发明以来，大约生产了 83 亿吨塑料制品，其中仅有 9%的废弃的塑料制品得到了循环使用。伴随塑料制品广泛使用而来的就是塑料污染问题遍及全球，无论是在海洋中还是在陆地上，都存在日益增长的塑料污染问题。一次性塑料制品的大量使用和"用后即抛"（use and throw）生活方式的流行，更加剧了塑料污染问题。尽管部分塑料废弃物作为可循环垃圾被回收利用，但是出于管理不善以及意识不足等原因，塑料污染问题仍然遍及全球各地，海洋也未能幸免。

全球各地的海洋几乎都存在塑料污染问题，而在海洋垃圾当中尤为突出，其中 60%~90%是塑料垃圾。[①] 美国的《科学》杂志最新研究发现，每

---

① Peter Dauvergne, "Why Is the Global Governance of Plastic Failing the Oceans?" *Global Environmental Change*, 51（2018）: 23.

年有大约 800 万吨大块的塑料垃圾以及 150 万吨的微塑料（直径小于或等于 5 毫米的塑料颗粒）垃圾流向海洋。① 微塑料分为初级微塑料和次级微塑料两种形态，初级微塑料指的是直径小于或等于 5 毫米的塑料颗粒等制成品，次级微塑料指的是大块塑料分解之后，形成的直径小于或等于 5 毫米的塑料颗粒。初级微塑料主要来源于陆地上的生产生活之中，大约有 98%的初级微塑料来源于陆地，仅有 2%来源于海上的活动。其中大部分来自合成纤维在生产和使用过程中的清洗，以及汽车轮胎在行车过程中的磨损。海洋中的次级微塑料污染问题则大部分来源于塑料垃圾的处理不当，包括塑料瓶、塑料吸管、塑料购物袋，海洋中的渔船、运输船舶、油井等倾倒塑料垃圾，以及废旧渔网的丢失或者遗弃，等等。

全球海洋塑料污染问题带来的危害是巨大的，不仅会破坏海洋生态系统的健康，也破坏海洋经济的可持续发展。并且由于全球海洋的连通性，海洋塑料垃圾随着洋流而在全球范围内流动，导致了全球海洋生态的污染问题。塑料污染一旦形成后，在很长一段时间内都会对这一处的生态造成危害。一般来说，塑料埋在地底至少要几百年才开始腐烂，而且因为塑料不能实现自然性降解，一旦被动物误食，根本不会被消化吸收，反而会导致动物的死亡。漂浮在海面上的海洋塑料可能造成船只以及海洋生物被缠绕。被大型的海洋生物如鲸、海豚、海鸟等误食吞咽下去的海洋塑料，对海洋生物来说是致命的，成为海洋生物的“新型杀手”。另外，海洋微塑料也越来越多地聚集到海洋生物的体内。这些海洋微塑料在海洋生物体内虽然一般不具有致命性的破坏作用，但随着其在体内的聚集会不可避免地影响海洋生物的健康，并且最终可能会通过食物链进入人体当中。另外，研究表明，海洋塑料污染问题也会破坏海洋植物的生存，而这些海洋植物为地球提供了大约 10%的氧气，从而海洋塑料污染问题甚至可能成为导致地球上的生命“窒息”而死的原因。

① Winnie W. Y. Lau et al., “Evaluating Scenarios toward Zero Plastic Pollution,” *Science*, July 23, 2020.

二 国内外研究综述

随着全球范围内海洋开发强度的增大和人类不当用海行为的增多，塑料垃圾与微塑料问题已成为制约海洋可持续发展的严峻挑战，被第二届联合国环境大会列为全球性重大环境问题之一。自 20 世纪 70 年代以来，国内外学者开始对海洋塑料垃圾进行研究，产生了一系列研究成果。在国内，学者们的研究视角大致集中在三个方面：一是探讨海洋塑料垃圾的危害，如对海洋生物的生态毒理效应、对海洋生态的影响等；① 二是介绍全球主要国家和国际组织治理海洋塑料垃圾的举措与实践；② 三是立足于中国自身，探究我国海洋塑料垃圾和微塑料的污染情况以及中国的应对之策。③ 国外学者对该问题的研究呈现由科学议题扩展至政策议题的演进脉络，但目前仍以科学研究为主，最新的调查数据与实验结论不断涌现，政策研究则大多局限在法学和政治学上。在法学视角下，国际上的许多讨论聚焦制定塑料废物管理的国际规则，④ 以及将《巴塞尔公约》应用于危险废物的越境转移控制上；⑤ 在政

---

① 武芳竹、曾江宁等：《海洋微塑料污染现状及其对鱼类的生态毒理效应》，《海洋学报》2019 年第 2 期；李富云、贾芳丽等：《海洋中微塑料的环境行为和生态影响》，《生态毒理学报》2017 年第 6 期。

② 王菊英、林新珍：《应对塑料及微塑料污染的海洋治理体系浅析》，《太平洋学报》2018 年第 4 期；李潇、杨翼等：《欧盟及其成员国海洋塑料垃圾政策及对我国的启示》，《海洋通报》2019 年第 1 期。

③ 王佳佳、赵娜娜、李金惠：《中国海洋微塑料污染现状与防治建议》，《中国环境科学》2019 年第 7 期；李道季：《海洋微塑料污染状况及其应对措施建议》，《环境科学学报》2019 年第 2 期。

④ Ina Tessnow-von Wysocki, Philippe Le Billon, "Plastics at Sea: Treaty Design for a Global Solution to Marine Plastic Pollution," *Environmental Science and Policy*, 100 (2019): 94-104; Karen Raubenheimer, Alistair McIlgorm, "Can the Basel and Stockholm Conventions Provide a Global Framework to Reduce the Impact of Marine Plastic Litter?" *Marine Policy*, 96 (2018): 285-290.

⑤ Cristina A. Lucier, Brian J. Gareau, "From Waste to Resources? Interrogating 'Race to the Bottom' in the Global Environmental Governance of the Hazardous Waste Trade," *Journal of World-Systems Research*, 21 (2015): 495-520; Sabaa Ahmad Khan, "E-Products, E-Waste and the Basel Convention: Regulatory Challenges and Impossibilities of International Environmental Law," *Review of European, Comparative & International Environmental Law*, 25 (2015): 248-260.

治学视角下，学者们重点分析了海洋塑料垃圾治理失效的深层原因，如政策注意力的不足、治理体系的零散等。①

概言之，海洋塑料垃圾研究正在由单一的科学视角走向科学与政策的融合，这是由于海洋塑料垃圾问题具有典型的复合性，它既是一个科学问题，也是一个政策问题，因而相应的研究应当沿着科学路径与政策路径共同推进。但相较而言，学术界关于该问题的研究更多地侧重于科学或技术层面，而很少关注政策层面。这一现状不仅会导致两条研究路径之间的失衡，也有可能诱发治理实践中科学家与政策制定者的割裂。另外，从现实角度来看，纵使国际社会已普遍认识到治理海洋塑料垃圾的紧迫性与必要性，但相关的治理资源、手段和能力仍不足以满足需要，海洋塑料垃圾迅速增长的势头并未得到扭转。有鉴于此，本文以政策路径为切入点，系统梳理全球海洋塑料垃圾治理的进展、经验与困境，并分析中国在其中的角色定位和参与策略，以期弥补既有研究的不足，推动治理效果的提升。

随着全球沿海地区工业化进程的加快和海洋开发强度的增大，海洋中的塑料垃圾问题已经成为一个严峻的世界性环境难题。目前，全球每年生产的塑料超过3亿吨，其中的70%会变成塑料废物，每年有数百万吨的塑料垃圾通过各种途径进入海洋。② 塑料制品具有化学性质稳定、难以降解等特性，会对海洋生态环境造成严重影响，其中尤以微塑料的危害更为巨大。通常而言，微塑料是指直径小于或等于5毫米的塑料碎片和颗粒，有的甚至是纳米级，难以用肉眼分辨，被科学家称为海洋中的“PM 2.5”。2016年，第二届联合国环境大会将海洋塑料垃圾和微塑料与全球气候变化、臭氧耗竭、海洋酸化并列为全球性重大环境问题。

自海洋塑料垃圾问题显现以来，国内外学者对其展开了持续的研究，产生了诸多成果。从时间尺度来看，国内学者对海洋塑料垃圾的研究可追溯至

① Peter Dauvergne, “Why Is the Global Governance of Plastic Failing the Oceans,” *Global Environmental Change*, 51 (2018): 22-31; Elizabeth Mendenhall, “Oceans of Plastic: A Research Agenda to Propel Policy Development,” *Marine Policy*, 96 (2018): 291-298.

② 兰圣伟:《越洋万里追踪“微塑料”》,《中国海洋报》2019年12月30日，第1版。

20 世纪 80 年代，但受制于当时的科技水平和政策环境，彼时的研究极为零散，成果数量稀少，未能形成可观的研究规模。直至 21 世纪第二个 10 年，国内学者对该领域的关注才迅速升温，并从不同的视角进行跟踪研究。概括而言，国内学者对海洋塑料垃圾问题的研究集中在以下三个维度。一是从宏观维度探讨海洋塑料垃圾的危害，如其对海洋生物的生态毒理效应、对海洋生态的影响，以及对海洋产业发展的制约等。① 二是从中观维度梳理现有海洋塑料垃圾治理措施及主要国家的政策与实践，王菊英、林新珍总结了国际各个层面的海洋塑料垃圾治理体系；孟令浩阐述了《巴塞尔公约》修正案的法律影响；李潇、杨翼等介绍了欧盟及其成员国的海洋塑料垃圾政策；王旭分析了日本积极倡导全球海洋塑料垃圾治理的动机等。② 三是立足于中国自身，从微观维度探究我国海洋塑料垃圾和微塑料的污染情况以及中国的应对措施。王佳佳、赵娜娜等从分布、丰度、粒径、来源等方面概述了我国海洋微塑料污染的现状，认为微塑料已遍布于河口、沿岸海域和生物体中，其对我国海洋生态环境的影响不容忽视。为此，李道季提出了开展生态风险评估、修订法律法规、激发公众环保意识等建议；郑佳惠、梁新巍也将发展循环经济、强化多元治理、利用市场手段等视为有效的应对途径。③

国外学者对海洋塑料垃圾问题的研究起步相对较早，并呈现由科学议题上升为政策议题的演进脉络。在海洋塑料垃圾的科学研究方面，早在 1972

---

① 武芳竹、曾江宁等：《海洋微塑料污染现状及其对鱼类的生态毒理效应》，《海洋学报》2019 年第 2 期；李富云、贾芳丽等：《海洋中微塑料的环境行为和生态影响》，《生态毒理学报》2017 年第 6 期；王慧卉、梁国正：《塑料垃圾对海洋污染的影响及控制措施分析》，《南通职业大学学报》2014 年第 1 期。

② 王菊英、林新珍：《应对塑料及微塑料污染的海洋治理体系浅析》，《太平洋学报》2018 年第 4 期；孟令浩：《〈巴塞尔公约〉修正案的法律影响及中国的因应——以全球海洋塑料废物治理为视角》，《黑龙江省政法管理干部学院学报》2019 年第 6 期；李潇、杨翼等：《欧盟及其成员国海洋塑料垃圾政策及对我国的启示》，《海洋通报》2019 年第 1 期；王旭：《日本参与全球海洋治理的理念、政策与实践》，《边界与海洋研究》2020 年第 1 期。

③ 王佳佳、赵娜娜、李金惠：《中国海洋微塑料污染现状与防治建议》，《中国环境科学》2019 年第 7 期；李道季：《海洋微塑料污染状况及其应对措施建议》，《环境科学学报》2019 年第 2 期；郑佳惠、梁新巍：《浅谈微塑料对海洋生态的影响及治理措施》，《农村经济与科技》2019 年第 9 期。

年，美国科学家 Edward J. Carpenter 等人就在 *Science* 上介绍了美国新英格兰近海及马尾藻海中的塑料垃圾分布。① 随后，科学家们也注意到微塑料问题，陆续研究了微塑料颗粒的形成、分布、浓度以及存在形式，探讨了微塑料吸附的持久性有机污染物所引起的生态问题以及缓解问题的方法。② 但这些研究成果在当时并未引起足够的重视，直到 2001 年研究发现北太平洋海域中微塑料颗粒的浓度高达 109 粒/m^3，微塑料问题才开始受到各国的广泛关注。③ 与中国相类似，国外关于海洋塑料和微塑料问题的研究也在 2010 年前后进入迅速增长的阶段。需要注意的是，虽然国外学术界普遍承认海洋塑料垃圾是一个重要的环境问题，但对其严重程度存有争议。Richard Stafford 和 Peter J. S. Jones 指出，媒体、政府和公众过度夸大了海洋塑料污染而忽略了其他更为紧迫的问题。他们认为塑料对海洋的威胁不像气候变化或过度捕捞那样严重，因而应优先解决其他海洋问题。④ 在海洋塑料垃圾的治理研究方面，国外学者主要是从法学和政治学的视角来展开。在法学视角下，国际上的许多讨论集中在将《巴塞尔公约》应用于被分类为危险废物的越境转移上，特别是由北向南的贸易。⑤ Karen Raubenheimer 和 Alistair

① Edward J. Carpenter, Susan J. Anderson, George R. Harvey et al., "Polystyrene Spherules in Coastal Waters," *Science*, 178 (1972): 749-750.

② 王西西、曲长凤等:《中国海洋微塑料污染的研究现状与展望》,《海洋科学》2018 年第 3 期。

③ C. J. Moore, S. L. Moore, M. K. Leecaster et al., "A Comparison of Plastic and Plankton in the North Pacific Central Gyre," *Marine Pollution Bulletin*, 42 (2001): 1297-1300.

④ Richard Stafford, Peter J. S. Jones, "Viewpoint-Ocean Plastic Pollution: A Convenient but Distracting Truth?" *Marine Policy*, 103 (2019): 187-191.

⑤ Jonathan Krueger, "Prior Informed Consent and the Basel Convention: The Hazards of What Isn't Known," *The Journal of Environment & Development*, 7 (1998): 115-137; Cristina A. Lucier, Brian J. Gareau, "Obstacles to Preserving Precaution and Equity in Global Hazardous Waste Regulation: An Analysis of Contested Knowledge in the Basel Convention," *International Environmental Agreements: Politics, Law and Economics*, 16 (2016): 493-508; Sabaa Ahmad Khan, "E-Products, E-Waste and the Basel Convention: Regulatory Challenges and Impossibilities of International Environmental Law," *Review of European, Comparative & International Environmental Law*, 25 (2016): 248-260; Cristina A. Lucier, Brian J. Gareau, "From Waste to Resources? Interrogating 'Race to the Bottom' in the Global Environmental Governance of the Hazardous Waste Trade," *Journal of World-Systems Research*, 21 (2015): 495-520.

McIlgorm 着重分析了《巴塞尔公约》和《斯德哥尔摩公约》在治理塑料污染中的作用与局限。他们认为《巴塞尔公约》规定了一套适当管理塑料废物的准则，但这一准则不具有约束力，因而难以有效执行。《斯德哥尔摩公约》虽然提供了具有约束力的措施以减少塑料产品在整个生命周期中的潜在危害，但其在减少塑料包装废料的产生或这种包装对环境造成危害的可能性方面应用有限。① Ina Tessnow-von Wysocki 和 Philippe Le Billon 认为条约设计是环境监管制度能否成功的决定性因素。他们基于对《蒙特利尔议定书》和《京都议定书》的评估以及对遏制海洋塑料垃圾的现有措施的回顾，确定了有助于提升国际条约法律约束力的七个要素。② 在政治学视角下，Peter Dauvergne 分析了为何全球海洋塑料垃圾治理无法防止海洋污染的升级。他认为针对海洋塑料污染的全球治理并不平衡，零散且失败，需要加强监管和制定全球塑料条约。③ Elizabeth Mendenhall 强调人类仍然缺乏有关海洋塑料碎片的来源、途径和成分等重要信息，相应的科学研究可能会提升该问题的政治重要性，并引起对制定解决方案的紧迫关注。④ 此外，也有学者从经济学、社会学、管理学等角度探讨了海洋塑料垃圾的治理机制及其优化策略。

综观国内外学者对海洋塑料垃圾问题的既有研究，可以发现其均呈现由浅入深、由单一的科学问题走向科学与政治的融合、在近年来获得强烈关注等特征。究其原因，海洋塑料垃圾问题具有典型的复合性，既是一个科学问题，也是一个政治问题，因而相应的研究和治理也需要沿着这两种路径共同展开。但相较而言，目前关于这一问题的研究更多地侧重于科学或技术路

---

① Karen Raubenheimer, Alistair McIlgorm, "Can the Basel and Stockholm Conventions Provide a Global Framework to Reduce the Impact of Marine Plastic Litter?" *Marine Policy*, 96 (2018): 285-290.

② Ina Tessnow-von Wysocki, Philippe Le Billon, "Plastics at Sea: Treaty Design for a Global Solution to Marine Plastic Pollution," *Environmental Science and Policy*, 100 (2019): 94-104.

③ Peter Dauvergne, "Why Is the Global Governance of Plastic Failing the Oceans," *Global Environmental Change*, 51 (2018): 22-31.

④ Elizabeth Mendenhall, "Oceans of Plastic: A Research Agenda to Propel Policy Development," *Marine Policy*, 96 (2018): 291-298.

径，学界极少关注政策层面。[①] 这一现状不仅会导致学术研究中两种路径的失衡，也会造成治理实践中科学家与政策制定者的脱节或割裂。另外，从现实层面来看，虽然国际社会已经普遍认识到治理海洋塑料垃圾的紧迫性与必要性，但相关的治理资源、手段和能力仍无法满足需要，海洋塑料垃圾迅速增长的势头并未得到扭转。为弥补既有研究的不足并推动治理实践的发展，本文着眼于政治路径，在全面梳理全球海洋塑料垃圾治理进展的基础上，归纳出行之有效的治理经验并分析其面临的困境，进而提出中国在全球海洋塑料垃圾治理中的角色定位与参与策略。

三 全球海洋塑料垃圾治理的新近进展

塑料垃圾已遍及全球海洋，从近岸到公海、从赤道到极地、从表层海水到大洋深渊，都发现了塑料垃圾和微塑料。海洋塑料垃圾造成的后果是全球性的，包括内陆国在内的所有国家都会受到其直接或潜在的危害。为减少海洋塑料垃圾的数量，降低其影响，国际社会已在全球、区域和国家等层面采取了多项治理举措，取得了长足的治理进展。

（一）全球层面的治理进展

所谓全球层面的海洋塑料垃圾治理，是指由大部分国家或主要国家共同接受并施行的措施。这些措施通常表现为静态的规则，并可按照规范性和约束力的强弱分为三大类。

一是以《巴塞尔公约》为代表的国际立法。条约、公约、协定等法律文书是国际法的基本表现形式和渊源，具有涵盖面广、约束力强、专门性强等特征。在海洋塑料垃圾治理的国际立法中，以《巴塞尔公约》最为典型。该公约于 1992 年生效，旨在管控发达国家向发展中国家出口危险废物的行

① 季扬沁、尤仲杰、何力：《舟山海洋微塑料污染源头治理机制建设初探》，《海洋开发与管理》2019 年第 11 期。

为。后经发展，该公约日益重视海洋塑料垃圾和微塑料议题。2017 年，《巴塞尔公约》缔约方会议第十三次会议将海洋塑料垃圾和微塑料纳入工作计划；2018 年 6 月，挪威政府建议将固体塑料废物由“不受公约管控的废物”调整为“受公约管控的其他废物”；2019 年 5 月，《巴塞尔公约》缔约方会议第十四次会议通过了有关固体塑料废物的附件修正案。经过修订，塑料垃圾的越境转移将受到更加严格的限制，非法运输行为被认定为犯罪行为，这有助于倒逼出口国加强塑料垃圾的回收处理和妥善处置，减少向海洋排放塑料垃圾的数量。除《巴塞尔公约》，1972 年《防止倾倒废物及其他物质污染海洋的公约》及其 1996 年议定书、1973 年《国际防止船舶造成污染公约》附则Ⅴ《防止船舶垃圾污染规则》的 2016 年修正案、2001 年《斯德哥尔摩公约》等国际立法也涉及海洋塑料垃圾问题。

二是以决议和倡议为主的“软法”。软法与条约、公约等强制性“硬法”相对，一般指没有法律约束力但会产生实际效果的行为准则，[①] 包含决议、宣言、倡议、指南、行动计划等类型。软法兼具灵活性与倡导性，提供了另外一种治理路径，在治理效果上可能与硬法殊途同归。[②] 全球海洋塑料垃圾治理中的软法以重大国际会议、国家集团和行业性国际组织通过的文件为代表：其一，作为全球环境问题的最高决策机制，历届联合国环境大会均将海洋塑料垃圾列为重要议题，与会各方在相互协商与博弈中形成了多份决议（见表 1）。这些决议中的绝大多数不具约束力，但因其规格之高、成员之广并占据国际道义的制高点，故而也会激励国际社会将其付诸实践。其二，七国集团（G7）与二十国集团（G20）分别是由全球主要发达国家或/和新兴国家组成的非正式国家集团，这两个国家集团在近年来召开的峰会中愈加关注海洋塑料垃圾问题，发布了若干会议文件。2017 年 7 月，二十国集团汉堡峰会通过《海洋垃圾行动计划》；2018 年 6 月，七国集团中的五个

① 王菊英、林新珍：《应对塑料及微塑料污染的海洋治理体系浅析》，《太平洋学报》2018 年第 4 期。

② 薛晓芃：《东北亚地区环境治理的路径选择：以中日韩环境部长会议机制为例》，《太平洋学报》2020 年第 3 期。

成员国同欧盟签署《海洋塑料宪章》；2019 年 6 月，二十国集团大阪峰会通过“蓝色海洋愿景”倡议。七国集团与二十国集团的成员国均为国际舞台中的主要角色，其对待海洋塑料垃圾的正面态度无疑会产生极大的示范效应，带动其他国家的效仿与行动。其三，很多行业性国际组织在其主管或业务范围内也积极倡导软法性质的规则和倡议，如联合国粮农组织为管理遗弃或丢失的“幽灵渔具”而制定的《负责任渔业行为守则》和《渔具标识自愿准则》、联合国环境规划署推出的《檀香山战略：海洋垃圾预防与管理的全球框架》和“海洋垃圾全球伙伴关系”、国际海事组织发布的《应对船源海洋塑料垃圾行动计划》等。

表 1　历届联合国环境大会通过的有关海洋塑料垃圾的决议

会议名称	第一届联合国环境大会（2014）	第二届联合国环境大会（2016）	第三届联合国环境大会（2017）	第四届联合国环境大会（2019）
决议名称	《1/6 关于海洋塑料废弃物和微塑料的决议》	《2/11 关于海洋塑料垃圾和微塑料的决议》	《3/7 关于海洋垃圾和微塑料的决议》	《4/6 关于海洋塑料垃圾和微塑料的决议》
决议要点	1. 强调预防原则的重要性 2. 鼓励各国、政府间组织、非政府组织、业界和其他相关方开展合作以执行檀香山战略 3. 认识到微塑料问题的来源、特质、影响及应及时采取应对方式并作进一步研究 4. 欢迎“海洋垃圾全球伙伴关系”成立并于 2013 年举办第一届伙伴关系论坛 5. 鼓励区域公约的建立	1. 认识到海洋环境中存在的塑料垃圾和微塑料是一个正在快速加剧的全球性严重问题，需要全球紧急应对 2. 强调对废物的预防和无害环境管理是治理海洋污染并取得长期成功的关键 3. 鼓励发展与行业和民间的伙伴关系并建立公私伙伴关系 4. 认识到加强海洋教育、能力建设和知识转让的重要性	1. 强调按照相互商定的条件进行技术转让及调集所有来源的资源是治理海洋垃圾和微塑料的重要途径 2. 敦促所有国家和其他利益攸关方在负责任地使用塑料的同时减少不必要的塑料使用 3. 鼓励各国制定通用定义及统一的标准和方法，用以衡量和监测海洋垃圾和微塑料 4. 鼓励各国完成自主性承诺	1. 需要考虑加强科学与政策的衔接以及全球协调、合作和治理 2. 促请会员国和其他地方、国家、区域和国际行为体处理海洋垃圾和微塑料问题 3. 在联合国环境规划署内建立一个多利益攸关方平台来加强协调与合作 4. 通过采用生命周期方法来长期杜绝向海洋排放垃圾和微塑料的行为

资料来源：笔者根据联合国环境大会官方网站（https：//web. unep. org/environmentassembly）资料整理。

三是以专门性国际会议为平台达成的自愿性承诺。相比于公约、条约等硬法和宣言、倡议等软法，由主权国家、私营部门和非政府组织等主体在专门性国际会议上作出的自愿性承诺更依赖于各方的自愿提出、自觉履行和自我监督，其约束力和强制性因而更加薄弱。但这一方式具有类型多样、范围广泛、易于达成等优势，特别是在海洋环境保护愈加成为全球共识的背景下，主动作出自愿性承诺已成为主权国家树立良好形象、抢占道义高地的有效手段。在与海洋塑料垃圾治理有关的自愿性承诺中，大部分来自联合国海洋大会和“我们的海洋”大会。在 2017 年召开的首届联合国海洋大会中，主权国家、政府间国际组织、非政府组织、企业、科研机构等共作出约 1400 项自愿性承诺，其中近一半与海洋污染有关。“我们的海洋”大会由美国于 2014 年发起，至 2019 年底已连续举办六届。在 2019 年的第六届会议上，与会各方共作出 370 项承诺，总预算达 630 亿美元，其中与海洋塑料垃圾防治有关的内容包括：挪威、瑞典和格林纳达承诺支持在 2023 年前建立防治海洋塑料垃圾的国际公约，由 42 家大型跨国公司组成的“终结塑料垃圾联盟”承诺在未来 5 年内投入 15 亿美元用于减少塑料生产等。简言之，自愿性承诺很可能在一段时间内成为国际社会解决海洋塑料垃圾问题的重要方式，[①] 以及面向可持续发展进程的全球海洋治理重要机制。

（二）区域层面的治理进展

“区域”是国际政治和全球治理研究中的核心视角之一。在一般意义上，区域是指基于地理上的关系和一定程度的相互依赖而由有限数量的国家联系在一起的集合体。[②] 而在全球海洋治理研究中，“区域”一词还有两种不同的特定含义：一是由《联合国海洋法公约》所创立的“区域”制度，将其特指为“国家管辖范围以外的海床、洋底和底土”；二是由联合国环境

① 于海晴、梁迪隽等：《海洋垃圾和微塑料污染问题及其国际进程》，《世界环境》2018 年第 2 期。

② Joseph S. Nye, *Peace in Parts: Integration and Conflict in Regional Organization*, Boston: Little, Brown and Company, 1971, p. vii.

规划署实施的“区域海”项目，按照环境一体性将全球海洋划分为 18 个“区域”。本文是从经典意义和本源含义来理解区域的，即区域是指由地理因素形成的一定空间范围内的国家集合体。国家间治理能力和治理意愿的差异性使由所有国家同时、同步推进海洋塑料垃圾治理的难度较大，区域层面的治理路径以其目标一致、行动协同等长处，治理效果往往更佳。区域层面的海洋塑料垃圾治理以区域性政府间组织为主导，并以欧盟和东盟为代表。

作为一体化程度最高的区域性政府间组织，欧盟较早便意识到海洋塑料垃圾问题的严重性并采取了相应的措施。在塑料制品的源头管控方面，欧盟于 2018 年开始实施《欧洲塑料战略》，计划到 2030 年欧盟市场上的所有塑料包装将全部可回收利用；2019 年 5 月，欧盟通过“禁塑令”法案，决定自 2021 年起全面禁止欧盟国家使用一次性塑料餐具、塑料吸管等 10 种一次性塑料制品。根据估算，该法案将解决欧盟 70% 的海洋塑料垃圾问题。在海洋塑料垃圾的控制方面，欧洲区域尺度的海洋公约和政策举措非常活跃，甚至成为一些国家海洋保护的政策支柱。① 欧盟《海洋战略框架指令》、《废弃物框架指令》、《包装和包装废弃物指令》及《保护地中海海洋环境和沿海地区公约》、《波罗的海区域海洋环境保护公约》、《东北大西洋海洋环境保护公约》等区域性政策和立法均对海洋塑料垃圾污染做了明确的规制。

东南亚地处东西方航线的交会处，且沿岸多为发展中国家，人口众多，厂矿密集，陆源排放和海上倾废的叠加使其成为全球海洋塑料污染最为严重的区域之一。东盟作为域内最具权威的政府间组织，近年来逐渐关注到海洋塑料垃圾问题。2017 年 11 月，东盟召开消减区域海洋垃圾大会，就现有海洋垃圾治理的国家政策、举措和最佳做法交换了意见；2019 年 3 月，东盟部长级会议发表首份海洋垃圾治理联合声明，呼吁各国开展合作，减少海洋垃圾；2019 年 6 月，东盟十国领导人在第 34 届东盟峰会上签署《曼谷宣

① 李潇、杨翼等：《欧盟及其成员国海洋塑料垃圾政策及对我国的启示》，《海洋通报》2019 年第 1 期。

言》和《东盟打击海洋垃圾行动框架》，誓言将共同采取从陆地到海洋的整体性措施，并加快制定防治海洋垃圾污染的国家法律和法规。此外，东盟还在东亚峰会、东盟 10+3 等框架下积极与周边国家展开交流和合作，共同探讨海洋塑料垃圾问题的应对之道。

总体而言，欧盟和东盟在治理海洋塑料垃圾的路径上存在比较大的差异：欧盟及其成员国以制定具有约束力的法案、指令或条约为主，“硬法”的色彩明显，且重视源头治理；东盟则停留在召开会议、交换意见、发表宣言等非正式制度层面，侧重于对现有塑料垃圾的清理。这一方面是因为欧盟成员国之间的相互依存和一体化程度更深，易于达成统一的规范性准则；另一方面是由于欧盟拥有更强的物质资源、科技力量和政治权威在源头上管控塑料制品，而东盟国家则以发展本国经济为首要任务，与塑料有关的行业依旧在其国民经济中占据重要地位，因而不可能像欧盟那样严格限制塑料制品的生产与使用。

（三）国家层面的治理进展

主权国家是海洋塑料垃圾治理的核心主体与行动落实者。在国际社会的呼吁下，国家层面的海洋塑料垃圾治理正在迅速扩展与壮大，并通过多边合作、双边合作、国家内部治理等三个层次提升着全球海洋塑料垃圾治理的成效。

多边合作是指两个以上的主权国家为解决共同关心的问题而开展的合作行动。在海洋环境治理领域内，比较有代表性的当属中国、日本和韩国的三国合作。创设于 1999 年的中日韩环境部长会议是三方进行多边合作的有效机制，旨在落实三国首脑会议共识，治理区域性环境难题。自该机制创建以来，每隔五年就会出现合作的进阶，[①] 但无论在哪一阶段内，海洋环境保护都是其中心议题之一。在 2019 年底召开的第 21 次中日韩环境部长会议上，

① 薛晓芃：《东北亚地区环境治理的路径选择：以中日韩环境部长会议机制为例》，《太平洋学报》2020 年第 3 期。

三国发表联合公报，提出为防止塑料垃圾排放入海，各方将推进妥善处理废弃物、削减购物袋等行动，并将开展研究合作以查清海洋污染实际状况。李克强总理在 2019 年的第八次中日韩领导人会议上也强调三方要重视海洋塑料垃圾带来的挑战，加强监测方法和防治技术交流，深化海洋塑料垃圾对海洋生态环境、极地生态环境影响的科学研究。

国家间的双边合作是更为常见的一种方式，在实践中得到普遍应用。例如，印度与挪威于 2019 年初签署首个防治海洋污染的合作倡议，将支持地方政府实施可持续废弃物管理等项目；在第四届联合国环境大会召开前夕，日本与挪威就形成统一的海洋塑料垃圾提案进行了深入磋商；中美积极促成两国地方政府间的合作，签订了《中美海洋垃圾防治厦门—旧金山“伙伴城市”合作实施方案》等协议；中日将防治海洋塑料垃圾纳入双方海洋事务高级别磋商，并于 2019 年 10 月在大连近岸黄海海域共同完成海洋垃圾联合调查；中国与加拿大发表《关于应对海洋垃圾和塑料的联合声明》，合作研究海洋微塑料监测技术；等等。不难看出，双边合作涵盖了议程设置、高层磋商、文件签署、科学研究、项目支持等途径，形式灵活而多样。

国家内部的治理是应对海洋塑料垃圾问题的根本着力点，事关最终的治理成效。一般来说，主权国家会出于本国利益和国际公益的双重考虑而采取若干治理措施，这些措施可分为以下三类。一是行使国家的立法与行政职能，制定约束力较强的法律或政策。截至 2021 年底，全球已有 60 多个国家和地区出台了限制塑料使用的政策和法令，中国于 2020 年初颁布了《关于进一步加强塑料污染治理的意见》。二是鼓励科学调查与研发活动。如中国较早启动了针对海洋塑料垃圾的科学考察，印度尼西亚政府实施了塑料垃圾拦截的研究项目，等等。三是开展直接的清污行动。如德国、荷兰、英国等国正在执行海洋垃圾捕捞方案，意大利、西班牙、法国等国通过收集“幽灵渔具”来减少海洋塑料垃圾。

综上所述，在全球、区域和国家层面的海洋塑料垃圾治理中，主权国家和政府间国际组织扮演着主导者的角色，但非政府组织、企业、科研机构、社区和民众等非国家行为体也是治理海洋塑料垃圾的重要力量。世界自然联盟、全球塑料协会、东盟海洋垃圾知识中心、亚洲开发银行等组织在各自的活动领域内不断贡献着资金、技术、人力、知识等资源，凸显非国家行为体对全球海洋塑料垃圾治理的补充与落实作用。

四　全球海洋塑料垃圾治理的经验归纳

前文提及的多个层面的治理进展不仅在一定程度上减缓了海洋塑料污染的蔓延势头，也为后续治理实践的深入提供了宝贵的经验，这些治理经验可以归纳为四条。

（一）注重硬法与软法的配合使用

如前所述，硬法和软法分别有其独特的优势和适用场域，二者相互补充，互为依托。合理地配合使用硬法与软法，是在规制层面的一条有益经验，具体包括四点内容。

一是借鉴《巴塞尔公约》修正案的做法，在其他位阶更高的国际立法中增加限制海洋塑料废物的条款，以实现硬法内容的与时俱进和约束力的增强。例如，虽然《联合国海洋法公约》规定成员国禁止向海洋倾倒船舶及陆源污染物，但并未明确针对塑料废弃物，[①] 未来应适时将该议题引入其修改进程之中。

二是在时机成熟时促进软法向硬法转化，将软法中的目标、计划、措施、责任等加以固定化和规范化，提升软法的实施效果。就目前来看，欧盟内的一些软法文书，如欧盟委员会“西部地中海地区蓝色经济可持续发展倡议”和《欧洲循环经济中的塑料战略》的制度化水平已达到国际机制的层次，[②] 下一步可考虑将其升级为区域性正式法律。

① 张嘉戌、柳青等：《海洋塑料和微塑料管理立法研究》，《海洋环境科学》2019 年第 2 期。

② 刘瑞：《东南亚海洋塑料垃圾治理与中国的参与》，《国际关系研究》2020 年第 1 期。

三是鼓励政府间国际组织、非政府组织、科学团体等机构对各类硬法与软法的执行情况进行科学、独立的审视和监督，形成评估报告或政策建议。在这方面，非政府组织“摆脱塑料”（Break Free From Plastic）和“国际环境法中心”（Center for International Environmental Law）已共同连续发布了13期“塑料更新进展”（Progress on Plastics Update）系列研究报告，起到了良好的政策咨询和实践助推作用。①

四是国家主体应在其国内治理中兼顾强制性措施与倡议性措施，既要将国际规制内化为刚性的法律法规，严格履行国际法规定的国家责任和执行义务；又要积极推行更多的柔性激励政策，扩大环境税收、价格补贴、公共采购、使用者付费、生产者责任制等经济手段的应用范围，通过“软硬兼施”来促成生产者和消费者行为方式的转变。

（二）推动治理思路的跨界结合

海洋塑料垃圾议题兼具政治、经济、科技、环境等属性，多重属性的复合决定了不可能从单一视角来解决这一问题，而是要多措并举，实现不同治理思路的跨界结合，这是全球海洋塑料垃圾治理最为重要的经验。

第一，环境目标与经济目标的结合。塑料垃圾是塑料制品的终端产物，而与塑料有关的行业在很多国家的经济体系中仍占据重要地位，甚至是支柱产业。在这种情形下，不应“一刀切”地要求各国都禁止塑料制品，而是要因地制宜地统筹好环境与经济、保护与发展的关系。一方面，国际社会应坚持“共同但有区别”的原则，适当顾及发展中国家的经济发展诉求，结合各国的实际情况合理确定各自的治理任务、目标、期限、排放额度等；另一方面，要根据不同种类塑料制品的化学性质和有害程度区分其使用范围，并有计划、有步骤地推进塑料产业的转型升级与迭代革新，发展清洁产业，增加绿色产品供给。

第二，政策路径与科学路径的结合。围绕海洋塑料垃圾的专业科学知识

① 该系列研究报告的具体内容可查阅“国际环境法中心”的官方网站：https：//www.ciel.org/reports/unea-progress-on-plastics。

为议程设定与政策制定奠定了良好的基础，[①] 政策手段的实施要以先进的科学技术和设备研发为保障，而科技成果也需要由政策加以推广和应用，这凸显了政策路径与科学路径相辅相成的依存关系。很多国家加大了对海洋科考和科研项目的支持力度，鼓励使用替代材料等，便是这两种治理路径有机结合的表现。

第三，科学家与政策制定者的结合。国家行为体对于科学家群体的知识依赖是当前全球治理的重要特征。[②] 科学家掌握治理海洋塑料垃圾的关键知识，政策制定者则握有资源，二者的结合才能使各自的优势得到最大化的发挥。在 2019 年的二十国集团峰会召开之前，二十国集团科学院向峰会提交了《沿海和海洋生态系统面临的威胁及海洋环境保护——特别关注气候变化和海洋塑料垃圾问题》的共同科学声明并得到采纳，这成为“蓝色海洋愿景”倡议的直接依据；联合国环境大会、联合国海洋大会也多次举办由科学家和政府官员共同参加的研讨会或边会，体现出国际社会日益重视科学家与政策制定者的能力结合。

（三）强化非国家行为体的作用

全球海洋塑料垃圾治理之所以能够在近几年取得显著的进步，除了主权国家和政府间国际组织的引导，非政府组织、科研机构、学术团体、行业协会、企业联盟、社区和民众等非国家行为体的参与也不容忽视。从这些实践中可以提炼出三点经验。

首先，吸纳非国家行为体加入国际规制的制定过程中。非国家行为体通常具有专业知识或地方性知识，代表某一群体的利益，所提出的建议或意见也更具针对性，是全球海洋塑料垃圾和海洋生态环境治理的重要智力来源。例如，在国家管辖范围以外区域海洋生物多样性（BBNJ）养护与可持续利

---

① Joanna Vince, Britta Denise Hardesty, “Plastic Pollution Challenges in Marine and Coastal Environments: From Local to Global Governance,” *Restoration Ecology*, 25 (2017): 126.

② 赵隆：《北极渔业治理中的认知共同体因素：以国际海洋考察理事会为例》，《太平洋学报》2019 年第 11 期。

用协定谈判中，共有6个非政府组织提交了协定草案建议，并在技术问题上发挥了专家作用。①

其次，建立国家行为体与非国家行为体的合作伙伴关系。非国家行为体在全球海洋塑料垃圾治理中的实质性参与，关键在于要同主权国家和政府间国际组织建立起开放包容、相互支持、互助互惠的合作伙伴关系，实现信息、知识和资源的联通与共享。由联合国环境规划署发起的“海洋垃圾全球伙伴关系”便是在这方面的有益尝试。

最后，政府应当适度加大对非国家行为体的支持力度。政府的支持是促进非国家行为体在全球海洋塑料垃圾治理中发挥更大作用的必要保障，这种支持既体现在资金和管理上，如适当投入财政拨款、优化内部治理结构、培养管理人才，又体现在政策和法律上，鼓励非国家行为体在法律许可的范围内自由活动。例如，日本经济产业省推动花王株式会社等160家企业和团体成立“海洋清洁材料联盟”，专门列出预算支持海洋可降解新材料的研发、微塑料检测标准的制定以及海洋垃圾收集机器人的开发等。

（四）善用会议东道国的身份优势

对于有志于在全球海洋塑料垃圾治理中谋求引领地位的国家来说，举办高级别的国际会议并将自身的主张设置为会议议题，是一条便捷而有效的途径。在这方面，日本的做法具有极强的借鉴意义。实际上，日本既不是最早倡导海洋塑料垃圾治理的国家，也没有占据“限塑”的先机。为扭转这一弱势局面，日本以举办2019年的二十国集团峰会为契机，积极在二十国集团框架内酝酿海洋塑料垃圾治理议题，抛出日本方案。最终在日本的大力推动下，该届峰会达成了“到2050年塑料垃圾向海零排放”等共识，并将其命名为“大阪蓝色海洋愿景”，日本也由此从全球海洋塑料垃圾治理的“追随者”摇身一变成为“先行者”。② 与之类似，法国通过举办巴黎气候变化

① Robert Blasiaka, Carole Durusselc, Jeremy Pittmand, “The Role of NGOs in Negotiating the Use of Biodiversity in Marine Areas beyond National Jurisdiction,” *Marine Policy*, 81 (2017): 1.

② 王旭：《日本参与全球海洋治理的理念、政策与实践》，《边界与海洋研究》2020年第1期。

大会促成《巴黎协定》的签署，也在全球气候治理中“名利双收”。日本和法国的经验表明，充分利用重大国际会议主办国的身份来设定议程、协调分歧并达成会议成果，是该国获得治理话语权、提升国家软实力和美誉度的重要方式。

五　全球海洋塑料垃圾治理的现实困境

科学路径与政策路径是应对海洋塑料垃圾问题的两大策略，只有实现这两条路径的协同配合，方能取得最佳的治理效果。但与客观情势和预期目标相对照，现有的治理进展难言完美，依旧在认知、科学与政治等维度面临着诸多现实困境。

（一）认知维度：基本认识存在争议

全面掌握海洋塑料垃圾的基本知识是有效治理该问题的前提。然而，科学界与实务界并未就这些知识达成完全一致，而是存在诸多争议之处乃至截然不同的观点。

其一，对海洋塑料垃圾污染现状的争议。摸清海洋塑料垃圾的底数、增量等基础数据是整个治理过程的首要步骤，但即便科学家们使用了多种方法进行评估，也无法得出精确的数据，甚至相差很大。在总量上，比较保守的结论是到2025年，海洋塑料垃圾预计达到1.55亿吨；[①] 而荷兰科学家认为在2017年时就已经有1.96亿吨塑料沉入深海。在增量上，科学家们只能给出一个笼统、宽泛的区间，即每年由陆地排放到海洋中的塑料垃圾为400万~1270万吨，[②] 具体的数字则因不同的模型和方法而有较大的出入。数据的缺乏以及抽样方法的变化，使人们很难准确估计出海洋塑料碎片的总量和

① 王佳佳、赵娜娜、李金惠：《中国海洋微塑料污染现状与防治建议》，《中国环境科学》2019年第7期。

② Jenna R. Jambeck, Roland Geyer, Chris Wilcox et al., "Plastic Waste Inputs from Land into the Ocean," *Science*, 347 (2015): 770.

主要来源国。①

其二，对海洋塑料垃圾危害程度的争议。毫无疑问，海洋塑料垃圾是有害的，但它们会产生何种危害？危害的范围有多广？程度有多深？科学家们对这些问题有着不尽相同的看法。特别是在微塑料问题上，这种分歧更加明显。例如，在微塑料的生态影响方面，有学者认为微塑料有能力改变种群结构，对生态系统健康和生物多样性产生损害；② 但也有学者指出在实际环境中，尚没有直接证据表明海洋微塑料对生态系统造成了影响。在微塑料与人体健康的关系方面，多数科学家认为目前无法证实微塑料会对人体健康产生直接危害；但部分学者持相反观点，主张微塑料可能会对人体健康造成威胁。

其三，对海洋塑料垃圾治理紧迫程度的争议。治理的紧迫程度是指应将海洋塑料垃圾问题置于何等级别的政策议程中，是将其视为需要尽快解决的优先议题，或只是普通的常规议题。联合国环境大会将海洋塑料垃圾和微塑料列为全球性重大环境问题，赋予其极高的政策优先级，呼吁全球紧急应对；但也有学者指出海洋塑料污染被政府和媒体过度放大，而海洋塑料污染并不如过度捕捞或全球气候变化等问题那样紧迫，所以应优先解决其他海洋问题。③

尽管海洋塑料碎片现象已被国际社会广泛认为是一个问题，但在认知上的巨大差异阻碍了政策的产生与实施。④ 这些关于海洋塑料垃圾基本问题的认知争议，可能会动摇各方主体的治理决心和意愿，为逃避治理责任或采取消极态度提供借口。

---

① François Galgani, Georg Hanke, Thomas Maes, "Global Distribution, Composition and Abundance of Marine Litter," in Melanie Bergmann, Lars Gutow, Michael Klages (eds.), *Marine Anthropogenic Litter*, Springer, 2015, p. 32.

② Stephanie L. Wright, Richard C. Thompson, Tamara S. Galloway, "The Physical Impacts of Microplastics on Marine Organisms: A Review," *Environmental Pollution*, 178 (2013): 483-492.

③ Richard Stafford, Peter J. S. Jones, "Viewpoint-Ocean Plastic Pollution: A Convenient but Distracting Truth?" *Marine Policy*, 103 (2019): 187.

④ Elizabeth Mendenhall, "Oceans of Plastic: A Research Agenda to Propel Policy Development," *Marine Policy*, 96 (2018): 291.

（二）科学维度：科技水平有待提升

不同于海洋塑料垃圾在近几年才进入全球海洋治理的主流政策议程中，科学界很早便对这一问题展开了跟踪研究。但科学路径存在研发周期长、应用成本高等短板，加之现有科技发展水平的相对不足与滞后，这些给全球海洋塑料垃圾治理带来了某些障碍。

首先，国际社会缺乏统一的监测、检测与评估海洋塑料垃圾的方法和标准，各国往往自行选取或认定，所得出的结论相差甚远，这是造成海洋塑料垃圾底数不清的深层原因之一。技术标准的不一致，导致在不同地点、不同环境中获取的监测数据无法用于全球层面的横向比较，也难以进行准确的环境生态风险评估。尽管国内外发布了一些研究方法和分析技术指南，但不同环境介质中塑料样品的采集、分析及鉴定技术方法仍需要进一步的探讨和完善，研究结果的可比较性低。①

其次，海洋塑料垃圾的源汇过程与作用机制尚不明晰。从全球尺度来看，海洋塑料垃圾的实测重量仅占模型估算值的1%，大量海洋塑料垃圾的来源、迁移途径、输运过程、降解过程、特性变化、在海洋食物网中的传递等均未得到确证。此外，塑料垃圾在海洋环境中的最终归趋、塑料垃圾与其他污染物的影响机理、塑料的复合毒性效应等问题也都有待探明。这些未解难题不仅制约了实质性管控措施的采用，也禁锢了对公众关切问题的深入回应。

最后，相关的技术研发尚不成熟。技术与科学相伴而生，科学研究的相对滞后也在一定程度上限制了技术研发的进程。塑料污染问题成为顽疾的根本原因在于技术创新行为推动无力，从而导致回收、降解塑料在经济、技术上不甚可行。② 例如，很多企业或科研机构正在研发可替代传统塑料的藻类

① 李道季、朱礼新等：《海洋微塑料污染研究发展态势及存在问题》，《华东师范大学学报（自然科学版）》2019年第3期。

② 钭晓东、赵文萍：《深海塑料污染国际治理机制研究——人类命运共同体的深海落实》，《中国地质大学学报（社会科学版）》2019年第1期。

基生物塑料或其他新型材料，但可降解的生物材料并不适用于所有产品，其真正的生物降解性仍是未解决的问题。[①] 且相比于价格低廉的塑料制品，这些新型材料的生产成本更加高昂，市场前景有限，难以在短期内大规模地商业化应用。再如，国际社会尚未发明出能够高效收集和清理海洋塑料垃圾的装备，而多是依靠传统的打捞方法，费时费力，效率低下。例如，由荷兰非营利组织“海洋清洁”率先推出的大型海洋塑料垃圾收集浮管“威尔森”在启用不久后便故障频发，被迫终止作业。

（三）政治维度：治理体系不尽完善

作为全球海洋治理的一个新兴议题和实践领域，全球海洋塑料垃圾治理的体系化建设还不尽完善，治理的手段、资源、意愿等无法完全满足治理目标的需求。

第一，治理规制的供给不足。当前全球海洋治理面临的最大挑战是公共产品的供给与需求不相匹配，尤其是条约、公约等制度性公共产品的数量不足。[②] 这种不足在海洋塑料垃圾治理中突出体现为硬法建设的滞后，即直到现在也没有一套具备强制性、权威性和全面性的国际立法与治理机制，软法在应对海洋塑料垃圾污染的全球努力中占主导地位。[③] 即便《巴塞尔公约》修正案增加了严格限制塑料垃圾越境转移的条款，但其毕竟不直接作用于海洋塑料垃圾的管控与处置，实施效果不免受限。

第二，治理需求与治理资源的分布失衡。科学研究表明，东南亚海域的塑料垃圾污染情况极为严重，且这些塑料垃圾中有相当一部分来源于过往船只的倾废以及发达国家向沿岸国家的越境转移。这要求沿岸国家与域外发达

① Oluniyi Solomon Ogunola, Olawale Ahmed Onada, Augustine Eyiwunmi Falaye, “Mitigation Measures to Avert the Impacts of Plastics and Microplastics in the Marine Environment: A Review,” *Environmental Science and Pollution Research*, 25 (2018): 9303.

② 崔野、王琪：《全球公共产品视角下的全球海洋治理困境：表现、成因与应对》，《太平洋学报》2019 年第 1 期。

③ Joanna Vince, Britta Denise Hardesty, “Plastic Pollution Challenges in Marine and Coastal Environments: From Local to Global Governance,” *Restoration Ecology*, 25 (2017): 124.

国家共同承担起治理责任，调动各种资源向这一地区集中，以解决海洋塑料垃圾问题中的主要矛盾。然而，全球海洋治理的政治属性使应然的期待并未转化为实然的举措：一方面，该海域沿岸多为发展中国家，可运用的资金、装备、技术、人力等资源十分有限，且发展经济与保护环境之间的张力巨大，致使其难以在海洋塑料垃圾治理上充分投入；另一方面，治理资源更为丰富的美国、欧盟等海洋强国或地区距离这一海域较远，且出于自身利益的考量，它们更加关注本国或本地区海域的治理，未能对这些治理资源薄弱的国家提供实质性援助。治理需求与治理资源之间的失衡，导致对重点海域的治理举步维艰，而这又加重了全球海洋塑料垃圾问题的严峻程度。

第三，治理意愿的动摇与减弱。包括海洋塑料垃圾议题在内的全球环境治理已成为国际政治舞台中的“主流话语”和“政治正确”，很多国家对此作了正向的宣示和表态。但在这些宣示的背后，其真实的治理意愿还有待进一步的考察。特别是当国际公益与国家利益相互冲突时，其参与全球海洋塑料垃圾治理的意愿就会急速减弱，这一点可以从美国和日本拒绝同七国集团其他成员国签署《海洋塑料宪章》中看出。而在非国家行为体之中，海洋塑料垃圾治理的共识基础也并不牢固，不乏反对之声。随着传统塑料行业经济和政治力量的不断增强，它们对国家法规和社区行动的持续抵制正在加剧。[①] 换句话说，治理意愿的动摇与减弱是一个事实上存在但又隐藏于国际政治主流话语之下的潜在因素，在规划全球海洋塑料垃圾治理的未来图景时不可忽视这一因素的影响与掣肘。

总之，认知、科学与政治等多重困境削弱了各类主体间的治理合力，给全球海洋塑料垃圾治理增添了阻滞。而如何消除这些困境，实现科学路径和政策路径的彼此配合，将是摆在国际社会面前的重大课题。

面对日益严峻的海洋塑料污染问题，国际社会需要立即行动起来，采取有效的措施进行应对。导致海洋塑料污染问题的原因不仅包括塑料制品的大

---

① Stephanie Foote, Elizabeth Mazzolini, *Histories of the Dustheap: Waste, Material Cultures, Social Justice*, Massachusetts: MIT Press, 2012, pp. 199-225.

量使用，也包括社会对塑料废弃物处理措施的不当，以及在公海倾倒垃圾，等等。全球性的海洋塑料污染问题是典型的“公地悲剧”模式，为有效减缓和应对这一问题，需要所有参与者的集体行动，避免“搭便车者”，并提升所有参与者遵守规则的意识和对规范的遵守。鉴于海洋塑料污染问题的来源、危害及特点，国际社会在应对全球海洋塑料污染问题的时候，应该坚持以下五个原则。

（1）源头治理的原则。要减少海洋塑料污染问题，最根本的措施就是要减少塑料制品尤其是一次性塑料制品的生产、消费和使用。近年来越来越多的国家采取了限制甚至完全禁止使用一次性塑料购物袋以及其他相关的一次性塑料制品的措施，这从源头上大大减少了陆地和海洋中塑料垃圾的来源。海洋塑料污染大部分来自陆地上，因此需要对陆地上的塑料垃圾等废弃物进行有效的管理，将塑料垃圾等废物经过加工处理以使其对环境无害。另外，需要加强塑料制品的循环再利用，并且研发可降解的塑料制品。

（2）过程管控的原则。由于海洋塑料污染相当大的一部分来源于企业生产过程中对化纤物品的洗涤，以及汽车轮胎行驶过程中的磨损，这些微塑料经过陆地的排水系统最终流向了海洋。因此，需要对工业生产过程中排放的含有微塑料的废水进行妥善处理，对于进入河流与海洋的废水和城市排水系统进行完善，减少进入海洋中的微塑料。

（3）国际合作的原则。海洋塑料垃圾问题的形成是典型的“公地悲剧”模式，许多国家将海洋当成公共的排污场所和“垃圾收容站”，不受管制的海洋倾废加剧了海洋垃圾污染的问题。而要有效应对全球海洋塑料垃圾问题，需要在联合国或者相关国际组织的协调下对海洋塑料垃圾问题形成共识，并在共识的基础上国际社会采取集体行动，只有这样才能有效地应对全球海洋所面临的塑料垃圾问题。由于不同国家发展水平处于不同的阶段，世界各国的塑料制品使用量也存在很大的差异。例如科威特、德国、荷兰、爱尔兰和美国等，都是人均每天使用塑料制品较多的国家，这些国家人均塑料使用量是印度、坦桑尼亚、莫桑比克和孟加拉国等国人均使用量的 10 倍以上。因此，在坚持国际合作原则的同时，也要充分考虑到不同国家的人均塑料使用量与塑料垃圾的产出等指标的不同，而采取不同的措施和要求。

（4）可持续发展的原则。可持续发展原则，就是在满足当代人需求的同时不危及后代人满足其需求能力的发展原则，是应对海洋塑料垃圾问题需要坚持的重要原则。当代人无论是使用塑料制品还是对塑料垃圾进行处理，都应该坚持在满足目前当代人需求的同时，考虑到后代人的需求和利益的原则。为子孙后代着想，为了实现人类社会和海洋可持续发展的目标，任何“竭泽而渔”与“因噎废食”的做法都是不可取的。

（5）多主体共同参与的原则。海洋塑料垃圾问题的有效治理，不仅要求主权国家采取严格的管制措施以及国际社会的集体行动，还要求其他相关行为体如国际组织、非政府组织、企业等行为体积极行动起来。联合国以及其他相关的专门性国际组织作为国际行动的协调平台，可以推动应对全球海洋塑料垃圾问题的国际合作；尤其是环保类的非政府组织在监督其他行为体的行为、塑造环境意识与推动国际共识的形成方面可以发挥独特的作用；一些大的公司尤其是跨国公司可以提高企业社会责任感，在塑料制品的技术创新方面积极探索，推出更为环保的产品以及加强对塑料垃圾的技术研发。

国际社会正在形成一个应对全球海洋塑料污染问题的多主体共同参与的治理机制。在这个治理机制中，主权国家、国际组织、非政府组织、大企业等多层次的行为体通力合作，共同致力于实现海洋生态系统健康与可持续发展的目标。

主权国家是国际社会最为重要的行为体，国际社会达成的一系列决议都需要国家政府在国内的落实与实施，所以主权国家是应对海洋塑料垃圾问题最为重要的行为体。近年来越来越多的国家意识到海洋塑料污染问题的严重性，除了积极参加和支持国际组织协调的系列倡议，一些国家政府在国内也采取了积极的政策，减少塑料物品的使用以及加强对塑料垃圾的管理措施。中国早在2008年就颁布并实施了“限塑令”，限制生产、销售和使用一次性塑料购物袋。而在2020年对“限塑令”再次升级，中国国家发改委出台了《关于扎实推进塑料污染治理工作的通知》，要求地方制定细则进行落实，这将进一步减少一次性塑料餐具、塑料包装品以及不可降解塑料制品的生产和使用。英国在2018年计划禁止使用塑料吸管等一次性塑料制品，加拿大的温哥华也率先通过禁令，禁止一次性塑料杯子、饭盒以及吸管等塑料制品的使用。印度由于人口众多且垃圾处理的基础设施不完善，也是塑料垃圾生产大国。印度在2019年就宣布禁止使用塑料袋、塑料杯子和塑料吸管等，并且宣布在2022年之前禁止所有的一次性塑料制品的使用。但是由于不同国家的发展水平不同，环保意识也存在较大的差异，执行国际环境条约的能力也有所不同，所以在达成应对海洋塑料污染问题的国际环境条约的时候，也需要借鉴国际气候机制所秉持的“共同但有区别”原则，充分激活发达国家以及有能力的大国在应对这些问题方面的责任和义务，其他国家也采取力所能及范围内的实际行动，共同应对全球海洋塑料污染问题。

在全球性的国际组织层面，联合国尤其是联合国系统内的相关机构，在应对海洋塑料污染问题方面进行了大量的活动。海洋是联合国通过的《2030年可持续发展议程》中的重要领域，第14个目标就是专门针对海洋可持续发展所应该采取的一系列措施。在2017年6月于纽约召开的首届联合国海洋大会上，也通过倡议号召各国尽快停止使用一次性塑料制品，研究与开发易降解的环保型替代品。为应对海洋塑料污染问题，充分唤起民众对海洋塑料垃圾问题的环保意识，联合国大会主席在2019年发起了“大张旗鼓，淘汰塑料”的全球性倡议。为配合这一行动，美国著名的《国家地理》杂志在摩纳哥政府的资助下，于2019年5月25日~6月24日在联合国总部的游客中心作为首站举办了一场主题为“要地球，还是要塑料”（Planet or Plastic）的图片展览。展览除了讲述塑料这种简单的材料如何重塑全球产业和如何影响我们的日常生活中的“塑料的故事”之外，更重要的是展示了塑料制品如何使我们的地球已经不堪重负，甚至危及人类乃至整个地球的健康和生态系统。

区域性的国际组织也日益重视应对海洋塑料污染问题，近年来无论是七国集团还是二十国集团，都围绕应对海洋塑料污染问题采取了一系列的行动。在2018年6月召开的七国集团峰会上，英国、加拿大、法国、德国、意大利和欧盟（美国和日本没有签署该协议）签署了《海洋塑料宪章》的倡议，倡议要求各国政府制定标准，增加塑料的再利用和再循环。《海洋塑料宪章》承诺大幅度减少一次性塑料的使用，到2030年，实现对55%的塑料的回收和再利用，到2040年实现对塑料的全部回收。二十国集团近年来对海洋塑料污染问题极为关注，该问题成为2019年在日本大阪召开的G20峰会的重要议题。在会议期间，日本提出的“大阪蓝色海洋愿景”在会议上受到广泛的关注并得到与会国的支持，并提出了在2050年之前力争将海洋塑料垃圾“降为零”的宏大目标。

环境保护类的非政府组织一直以来就是环保领域的“先行者”，是国际社会环境意识提升的重要推动力量，并且在监督企业生产甚至监督国家履行国际条约方面做了很多的工作。这包括专业性的环境保护非政府组织，以及拥有广泛群众基础的倡议性的环境保护非政府组织。研究型的智库类非政府组织，通过发布研究报告的方式唤起公众对海洋塑料污染问题的关注，并提供应对这些问题的对策。世界自然保护联盟（IUCN）作为世界上规模最大的环保非政府组织，一直以来专注于全球环境问题，注重国际环境意识的培养。2017年，世界自然保护联盟发布了《海洋里的初级微塑料》研究报告，对于海洋微塑料问题进行了全面系统的评估，尤其对海洋微塑料的来源、影响以及应对措施等问题，进行了深入的分析。美国的海洋保护协会（Ocean Conservancy）是专门致力于海洋环境保护问题的非政府组织，专门发起了“没有垃圾的海洋”倡议，并广泛地开展活动以唤起人们对海洋垃圾问题的关注。

一些大企业拥有先进的技术与研发能力，在推进可循环的塑料制品与减少塑料制品的使用方面可以发挥独特的作用。商品的塑料包装是塑料垃圾的主要构成部分，近年来一些环境意识较高的企业开始研发可降解的塑料包装，包括将回收的海洋塑料应用到生产中去。戴尔公司在2008年就开始使用回收再循环技术来生产新产品，2017年又推出了新型的塑料电脑包装盒，减少电脑生产和使用过程中的塑料垃圾。而一些饮料公司也开发了新型的包装瓶，这些瓶子包含部分回收的海洋塑料。另外，越来越多的公司致力于减少塑料制品的生产和使用，或者致力于开发和使用可降解、环保型的塑料制品，在生产和消费的过程中将塑料对环境的影响降到最低。这些大型公司的理念和行动，随着企业在全球的生产经营活动的开展而在全球范围内扩展，在实践中传播了先进的环保理念和生产方式，为减少塑料污染作出了积极的贡献。

六　全球海洋塑料垃圾治理中的中国参与

中国是塑料制品的生产和使用大国，同样面临着海洋塑料垃圾问题。随着海洋实力的快速增强与海洋强国战略的纵深推进，中国已成为全球海洋治理中的重要一员，在解决全球海洋问题、维护国际海洋法治、构建海洋命运共同体等方面发挥着关键作用。而在海洋塑料垃圾治理领域，中国的参与也是不可或缺的。综合考量实力、形势与目标等因素，笔者认为中国应以全球海洋塑料垃圾治理的践行者、推动者和引领者为角色定位，并在这一定位下提升自身的参与程度。全球、区域和国家层面不仅是梳理海洋塑料垃圾治理进展的分析视角，也是中国参与全球海洋塑料垃圾治理的三大抓手。中国应在这三个层面共同发力，以实际行动回应国际社会的期待，为全球海洋健康作出更大贡献。

多层次的行为体在应对全球海洋塑料污染方面可以发挥不同作用，这些不同层面的行为体共同行动，构建了一个国家政府与国际组织、非政府组织、企业参与者等行为体相互协作的常态化机制，共同应对全球海洋塑料污染问题。随着国际社会对全球海洋塑料垃圾问题关注度的提升，应对这一问题的行动的国际共识已经形成，一项应对全球海洋塑料垃圾问题的国际协议也有望在近期达成。在这一背景下，只要国际社会通力合作，积极地共同采取应对行动，海洋中的塑料污染就会逐步得到改善。相关国家应加大关于塑料制品使用的政策法规实施以及监管力度，严格规范塑料及微塑料的使用和处理措施，从源头上控制塑料废弃物向环境输入，在实现本国海洋微塑料污染有效治理的同时，更好地应对全球海洋治理形势的变化，实现海洋可持续发展。国际社会共同的行动，不仅是指国家采取行动，也包括国际组织、非政府组织、跨国公司等多元主体，构建立体化、多层次应对全球海洋塑料污染的国际机制，将海洋塑料污染问题从源头进行治理，在过程中加强管控，国际社会共同协力，实现海洋可持续发展的目标。

尽管新技术的发展不是应对海洋塑料污染的“万灵药”，但随着塑料循环利用技术的发展，以及生产可降解、环保型塑料产品技术的发展和相关产品的广泛应用，传统的塑料垃圾将会减少，塑料对环境的影响也会降低，这也是应对海洋塑料污染问题的重要措施。另外，随着人们环保意识的提高，人们对一次性塑料制品的需求和使用会逐渐减少，也会从个人消费者的层面大大减少塑料垃圾的产生。总之，全球海洋塑料污染问题的治理，需要不同层面的行为体行动起来，共同保护海洋的生态环境。

习近平主席在阐释“海洋命运共同体”的时候指出，我们要像对待生命一样关爱海洋。[①]“海洋命运共同体”理念是中国参与全球海洋治理的指导思想，不仅推动了全球海洋治理理念的发展，也为应对海洋塑料污染问题提供了新的思路。中国由于人口众多，对塑料制品的需求量巨大，是海洋塑料污染的主要“贡献国”之一。但近年来中国非常重视应对塑料污染问题，在减少使用塑料购物袋和一次性塑料制品的同时，在国家层面推动加强对海洋塑料污染问题的科学研究，并积极参与了国际上的多边和双边层面应对海洋塑料垃圾污染的国际合作行动，为全球海洋塑料污染治理作出了重要的贡献。另外，中国积极参与“蓝色伙伴关系”的构建，也是中国践行“海洋命运共同体”的重要举措，是推动国际社会共同应对全球海洋问题的行动。只有国际社会共同行动起来，才能有效应对全球海洋塑料垃圾问题，给未来世代的人们留下一个健康、可持续的海洋。

① 《习近平谈治国理政》第三卷，外文出版社，2020，第464页。

（一）立足自身：加大国内治理力度

中国的海洋塑料垃圾治理行动应首先立足于自身，加大国内治理力度，这是践行者角色的直观体现和首要要求。

我国内部的海洋塑料垃圾治理应当坚持科学路径与政策路径的协同配合，双管齐下。就科学路径而言，一是应加强对海洋科考和技术研发的支持力度，在项目分配、机构设置、人员配备等方面适度倾斜，探清海洋塑料垃圾及其与海洋生态系统的作用机理；二是应建立国内统一的海洋塑料垃圾监测、分析和评估技术标准，改进数据的精确性与可比性；三是应鼓励海洋清污设备和清洁替代材料的试验性研发，以抢占未来技术市场中的有利地位；四是科学界应着力在国际高水平期刊中发出中国声音，以坚实的科学研究驳斥恶意抹黑中国和夸大中国责任的言论，为中国的海洋塑料垃圾污染现状与治理成效正名。

就政策路径而言，当务之急是严格执行《关于进一步加强塑料污染治理的意见》，按期完成工作目标，并适时将“禁塑令”引入位阶更高的法律或法规之中，增强其约束力与强制力，从而在源头上减少塑料垃圾的数量。在塑料制品的使用与回收方面，应探索或扩大塑料瓶罐的押金退还制度、垃圾分类制度的实施范围，以促进塑料制品的集中处置，控制塑料垃圾的入海量。在海洋塑料垃圾的管控上，应尽快制订防控海洋塑料垃圾和微塑料污染的顶层设计或专项行动计划，并在沿海地区推行“湾长制”、海上环卫制度、蓝色海湾整治、“厦门模式”等行之有效的治理方式。通过建立起源头严防、过程严管、末端严控的完整闭环，提升中国的海洋塑料垃圾治理实效，夯实参与区域和全球海洋塑料垃圾治理的基础。

（二）强化周边：改善区域治理成效

中国毗邻的东亚海域和东南亚海域是全球海洋塑料垃圾污染的“重灾区”，治理压力极为繁重。于中国而言，应当在周边海域的塑料垃圾治理中扮演好推动者的角色，以区域治理成效的改善来消解全球海洋塑料垃圾治理中的主要矛盾。

东亚海域的环境治理机制比较成熟和健全，海洋塑料垃圾治理已被纳入区域海洋合作之中。下一步，中国应细化实施方案，及早启动实质性的多边治理行动，如实施海洋联合科考和海上联合执法、打造示范项目等。之后，中国可参考区域海洋环境治理中分立与综合相结合的“地中海模式”，推动相关国家共同制定具有约束力的区域公约，为海洋塑料垃圾治理增添硬性保障。此外，中国还应积极协调域内国家同联合国环境规划署、西北太平洋行动计划、东亚海环境管理伙伴关系计划等国际组织的合作关系，适当引入国际组织的力量并吸纳俄罗斯和朝鲜的参与，以拓展区域环境治理网络，汇聚多方治理合力。

相较而言，东南亚海域的塑料垃圾治理尚处于起步阶段，面临着资金不足、技术受限、合作匮乏、政策分歧等困境。为此，一方面，中国应妥善协调区域内各国的治理目标，凝聚各方共识，在“洋垃圾”、海上倾废等关键问题上形成相对一致的政策，并将海洋环境治理合作从南海争端中剥离出来，使其免受政治波动的影响；另一方面，中国应发挥好区域大国作用，将海洋塑料垃圾治理纳入“一带一路”建设海上合作、中国—东盟海洋环境保护合作机制等框架中，充分运用中国—东盟海上合作基金，在力所能及的范围内加大对东盟国家的资金、技术或设备援助力度，鼓励中国自然资源部第四海洋研究所等面向东盟的海洋科研机构扩大与东盟国家的科技交流，助推东盟国家治理能力的提升。

（三）带动全球：优化国际规制体系

在全球层面的海洋塑料垃圾治理中，中国应确立起引领者的角色，以自身的努力带动国际规制体系的优化和国际社会的共同行动。为实现这一目标，中国应重点在制定治理规则与提升政策优先级两个维度采取措施。

以硬法和软法为核心的国际规制体系是全球海洋塑料垃圾治理的主要手段，但硬法数量的不足与软法效力的有限严重制约着这一体系的顺畅运转。鉴于这一现状，中国应秉持超前意识，对海洋塑料垃圾治理的国际立法早做准备，尽早启动前期的立法调研、需求分析、意向沟通等工作，以引领未来的国际立法进程。在这方面，中国可参照《蒙特利尔议定书》的立法要义，倡导将应对海洋塑料垃圾污染的主导举措从废物管理和产品禁令转变为塑料行业的循环材料流，提高新造塑料和现有塑料的回收率，并争取将中国方案上升为国际规范。同时，中国需更加主动地作出自愿性承诺，支持国际组织的软法创设活动，切实履行与自身地位和能力相匹配的治理责任，为软法的推行作出表率。此外，中国还应积极引导国内的非政府组织和学术科研机构“走出去”，有序加入国际交往与合作中，增强非国家行为体在软法的制定、执行、监督和评估中的作用。

客观地讲，海洋塑料垃圾治理的政策地位并不如气候变化、海洋安全维护、深海资源开发等议题那么突出，但政策注意力的缺失也使中国面临着难得的机遇，中国可以通过多种途径提升该项议题的政策优先级。在这些途径之中，最为便捷的当属参考日本的做法，利用重大国际会议东道国的身份将海洋塑料垃圾议题列入会议议程之中，并促成实质性成果。于 2021 年 10 月和 2022 年上半年分两阶段在昆明举办的《生物多样性公约》缔约方大会第十五次会议是一个极好的契机，中国可在此次会议上将海洋塑料垃圾治理与海洋生物保护联结起来，推动各方明确海洋塑料污染物的控制性指标并将其纳入公约。另外，中国还可以将海洋塑料垃圾治理列为 21 世纪海上丝绸之路、蓝色伙伴关系、海洋命运共同体等倡议的重点合作领域，通过“一揽子”合作计划来倒逼各国加强对海洋塑料垃圾问题的重视程度和治理意愿。

总而言之，全球海洋塑料垃圾治理是一个新兴而紧迫的议题，国际社会虽已在多个层面采取了多项措施，但既有的治理资源、能力和效果仍与预期目标相去甚远。这印证了全球海洋塑料垃圾治理将是一个持续的过程，不会一蹴而就，也不会一劳永逸，需要各方主体的协同参与，久久为功。作为一个负责任大国，中国有意愿、有责任也有能力在全球海洋塑料垃圾治理中扮演好践行者、推动者和引领者的角色，为促进全球海洋的可持续健康发展、构建海洋命运共同体贡献中国智慧和中国力量。

生态政治视域下全球海洋生态治理困境与应对*

杨振姣　孙雪敏　王　娟**

摘　要： 进入21世纪，生态与政治的关联更加紧密。在生态政治视域下，本文从生态危机入手，对全球海洋生态危机进行概述，并在此基础上厘清全球海洋生态危机及其与政治危机的关系，分析了解决这一危机面临的现实困境，最后通过探究海洋生态问题在政治上的症结所在，进一步从机制、制度框架及生态政治理念三个层面提出解决海洋生态危机的对策。

关键词： 生态政治　全球海洋生态治理　全球海洋生态危机

引　言

全球海洋生态危机是21世纪人类面临的主要挑战之一。人类的生存和发展受到了海洋生态环境问题广泛和严重的威胁，国际社会对此也进行了广泛的关注。“现在，生态活动已不仅是个经济和技术问题，也是一个包含着政策主张与选择的政治问题。”① 将生态问题提升到政治高度，在生态政治

---

* 本文原载于《东南学术》2015年第6期。

** 杨振姣，历史学博士，中国海洋大学国际事务与公共管理学院教授，研究方向为全球治理、海洋政策；孙雪敏，中国海洋大学国际事务与公共管理学院博士研究生，研究方向为海洋管理；王娟，香港大学社会工作系研究生，研究方向为社会工作。

① 郇庆治：《自然环境价值的发现》，广西人民出版社，1994。

化视域下探究全球海洋生态治理的困境与应对策略，具有重要意义。

一　生态政治的缘起、发展脉络

工业革命带给我们生活上的便利，但同时也带来了“副产品”——空气污染、水污染、资源锐减等一系列生态问题。随着生态问题的日益加剧，作为有着独立思考意识的公民开始反思人与自然、社会与自然的关系。人们越来越关注自己生存的唯一家园——地球。正如俄罗斯学者 A. И. 科斯京所言，“全球尤其是生态的警钟让人们不得不去重新审视所有可能冲突的力量、原因和特点。一个重要的任务就是在对全球过程进行跨学科和政治学思考的基础上有意识地形成全球政治”①。

随着全球性生态危机和由此引发的生存危机日益加重，从 20 世纪 60 年代末开始，一场生态政治运动在世界各国尤其是西方发达国家愈演愈烈。20 世纪六七十年代西方工业国家的工业危机引发了环境保护运动，揭开这场运动序幕的是当时包括雷切尔·卡逊的《寂静的春天》等一系列生态学专著。1972 年，随着联合国《人类环境宣言》和罗马俱乐部研究报告《增长的极限》的发表，各国纷纷把解决生态危机问题纳入政府的政策议程，普通民众的生态危机意识也逐渐开始觉醒。20 世纪 70 年代以后，世界各国把“地球日”“世界环境日”等作为契机不断唤醒和加强民众的生态危机和环境保护意识。1981 年，美国经济学家莱斯特·R. 布朗在《建立一个可持续发展的社会》一书中首次提出的“可持续发展”概念与联合国世界环境与发展委员会于 1987 年发布的研究报告《我们共同的未来》共同为可持续发展战略的提出奠定了基础。1992 年在巴西召开的联合国环境与发展大会上，提出了全球性的可持续发展战略，它为各国应对和解决全球性生态危机提供了重要的国际制度框架。20 世纪 90 年代，生态学马克思主义的生态危机理论

① 〔俄〕A. И. 科斯京：《生态政治学与全球学》，胡谷明、徐邦俊等译，武汉大学出版社，2008。

在批判资本主义制度的基础上探寻生态危机的根源，产生了广泛而深远的影响。另外，在生态政治运动的推动下，20 世纪 80～90 年代发达国家和发展中国家纷纷建立了众多生态组织和生态绿党（简称生态党或绿党），生态政治学和政治生态学等新兴交叉学科开始形成，传统政治发展观逐渐转变为政治生态发展观。从此，在生态政治化的背景之下，全球性生态问题的解决向各国提出了新的挑战。

二　全球海洋生态危机的原因和特点

进入 21 世纪，面对日益严重的生态危机，越来越多的学者深入研究生态危机，许多学者从冲突的角度来理解，例如，生态危机是指人类改造自然活动与调节生态环境平衡之间产生冲突，是生态系统的失衡状态，是指“急剧增长的人类社会改造自然界的活动与协调整个生物圈不同层次间的动态平衡并威胁到自然系统中不可逆转的变化的过程之间所表现出来的冲突”①。又有学者在与生态灾难的比较中界定生态危机，认为生态危机与生态灾难相关联，生态指数显示接近灾难性的生态状况，而且难以迅速采取必要措施，生态危机就会向生态灾难转变。也侧重强调了其影响的广泛性，生态危机在规模、严重程度和影响力上具有地区性和跨地区意义，会影响到国家甚至整个世界。有学者认为生态危机概念是与“生态失衡”概念相联系的。1949 年，美国学者福格特首次提出“生态失衡”的概念，② 他把由人类对自然环境的过度开发引起生态条件的恶化所导致的不利于人的生存与发展的现象，概括为“生态失衡”。生态危机实质上就是指生态系统的一种失衡状态，指这个和谐有序的生命系统由于外力干扰特别是人的活动而产生的严重不协调。③

① 〔俄〕A. И. 科斯京：《生态政治学与全球学》，胡谷明、徐邦俊等译，武汉大学出版社，2008。

② 〔美〕威廉·福格特：《生存之路》，张子美译，商务印书馆，1981。

③ 〔美〕詹姆斯·奥康纳：《自然的理由——生态学马克思主义研究》，唐正东、臧佩洪译，南京大学出版，2003。

结合前人对生态危机和全球危机所下的定义，笔者将全球海洋生态危机的含义概括为：全球海洋生态危机主要是指人类对海洋生态系统中物质和能量的不合理开发、利用超越了海洋自身的承载力，致使海洋生态系统的结构和功能失衡，最终可能导致整个海洋生命系统对环境的适应力下降并与人类改造的活动相互冲突，从而给人类自身的生存和发展带来全球范围内的灾难性危害的现象。这就意味着人类急剧增长的经济活动超过了全球海洋生态体系的承受能力并破坏了全球海洋生态环境的稳定性，即导致了全球海洋生态危机。

（一）全球海洋生态危机的原因分析

当代全球海洋生态危机的严峻形势向我们提出了挑战，我们需要深刻反思全球海洋生态危机产生的根源所在。鉴于此，笔者从人与自然的关系、人与人的关系两个维度剖析海洋生态危机的原因。

1. 人与自然关系方面

在传统的人类中心主义的价值观作用下，人类将自己视为万物的主宰，一味地向自然索取。海洋是人类获取资源的主要来源之一。海洋生物是人类重要的海鲜食品。19 世纪中期海洋捕鱼量增长了 9 倍而且还在持续上涨。据统计，1949 年捕鱼量为 2000 万吨，1964 年为 6400 万吨，而到了 1980 年上涨为 7200 万吨。进入 20 世纪，随着科技的进步，包括海洋渔业、海洋交通运输业、海洋油气业、滨海旅游业等在内的海洋产业蓬勃发展，给人类带来巨大经济收益，但同时由于人类过度追求经济的高速增长而忽视了海洋生态环境承载力与海洋经济的可持续发展，海洋环境的污染程度超越了海洋自身的净化能力，人类对海洋资源的攫取程度也超过了海洋的承载力，最终引发了海洋环境污染、生物多样性锐减、海洋自然资源安全、海洋能源安全等全球性海洋生态危机。

2. 人与人的关系方面

布克钦曾说："所有的生态问题均植根于社会问题。"① 他指引我们通过

① Murray Bookchin, *Remaking Society*, Montreal, Quebec: Black Rose Books, 1989.

审视社会领域来寻找生态问题的症结所在。人与人之间在资源占有、社会力量、交往身份等方面总是存在一种地位上的“势差”。因而，一部分人成为支配者，而另一部分人成为被支配者。[①] 正是这种人与人之间的“势差”，使不同的人在享受环境所带来的好处以及保护生态环境的权责分配上存在差异。布克钦明确指出：“如果不彻底地处理社会内部的问题，我们就不可能清楚地理解目前的生态问题，更不可能解决生态问题。”[②] 发展中国家与发达国家由于在经济实力、资源占有方面存在“势差”，双方在全球环境治理方面的责任和义务确定问题上存在分歧。发达国家忽视自己的发展是建立在对包括海洋在内的生态环境的污染基础之上的，一味要求发展中国家承担责任，这种责任分歧降低了治理的效率，同时模糊了问题的焦点：协商共同治理环境还是划分责任与义务。生态环境的恶化最终会导致南北国家的资源枯竭，加剧各种冲突并且阻止合作性解决方案的发展。[③] 不同国家对生态问题的价值判断不尽相同，这种“南北争论”进一步加剧了全球海洋生态危机。

（二）全球海洋生态危机的特点

1. 跨国性

全球海洋生态危机的跨国性特点是由两方面因素导致的，其一，是由自然因素导致的，海洋具有流动性以及全球海洋生态系统的统一性和整体性，使得跨国污染成为一种可能。其二，是由人为因素导致的，由于工业化的扩展、经济全球化的影响，全球环境日益一体化，一国将在本国处理费用高昂或危险的各种废物通过国际贸易等方式越境到其他国家或直接向海洋倾倒污染物，更加剧了全球海洋生态危机的跨国性。

---

① 李义天：《地区共同体：生态政治学的处方及其问题》，《南京林业大学学报（人文社会科学版）》2008 年第 2 期。

② Murray Bookchin, “What Is Social Ecology,” in Michael E. Zimmerman (ed.), *Environmental Philosophy*, Prentic Hall, 1993.

③ Thomas F. Homer-Dixona, “On the Threshold: Environmental Changes as Causes of Acute Conflict,” *International Security*, 16 (1991): 77-78.

2. 外溢性

海洋生态环境具有世界公共物品的属性，这意味着全球海洋生态危机不可避免地具有外溢性特点。这种外溢性体现在：①在规模、波及范围上，一国发生海洋生态危机，如果得不到及时有效的遏制，将会对周边国家产生威胁。②全球海洋生态危机不仅可能对自然生态系统的可持续发展产生影响，而且可能导致国家之间的冲突，比如环境难民引发的政治危机和社会危机等。

3. 潜伏性与不可逆转性

全球海洋生态危机的出现是一个累积的过程，人类的生活垃圾、工业废料、化肥农药，大都通过河流带进了海洋。这种潜在的危险如果超出了海洋生态系统自身所能修复的阈值，最终将导致全球海洋生态危机。然而，危机一旦爆发，将难以修复海洋生态系统。据估计，1989 年 3 月 24 日的“埃克森·瓦尔迪兹”号油轮漏油事故造成大约 28 万只海鸟、2800 只海獭、300 只白头海雕以及 22 头虎鲸死亡，造成了灾难性环境后果，这有力体现了全球海洋生态危机的不可逆转性。

三　厘清海洋生态危机与政治危机之间关系

海德格尔曾说：“人不是存在者的主宰，人是存在的看护者。”① 但近现代以来，人类无形中把征服自然作为自己的使命，成为环境污染的制造者。人与自然的关系失衡，不单纯是生态环境的恶化，人类社会、经济、文化的发展都受到了严重制约。生态危机如果得不到及时有效的遏制，生态问题就会迅速蔓延并进一步恶化。其不仅会影响整个自然生态环境的可持续发展，还对国家安全和政治安全造成威胁。

美国学者罗豪尔特认为，危机是指对一个社会系统的基本价值和行为准则架构产生严重威胁，并且在时间压力和不确定性极高的情况下必须对其作

① 转引自宋祖良《海德格尔与当代西方的环境保护主义》，《哲学研究》1993 年第 2 期。

出关键决策的事件。全球海洋生态危机具有跨国性与蔓延性特点，需要各国面对危机时能迅速作出反应，将损害降至最低，这对国家的治理能力提出了挑战。“非传统安全问题具有潜在性、突发性、扩散性和一时难控等特点，通常以危机的形式呈现出来，对政府的治理与控制能力极具挑战性。”[①] 在全球化的视野下，海洋生态危机的跨国性、持续性、不可逆转性表现得尤为突出。一次恶性海洋生态危机的发生，对一个国家的安全与发展所造成的破坏极有可能超越一场军事战争。

目前在一些生态环境破坏严重的地方，已经出现生态难民。生态难民是生态环境破坏和环境污染导致的失去生存基础而被迫逃离的居民。例如，由人类对地球环境的破坏、生态失衡而造成的温室效应导致全球海平面上升，南太平洋岛国图瓦卢不得不举国移民新西兰。大量生态难民的迁徙，不仅对本国政治统治造成威胁，同时也破坏了别国正常的社会秩序和生存方式，进而引发国际政治格局的变动。

环境破坏成为影响国家间冲突的新的变量，可能导致更多源于资源的战争，进而影响全球政治格局。20 世纪 90 年代和 21 世纪初，中东地区的冲突在很大程度上和石油有关。随着海洋生态危机形势的进一步加剧，世界各国因海洋资源和海洋权益引发的冲突不断升级，全球海洋生态政治化成为世界海洋政治新的议题。当前南海争端问题凸显，一方面由于南海地处太平洋和印度洋之间，战略地位优越；另一方面反映了南海周边国家对海洋资源争夺和开发的重视。近年来，海洋资源的经济和重要性显得越发突出，部分原因是世界人口和经济生产的稳步增长，使人们对海洋资源的开发越来越迫切。海洋空间，从海底到海面都被看成可以为不断增长的人口提供必需资源的地方。然而，随着海洋经济作用的不断增强，南海渔业资源不断遭到破坏。最近的一份中国调查表明，在南沙群岛北部的捕鱼量已经逐渐减少，渔业资源在 10 年之内将因非法和过度捕捞而耗尽。对海洋资源的无限制开发和利用，将会引发海洋资源锐减，如果对这种危机的恶

① 徐华炳：《以危机机制应对中国的非传统安全问题》，《求索》2005 年第 2 期。

化态势不加遏止的话，海洋生态危机将会导致海洋生态安全受到威胁，各国由争夺资源而导致的摩擦和冲突将会越来越频繁。我们看到的海洋环境污染、海洋资源短缺等无不是海洋生态危机的表面现象，由此引发的潜在的政治动荡更应该受到重视。如果不把海洋生态环境问题提到国家政治战略高度来考虑，本可避免或可控制的一些海洋生态危机事件，最终很可能演化成政治灾难。

某种问题一旦上升到政治高度，在各国政策议程选择上就拥有了优先地位。在某种意义上讲，全球海洋生态问题导致了全球海洋生态危机，生态危机又成为公民生态政治运动的源动因和基础，将海洋生态危机作为政治范畴并纳入政治家的视野，把全球海洋生态问题上升到政治层面即可称之为全球海洋生态政治化。生态政治化意味着解决生态问题是政治进程的无上命令。在生态政治化的背景下，我们应认识到解决全球海洋生态危机势在必行。首先，海洋生态问题对国内政治安全构成了潜在的威胁。直接威胁是显而易见的，间接威胁侧重强调由海洋生态环境恶化所引起的对国家统治合法性地位的冲击，甚至会引发严重的政治危机和社会危机。其次，海洋生态危机还会成为国家间冲突的新的变量。最后，海洋生态危机如果不能有效解决，将有损国家生态形象。从环境角度来诋毁中国的形象，这是西方霸权主义的新的表现形式，对此我们不得不有所应对。我们应该看到，生态危机的解决，一方面可以造福于本国国民，另一方面也有利于树立良好的大国形象。

四　全球海洋生态治理面临的困境

全球海洋生态危机无论是在规模、波及范围，还是其影响后果方面都具有明显的跨国性。这就需要包括发达国家与发展中国家、国家行为体与非国家行为体在内的各个利益相关者，共同致力于营造良好的全球海洋生态环境，实现人与自然的和谐、统一。然而，正如先哲亚里士多德所言，凡是属于最多数人的公共事务，常常是最少受人照顾的事务，对于公共的一切，他至多只留心其中与他个人多少有些相关的事务。[①] 在实践层面，海洋生态环境的治理是全球性公共物品，不同利益主体相互博弈，难以有效地化解危机。笔者从以下四个方面来剖析在全球海洋生态治理的过程中面临的各种挑战和困境。

（一）发展中国家与发达国家间的责任分歧

不同国家在应对全球海洋生态危机所带来的挑战时，在责任分配方面存在不公平现象，而这种不公平进而导致责任赤字或责任不足。发展中国家与发达国家由于在自身经济发展程度、综合国力等方面存在差异，双方在影响全球海洋生态政策的出台过程中权利不均衡，手中掌握的资源也相差甚远，具体体现在海洋生态危机的全球治理中涉及公平与民主核心内容的基本赤字上。发达国家忽视自己的发展是建立在对包括海洋在内的生态环境的污染基础之上，只是单纯地要求发展中国家应承担责任，这使得在全球海洋生态危机的应对中，“南北争论”成为一个重要障碍。各国受利益驱使很容易陷入集体行动的“囚徒困境”。集体行动的“囚徒困境”在全球性公共产品的提供中屡见不鲜，相比国内公共产品的提供面临更多挑战。

（二）主权国家与国际社会间的利益博弈

主权国家与国际社会之间的利益博弈主要表现在国家主权被削弱的程度的问题上。在全球治理的理念下，解决海洋生态危机，需要主权国家让渡一部分国家权力给国际社会力量（包括政府间国际组织、国际非政府组织、公民等），使国家行为体和非国家行为体可以在治理全球海洋生态危机时发挥各自的作用，共同维护人类的长远利益。然而，在这种情况下，国家主权受到多方削弱，势必会造成对国家主权的冲击。在传统的国际体系中，应对全球性危机时，主权国家是唯一的权力中心，而20世纪90年代应运而生的

① 〔古希腊〕亚里士多德：《政治学》，吴寿彭译，商务印书馆，1965。

全球治理理念倡导多元主体共同参与，需要主权国家释放更多的政治和社会空间。主权国家和国际社会之间的长期博弈，降低了各自在危机解决中的作用和地位，双方只有从博弈走向合作才是明智的选择。

（三）不同区域之间的利益分歧

海洋生态环境的公共性、流动性、复合性等特点决定了跨区域进行海洋生态危机合作治理的可能性。而且，全球海洋生态危机的有效解决在很大程度上得益于在地区层面及时对潜在的威胁进行遏制，及时化解和消除全球性危机，降低治理成本。然而，在实际应对危机时，不同区域具有不同的利益取向，从而表现出不同的行为选择。正如日本学者宫本宪一所言，环境具有共同性和非排他性，但同时也具有区域固有财产的性质。该性质对于海洋环境而言表现在，不同区域享受海洋所带来的经济和社会效益程度不同，对于海洋环境的保护和海洋危机的解决表现出的价值取向就不同。因此，我们看到，对许多海洋生态资源的（掠夺性地）开采和占有，是区域性政治共同体“出于自身战略地位的安全考虑，为了比其他的共同体更占优势、更为强大而进行的”[①]，从而使全球海洋生态危机的解决面临来自区域层面的巨大挑战。

（四）发展经济与保护海洋生态环境间的失衡

“不增长就死亡”的论调在很大程度上促使人们片面追求经济的高速增长，而忽略了经济发展与保护海洋生态环境之间的统一，导致海洋生态系统的结构和功能失调以及海洋生命维持系统的瓦解。在可持续发展战略的倡导下，我们应顺应自然、尊重自然。我们不能采取只知索取不懂回报式的疯狂开采模式，而应更多地着眼于长远利益，保护海洋生态，实现人与自然的可持续发展。在发展经济与保护海洋生态环境之间的博弈中，如果人类一味地

① 李义天：《地区共同体：生态政治学的处方及其问题》，《南京林业大学学报（人文社会科学版）》2008 年第 6 期。

通过掠夺海洋来获取经济收益，那么“经济的负外部性”将使我们面临难以抵抗的巨大的生态灾难。

五　全球海洋生态危机的解困之路

全球海洋生态安全是维持世界和平与持续发展的关键。确保世界和平是《联合国宪章》的宗旨和目的，也是全人类共同的愿望。然而，随着全球人口数量的增加，对空间、资源、食物等的需求也不断增加，这给海洋和其他生态系统带来的压力越来越大。因此我们不仅要认清全球海洋生态环境面临的严峻形势，而且要意识到各国应从对全球海洋生态破坏的现状中警醒，认识到肆无忌惮地破坏海洋生态系统的危害性，共同治理被损坏的海洋生态环境。

（一）国际范围内合作机制和危机管理机制的建立

联合国环境规划署（United Nations Environmental Program，UNEP）执行主任克劳斯·托普弗（Klaus Toepfer）曾经指出，海洋不是分散的共同体，而是创造新共同体的空间。这一方面强调了海洋不能按照人为标准进行划分的自然环境特征；另一方面表明保护包括海洋生态系统和海洋生物资源在内的多样化海洋资源，必须加强共有海洋的国家之间的合作。基于海洋流动性和海洋生态系统整体性的特点，海洋生态危机一旦发生，世界上很多国家会受到影响。在海洋生态政治化的背景下，海洋生态安全需要包括主权国家、非国家行为体等多元主体的共同维护，仅仅依靠单一的政府主体难以解决复杂的海洋生态危机。据此，应构建全球范围内的合作机制和危机管理机制来共同应对全球海洋生态危机。

首先，倡导建立多元化主体的合作机制。一方面，生态系统是没有政治区划和国家边界的，海洋生态问题更不会只停留在某国内部而不影响其他国家。因此，对于主权国家而言处于同一生态圈的各国应致力于建立相互合作、相互依存的安全机制，共同应对海洋生态危机。巴克斯特指出：“人类政治结构的缺失——将会妨碍人类处理作为生活在生物圈中的一种动物物种所面临的严峻的问题、生命的威胁、生命的变化无常。……在满足生命需要的过程中，没有相关的政治组织来管理和控制人类作用于生物圈的行为，人类迟早要耗尽生命的支持系统。”[①] 因此，“我们需要一些机制来对那些‘相互联系性’给予应有关心，并且在追求生态正义的过程中，确保人类的协调努力贯穿整个生态圈”。[②] 总之，主权国家应致力于建立国际合作机制，推动多数国家共同参与，积极应对全球海洋生态危机。

另一方面，我们应意识到“全球市民社会”（Global Civil Society）在海洋生态治理中的重要作用。美国国际环境政治学家让尼·利普舒兹（Ronnie D. Lipschutz）认为，全球市民社会是一种“跨越边界空间的知识和行动网络”，非政府组织和社会运动是它的重要内容。全球市民社会作为一种与国家相对应的领域，它“否定国家的最高权力或主权权利可以凌驾于个人和公众的主权权利之上”，它之所以是全球的且不同于国内市民社会，“不仅是因为那些联系穿越了国界并在全球的、非领土的区域运作”，更因为它是“全球市民社会成员据以行动的全球意识日益增长的结果”。[③] 解决全球海洋生态问题的关键是提高世界统一社会的组织性和可控制性。那么通过国家让渡部分主权给国际非政府组织（INGOs）、跨国社会运动（Transitional Social Movements）等全球市民社会力量，从而使全球市民社会建立起由当地到地区、全球层面的网络组织体系，形成一种自下而上的全球化（globalization from below）。这可以弥补传统的以民族国家为基础的国际体系在应对和解决全球海洋生态危机时的无能为力。因此，全球市民社会无疑是国际范围内合作机制的又一重要行为体。

其次，由于全球海洋生态危机具有跨国性、外溢性、潜伏性和不可逆转性，所以各国不仅需要建立合作机制，还应采取危机管理的方式方法，建立起全球海洋生态危机管理机制。当今时代的危机管理是指个人或组织为了预

---

① 〔英〕布赖恩·巴克斯特：《生态主义导论》，曾建平译，重庆出版社，2007。

② B. Baxter, *Ecologism: An Introduction*, Edinburgh: Edinburgh University Press, 1999.

③ 蔡拓、刘贞晔：《全球市民社会与当代国际关系（上）》，《现代国际关系》2002 年第 12 期。

防危机的发生或减轻危机所造成的损害，尽早从危机中恢复过来，针对可能发生的危机采取的管理行为。从危机管理的角度需要用到行政、经济、法律等多种手段，各国应建立起一套统一完善的国际应急管理预警机制、信息公开机制、评价和监督机制，从而在提高危机管理水平中改善国家的治理能力、预防和控制危机的能力。

“凡事预则立，不预则废。”全球海洋生态危机的潜伏性和突发性，使危机一旦爆发，往往“牵一发而动全身”。因而各国应该未雨绸缪，建立起一整套能应对全球海洋生态危机的预防性合作机制。危机的全过程一般包括潜在、爆发、高潮、转化和消融等阶段。相应地，全球海洋生态危机管理机制包括危机预警机制、信息透明机制、危机反应机制、危机控制处理机制、危机善后救助机制、舆论监督机制、部门协调机制。各国在全球海洋生态危机应急管理机制的指导下，可以迅速处理突发性事故，保护可持续发展的成果。

（二）相关制度和法律的构建与完善

全球环境变化和生态环境问题对现有政治经济结构的挑战，向我们提出了世界重新设计与组织的严肃课题。为此，我们需要探究全球海洋生态问题在政治上的症结所在，进一步提出有效解决全球海洋生态危机的对策。否则，环境问题只能停留在经验的层次上，甚至不能成为一个话题。

在解决全球海洋生态危机时，应尝试通过一种新的政治构思——构建起公民为维持生态可持续性而参与政治生活的行为规则与规章的框架，使公民将决策权掌握在自己手中，“有权利，也有责任去挑战非持续性”①，有资格也有能力“介入政治以及其他形式的抗拒和反对环境恶化的结构性原因与不可持续性实践的非环境因素的斗争”②。通过建立有效的公众参与决策机制和决策制度，完善和公开决策程序，为公众更好地参与全球海洋生态危机的相关政策的制定提供畅通渠道，从而避免决策的盲目性，提高决策过程的

① 〔英〕约翰·巴里：《抗拒的效力：从环境公民权到可持续公民权》，张淑兰译，《文史哲》2007 年第 1 期。

② 郇庆治主编《环境政治学：理论与实践》，山东大学出版社，2007。

透明度。

同时，还应加强《联合国海洋法公约》等相关法律法规的建立和完善。当代国际生态安全保护的法律渊源事实上就是国际环境保护的相关法律法规。国际生态环境安全制度应当从全人类共同安全的高度，致力于国际环境保护法规和机制的发展与完善，反对和警惕国际生态环境安全保护的单边主义倾向。因此我们应该广泛开展全球海洋生态环境保护领域的交流与合作，进一步完善与海洋生态危机相关的法律制度和国际公约。

（三）加强生态政治理论和海洋生态安全的研究

生态安全是环境问题与安全问题结合形成的一种新概念，属于非传统安全的范畴。生态问题日益恶化所引起的环境安全问题正日益得到国家和社会各界的重视，学术界相关研究成果也逐步增多。目前对与环境安全相关的一系列问题尽管尚未达成统一认识，但唤醒了人们的环境安全意识，使生态安全成为世界各国普遍关注的话题。

国内外学者从各自不同的研究领域对生态政治理论进行了深入探索，得出了许多关于生态政治理论的成果，为我们在新形势下有效应对与化解生态危机提供了重要的借鉴。但从根本上说，国内外学术界对生态政治理论的研究仍存在不足之处。一是更多学者偏重于宏观层面的研究，学理意味浓厚，缺乏具体的实证分析，提出的一些政策措施缺乏可行性；二是缺乏多学科的综合研究，对生态政治理论从心理学、伦理学、历史学等视角进行探讨的成果较少。我们还应进一步加强生态政治理论和海洋生态安全的研究，为有效解决全球海洋生态危机提供理论依据。

（四）生态政治理念的开启

人与自然的关系是复杂而多向度的，人的自由的实现永远不会摆脱自然规律的限制，但又不能仅仅止于此。在生态政治化的背景下，解决全球海洋生态危机需要我们揭露危机的根源，并在此基础上建立一种同海洋生态环境的良性运转相匹配的生态政治理念。

笔者认为，首先要树立整体价值观。这种整体价值理念要求人们在处理人与自然的关系时把人类置于整个自然系统中，把握人与自然、人与人的关系，最终在人与自然平等、和谐关系的基础上，在实现不同伦理共同体的生态和谐的基础上，实现人类与自然的健康发展。海洋是一个统一的生态系统，相比于分割明确的主权国家的领土划分，更具连贯性、完整性。这意味着，我们应用一种整体价值观，重新审视人类与海洋之间的关系。人类共有一个地球，人类具有根本利益的共同性。当代人所面临的全球海洋生态危机涉及超越国家利益的全球整体利益，这就需要人们树立整体价值观，变革以前各国孤立地管理自然资源和发展经济的传统模式，寻求国内和国际的合作。

其次，要遵循可持续发展的理念。对于寻求生态和社会正义的 21 世纪的人们来说，可持续发展是必然的选择。具体来讲，可持续发展的理念包括发展的可持续性、发展的共同性、整体利益相一致，以及发展的公正性。作为这一社会的基石，我们应该看到，可持续性不仅意味着尊重自然环境，而且意味着公平分配经济的和社会的报酬和机会，这样，所有人都能休戚与共地奔向未来。生态政治理念遵循可持续的发展模式，开启了解决全球海洋生态危机的方向，并指引我们用发展的眼光实现人类与海洋的可持续发展。

再次，要建立民主协商、平等参与的新型合作理念。尊重各国维护自身利益的合理要求，从而达到互惠互利、共同解决全球海洋生态危机的“双赢”目的。在全球化日益发展的新形势下，各国应逐渐从以前排斥他国获益的“零和博弈”思想演变为“双赢、共赢”的理念，强调沟通、协商、配合、协作的和谐观念，顺应时代的发展潮流；同样，随着全球海洋生态环境依存度的提高，国际合作更加密切，“和谐世界”被各国接受的基础也就更加广泛和深刻，越来越多的人会发现和谐世界不是乌托邦。国际合作的发展与完善，为和谐世界的建立提供了契机，只要我们共同努力、顺应时代潮流和国际形势，地球也能成为一个和谐的世界。

当代世界环境治理的变迁可以通过表 1 体现出来。在应对全球海洋生态危机时，建立起国际范围内的合作机制，既可以顺应世界环境治理变迁的趋势，也可以为主权国家和全球市民社会搭建一个平台，从而更加顺利地实现全球性环境问题的治理。

表 1　当代世界环境治理变迁

	私有部门	公共部门	第三部门
跨国的	跨国公司	政府间国际组织	NGO
国家的	全国性公司	20 世纪的模式	国内非营利组织
次国家的	地方企业	州级—地方政府	地方团体

最后，要树立起公民参与的政治理念。在生态政治化的背景下，解决全球海洋生态危机，除了政府这一重要的参与主体，更重要的是公民的积极参与。正如丹尼尔·A. 科尔曼所言："能否以民主的方式赋予公民实现变革的力量，这就决定了我们能否把对地球的爱护转化为实际的行动。"① 为此，必须倡导建立公民参与的政治理念。在应对和处理危机的过程中，应用一种整体思维方式，改变公共政策和公民行为中零散、片面的思维方式。应不断提高公民的海洋安全意识、参与意识，并且要切实提高公众对政府决策的知情权、参与权和监督权，使公民切实参与到海洋生态安全政策的运作过程中，促使全球责任内化为公民的个人责任和行为准则，从而让公民真正践行"胸怀全球，行于当地"的原则。

六　结语

为了使海洋资源和海洋环境得到永续利用，人类必须确保全球海洋环境的安全。人与海洋之间的矛盾激化必将影响人与人、国家与国家之间的关系，因此，应该从生态政治的角度审视国际关系和国家安全。当代生态政治

① 〔美〕丹尼尔·A. 科尔曼：《生态政治——建设一个绿色社会》，梅俊杰译，上海译文出版社，2002。

无疑将进一步走向政治的中心。在生态政治视域下，探究全球海洋生态治理困境的应对策略顺应人类文明发展的潮流，是人类对自身与自然界关系认识的一个深化和飞跃。生态政治学是立足全球放眼未来的一种理论，必将具有强大的生命力和广阔的发展前景，对于指引我们更好地推动解决全球海洋生态治理困境具有重大的借鉴意义。

“四轮驱动”推进蓝色伙伴关系建设的路径选择*

姜秀敏**

摘 要： 蓝色伙伴关系是中国提出的“全球伙伴关系”在海洋领域的新延展，是以人类命运共同体理念为基础的理念和实践深化，是中国积极参与全球海洋治理体系改革和建设的重要抓手。针对蓝色伙伴关系构建面临的困境，本文提出四条路径来推动蓝色伙伴关系构建：以常态化合作论坛为政治基础；以中国国际进口博览会为经济平台；以各国民意交流为文化基石；以国际法律法规为保障。通过构建蓝色伙伴关系来进一步推进合作共赢的海洋合作开放体系，增强各国认同感，最终实现海洋命运共同体的终极目标。

关键词： 蓝色伙伴关系 全球海洋治理 进博会 海洋命运共同体

蓝色伙伴关系是中国应对新形势下全球海洋治理体系变革的“中国方案”，是中国全方位外交布局中的重要一环，能够为各方共同参与、各国共

* 本文得到国家社会科学基金项目“国家海洋治理体系构建研究”（项目编号：17ZDA172）和辽宁省百千万人才工程百层次人才项目资助。本文以《“四轮驱动”推进蓝色伙伴关系建设的路径分析》为题原载于《创新》2020 年第 1 期。

** 姜秀敏，法学博士，中国海洋大学国际事务与公共管理学院教授，教育部人文社会科学重点研究基地中国海洋大学海洋发展研究院高级研究员，青岛市公共管理研究会常务理事，研究方向为政府治理与改革、绩效管理、海洋战略、国际问题等。

同发展搭建互助合作的平台。但由于蓝色伙伴关系理论研究尚不成熟，海洋合作缺乏有效抓手，并不能有效地将理论与具体的、深层次的实践合作相结合，旧的全球海洋治理格局正在调整，新型全球海洋治理机制尚未建立，蓝色伙伴关系构建还面临着诸多问题和挑战。因此，本文以蓝色伙伴关系构建为研究主题，深入探讨以中国国际进口博览会为平台，从政治、经济、文化和法律四个层面进行分析，尝试为蓝色伙伴关系的构建提供一条新思路，推动国际海洋秩序和全球海洋治理体系朝着更加公正合理的方向发展。

一　蓝色伙伴关系的内涵和意义

当今时代海洋领域纷争不断，国际社会期待更为公平、包容、合理的新型全球海洋治理体系。2017 年 6 月，国家海洋局在联合国海洋可持续发展大会上提出了“构建蓝色伙伴关系”“大力发展蓝色经济”“推动海洋生态文明建设”三大倡议，[①] 不仅为全球海洋治理提供了新的方案，也明确了构建蓝色伙伴关系的任务和地位。在此次大会上，中国政府首次提出的“蓝色伙伴关系”以开放包容、具体务实、互利共赢为主要目标，推动构建更加公平、合理和均衡的全球海洋治理体系；[②] 2017 年 11 月，中葡双方政府部门签署关于建立蓝色伙伴关系的概念文件及海洋合作联合行动计划框架；2019 年 9 月，中欧蓝色伙伴关系论坛在布鲁塞尔召开，蓝色伙伴关系的概念越来越受到国际社会的关注，引起越来越多的共鸣。蓝色伙伴关系是对新时代全球海洋治理体系变革和挑战的回应，是中国以发展和创新的眼光提出的时代响应。

（一）蓝色伙伴关系的内涵

蓝色伙伴关系是“一带一路”倡议的重要补充，是“一带一路”倡议

① 《中国政府倡导在各国之间构建蓝色伙伴关系》，http：//finance. jrj. com. cn/2017/11/03224323334933. shtml。

② 朱璇、贾宇：《全球海洋治理背景下对蓝色伙伴关系的思考》，《太平洋学报》2019 年第 1 期。

下的新型合作模式和重要组成部分，是健全海洋治理体系现代化的重要途径。蓝色伙伴关系的重点在于“伙伴关系”，包含不同国家、国际组织、企业等不同层次的多元主体，是为了共同的治理目标而相互协作的一种国际合作形式。①

蓝色伙伴关系是以人类命运共同体理念为基础的进一步深化。人类命运共同体理念是中国在实践中国梦的同时对当前人类社会所面临困境的思考和对策，是对人类未来发展提出的中国方略。人类命运共同体包含三层内涵：一是建立以经济发展为内容的物质共同体；二是推动以繁荣各民族国家文化为目标的文化共同体；三是推动构建以人的自由发展和依赖关系为表现形式的社会共同体。人类命运共同体理念的内涵要求是积极参与国际事务，与多国进行广泛的交流与合作，这与蓝色伙伴关系有着内在的逻辑联系。蓝色伙伴关系构建，需要秉持人类命运共同体理念，以蓝色可持续发展为目标，在海洋领域内进行积极的交流与合作。② 在新型海洋治理体系中，“构建蓝色伙伴关系”、“大力发展蓝色经济”和“推动海洋生态文明建设”三者的界限并不明确。蓝色伙伴关系构建虽然更侧重于外交层面，但其在经济领域和生态文明领域均有所涉及，三者之间相互交融，共同促进新型全球海洋治理体系构建（见图 1）。

（二）蓝色伙伴关系构建的意义

蓝色伙伴关系是中国提出的全球伙伴关系在海洋领域的新延展，是新型全球海洋治理体系中政治与外交层面的表达。蓝色伙伴关系最典型的案例是中俄冰上丝绸之路合作，两国以互利共赢的原则增强中俄合作的内在动力，以负责担当的态度增强大国影响力，以可持续的路径发展周边海洋命运共同体，积极有效地推动新型全球海洋治理体系的构建。

① 侯丽维、张丽娜：《全球海洋治理视阈下南海“蓝色伙伴关系”的构建》，《南洋问题研究》2019 年第 3 期。

② 姜秀敏、陈坚：《论海洋伙伴关系视野下三条蓝色经济通道建设》，《中国海洋大学学报（社会科学版）》2019 年第 3 期。

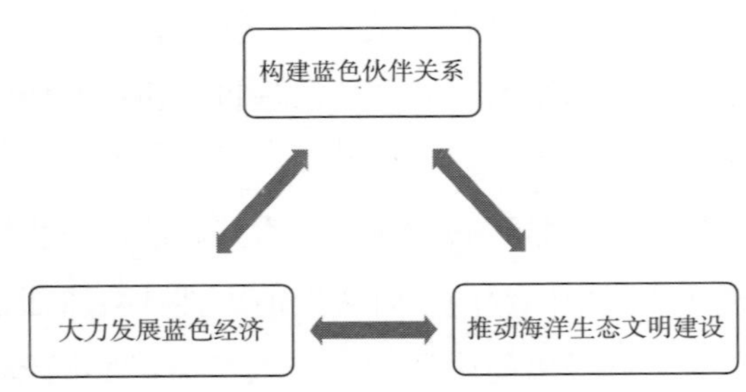

图 1　新型全球海洋治理体系中三者的关系

1. 蓝色伙伴关系构建是中国参与全球海洋治理体系的关键途径

全球海洋治理失效的根源是治理问题的分散和相关主体合作机制的欠缺。而伙伴关系的构建能为此提供积极有效的平台，能以灵活包容的合作模式，有效推进国际、区域、国家和地方联系，以及政府与非政府实体之间积极互动，积极促进多元化治理模式的建设。①

当前全球海洋治理正处于转型中，治理体系正从无序状态向更为包容、均衡、公正的状态转换。海洋治理能力的提高不仅需要政府之间的合作和磋商，也需要目标团体（相关行业、社区和利益集团）的积极配合，这就需要治理体系以更包容、灵活的形式应对现有的转型困境。

蓝色伙伴关系构建是中国应对现有海洋治理体系转型的现实倡议，是中国主动发挥负责任大国作用的主要举措之一。② 蓝色伙伴关系侧重于海洋伙伴合作的现实发展，可以有效促进建设全面、可持续、包容、互利的海洋伙伴关系，并对国际社会各类主体积极参与全球海洋事务，提供海洋治理政策和海洋合作交流平台发挥着基础性的作用。

在海洋治理领域，已有许多伙伴合作的成功案例，例如 1983 年的东亚

① 贺鉴、王雪：《全球海洋治理视野下中非“蓝色伙伴关系”的建构》，《太平洋学报》2019 第 2 期。

② 朱璇、贾宇：《全球海洋治理背景下对蓝色伙伴关系的思考》，《太平洋学报》2019 年第 1 期。

海环境管理伙伴关系计划等，为蓝色伙伴关系构建奠定了制度和理念基础，有利于提高中国在全球海洋治理中的国际声誉。①

2. 蓝色伙伴关系构建是推进经济可持续发展的现实要求

稳定发展的海洋经济是促进经济可持续发展、创造就业机会、创造财富的重要源泉，蓝色伙伴关系构建能有力推动各国不同层次的海洋资源管理主体进行深入合作与交流，有利于进一步激发海洋经济发展活力，推动海洋经济可持续发展，具体表现在三方面。

第一，蓝色伙伴关系要求各级主体及机构对海洋治理提出更有效的新方案，为海洋领域的合作交流提供良好的发展机遇。各国政府之间的伙伴关系能为海洋治理提供资金、制度等方面的保障，非政府组织的伙伴关系能为海洋治理提供信息、教育等方面的支持，这些有利于相关国家的科研机构开展层次更深入、领域更广阔的海洋事务研究与合作，为海洋经济可持续发展提供动力。

第二，蓝色伙伴关系能有效鼓励伙伴国家之间共同从事海洋科技、海洋经济等交流合作，满足相关国家的发展需要，为相关涉海管理主体、科研机构提供发展动力，继而形成良性循环。② 有利于推动海洋科技创新，引领海洋经济可持续深入发展，为整体经济发展作出蓝色贡献。

第三，蓝色伙伴关系构建能够实现共同发展。蓝色伙伴关系构建，有助于各国聚焦海洋合作机制建设，建立稳定的对话磋商机制，进一步拓展合作领域，加强资源共享，打造多元平台，推进相应的海洋领域合作，将海洋经济合作向更高水平、更广空间推进，从而实现共同发展，③ 打造海洋经济发展的利益共同体。

① 夏真真、汪万发：《21 世纪海上丝绸之路：非传统安全问题及其合作安排》，《江南社会学院学报》2017 年第 4 期。

② 殷悦、王涛、姚荔：《中国-东盟蓝色伙伴关系建立之初探——以“一带一路”倡议为背景》，《海洋经济》2018 年第 4 期。

③ 《中国政府倡导在各国之间构建蓝色伙伴关系》，http：//finance. jrj. com. cn/2017/11/03224323334933. shtml。

二　构建蓝色伙伴关系的机遇和挑战

当今世界是全球化与反全球化并存的时代，是贸易保护与自由、政策干预与市场配置相互博弈的过程。在这种情况下构建蓝色伙伴关系既有机遇也面临着挑战。

（一）蓝色伙伴关系构建面临的机遇

1. “一带一路”倡议下的经济合作新平台

构建蓝色伙伴关系将会为“一带一路”沿线国家经贸合作提供新的平台。“一带一路”倡议提出后，得到越来越多的国家和地区的响应，沿线国家和地区基础设施已经有了较大的改善，为蓝色伙伴关系的构建奠定了良好的物质和民心基础。

2. 贸易摩擦下的新通道

贸易伙伴关系是蓝色伙伴关系构建的重要基础，蓝色伙伴关系又能反作用于贸易伙伴合作的深化。因此，在构建蓝色伙伴关系的同时，就需要考虑建立贸易伙伴关系，为各种贸易摩擦寻求解决的新通道。中国是世界上产业链最完整的国家，进出口具有很强的吸引力。随着中国的产业升级，“中国制造”将转变为“中国智造”，中国的出口产品能与各国产品相辅相成、共生共赢，[①] 为蓝色伙伴关系构建提供了有力的经济基础。

3. 中国沿海城市的高速发展为蓝色伙伴关系构建提供条件

中国沿海城市大多具有经济上和地缘上的优势，为蓝色伙伴关系的构建提供了良好的物质基础。

以上海为例，将上海作为蓝色伙伴关系的重要节点，具有以下几个作用。首先，在交通运输方面，上海作为国际化的主要交通枢纽，为沿线国家

① 郑国富：《中国与马来西亚农产品贸易合作发展的特征、问题与前景》，《东南亚南亚研究》2018 年第 1 期。

的交流合作提供了物质基础。各个国家进行货物运输时，主要采用水运的方式，在港航发展方面，上海港是世界第一大集装箱港口，其集装箱运输量为全球的1/20,[①] 这意味着上海具有发达的港航基础设施，为“一带一路”沿线国家货物的海上运输提供便利。其次，2013 年，中国提出建设上海自贸区，在“一带一路”倡议下，充分发挥上海优良港湾优势。2018 年上海自贸区引入外企 10000 余家,[②] 政策、关税的优势促使上海具有更大的发展潜力。自贸区的建设为各国交流合作提供便捷区域优势的同时，进一步向外商展现了中国改革开放的显著成果。最后，上海是国际会议、会展的中心城市，先进的科学技术、便利的基础设施能为蓝色伙伴关系的高质量发展提供良好的基础。

（二）蓝色伙伴关系构建面临的挑战

1. 海洋治理问题的特殊性

当前全球海洋治理问题的重点是海洋环境治理与生态安全、海洋经济与科技创新，以及海洋人才培养等。以海洋环境治理为例，由于海洋的流动性和海洋防灾减灾科技研发水平的限制，海洋治理涉及主体众多，渔业纠纷、资源分配不均等诸多问题广泛存在，是蓝色伙伴关系构建面临的基础性和关键性问题。同时，不同国家间在海洋治理的协调和决策上存在困难，是蓝色伙伴关系构建面临的现实挑战。

2. 海洋治理理论及实践经验不足

首先，相关国家对海洋治理的重视程度不够，参与合作治理的积极性不高。其次，有关海洋法律体制建设不健全，相关的法律机制并没有阐明具体关系和相应的权利义务，难以为蓝色伙伴关系建设提供法律保障。最后，全球海洋治理体系存在一定缺陷，蓝色伙伴关系构建理论研究欠缺，并且没有和具体的项目进行深层次的结合，理论研究和实践经验的系统性

---

① 杨庆：《2018 年中美贸易摩擦形势分析及未来展望》，《湖北经济学院学报》2018 年第 6 期。

② 《上海自贸区 5 周年：外企占 20%，特斯拉等头部企业纷纷落户》，界面网，https：//www.jiemian.com/article/2503654_qq.html。

和层次需继续提高。

3. 域外某些国家对蓝色伙伴关系的质疑

目前，全球海洋治理体系正处于转型阶段。域外某些国家对蓝色伙伴关系存在疑虑，特别是霸权主义和强权国家对于蓝色伙伴关系高度敏感，在舆论上阻碍蓝色伙伴关系构建，制造舆论歪曲中国提出的“一带一路”倡议，在政治上孤立中国，在经济上搞贸易摩擦，极大地影响了相关国家参与建立蓝色伙伴关系，使蓝色伙伴关系构建陷入一定困境。

三 “四轮驱动”推动蓝色伙伴关系构建

在当前复杂的国际形势背景下，全球海洋治理面临着前所未有的挑战，亟须推动构建蓝色伙伴关系，以更好地应对海洋环境保护、海洋防灾减灾、海洋科技创新、海洋资源有序开发、海洋人文交流与经济合作。以常态化合作论坛为政治基础、以中国国际进口博览会为经济平台、以各国民意交流为文化基石、以国际法律法规为保障来推动蓝色伙伴关系构建，是具有可行性的路径选择。

（一）以常态化合作论坛为政治基础，推动蓝色伙伴关系构建

蓝色伙伴关系中政治合作主要表现为三大主题：海权、海洋开发、海洋治理。围绕现阶段海洋政治三大主题，举办常态化合作论坛，有利于蓝色伙伴关系的秩序构建。①

1. 常态化合作论坛的重要性分析

（1）常态化合作论坛有利于沿海国家捍卫海权

国家海域安全的保障、领海权利的维护是推动海上贸易有序进行的根本保证。全球海洋治理发展的现状，对各国海权的明晰与维护提出了更高的要求。常态化合作论坛的开展是当今国际社会进行政治、经济交流的新模式，

① 胡波：《国际海洋政治发展趋势与中国的战略抉择》，《国际问题研究》2017 年第 2 期。

以俄罗斯举办的东方经济论坛为例，从2015年举办第一届开始，至2018年底已成功举办四届，吸引越来越多国家参与，经济方面的签约大幅增加，从1.3万亿卢布到超过3万亿卢布。[①] 此外，借助论坛对中国海洋外交进行发声，能打破国际社会对中国海洋外交的误解，达成海洋领域合作交流的共识，促进蓝色伙伴关系的构建。

（2）常态化合作论坛有利于保障全球海洋治理战略的实施

第一，有助于各国围绕海洋问题进行深度讨论。在全球海洋治理共同问题之外还存在海洋气候变化、海洋资源、海洋环境等特有问题。以南太平洋岛国为例，该区域发展相对落后，在海洋治理理念上也存在较大缺陷。常态化合作论坛可围绕南太平洋的特殊海洋问题号召南太平洋岛国参与论坛，促使各沿海岛国针对南太平洋问题共同商讨，积极与国际海洋治理组织进行合作，达成共识，使南太平洋严峻形势得以缓解。[②]

第二，有助于维护多方海洋权益。在进行蓝色贸易合作中，因海洋权益产生的争端逐年增多，并且出现恶化的问题。常态化合作论坛的建立可以就眼下国际海洋冲突进行协商，维护多方海洋权益，防止海洋权益争端进一步恶化，通过多国共同参与论坛，以共同涉及的海洋权益问题为中心，提出本国发展与维护理念，在论坛中达成共识，形成和平、互融互通的海洋合作观念。[③]

第三，有助于推动海洋外交。在全球化的趋势下，海洋外交不再仅仅是海洋大国的专属模式，而是各个具有海洋权益的国家共同参与的过程。海洋外交涉及主体多样，不仅包括各个沿海国家，还包括政府组织与非政府组织的共同参与。如东盟、亚太经合组织等涉海国际组织的参与为海洋主权国家的磋商搭建了新的桥梁。[④] 为了能更好地推动各国进行海洋外交，常态化合

① 杨琳琳：《东方经济论坛是中俄合作发展的助推器》，《赤子》2019年第1期。

② 梁甲瑞、曲升：《全球海洋治理视域下的南太平洋地区海洋治理》，《太平洋学报》2018年第4期。

③ 刘腾飞：《新形势下我国海洋权益现状与维护对策》，《海南热带海洋学院学报》2018年第3期。

④ 谢斌、刘瑞：《海洋外交的发展与中国海洋外交政策构建》，《学术探索》2017年第6期。

作论坛的作用不可忽视，按一定的周期举办相对固定的论坛，结合当下背景围绕海洋事务展开讨论，带动其他相对落后的沿海国家共同发展。打破地理位置限制，在固定场合进行海洋外交问题讨论，拓宽海洋发展的渠道，共同应对当下海洋环境威胁以及新的海洋问题。

2. 举办常态化合作论坛的对策建议

当前中国已经成功举办多届国际合作论坛，为各国提供了充分的政策交流平台，为更充分地发挥合作论坛的作用，可以从以下三个方面着手。

首先，论坛主题的确定应注重“重点论”和“两点论”的有机结合。为解决合作论坛涉及内容复杂、探讨交流无法深入的问题，可以在合作论坛举办前期，根据参与国所涉及的问题进行筛选与汇总，结合当下政治背景，选择一个关键的政治问题举办论坛，再以此主题以及各国所涉及的详细政治问题，举办多个分论坛或者将论坛进行小主题划分，开设多个分会场。各参与国根据本国需求参与与自己相关的论坛，与其他国家进行深入以及详细的磋商，促进多国进行符合本国国情的政策交流，从而有效提升多国交流合作达成率。

其次，以主题为标准选定论坛举办周期及地点，同时考虑举办国发展情况，合作论坛的形式、内容。以全球《财富》论坛为例，其主要以经济发展为主题进行交流与探讨。中国四次举办该论坛是因为，一方面，论坛主题与本国经济相关；另一方面，中国自改革开放以来，经济发展迅速，符合《财富》论坛对于选址地的要求。在论坛举办周期的选择上以当代政治发展为主要考虑因素，根据各国对政策磋商的需求进行规定。此外，“一带一路”沿线国家对于经济发展需求急切，需要有更多渠道与多国建立蓝色伙伴关系。在需求与时代背景的结合下，“一带一路”倡议相关论坛的举办相对频繁，平均每年举办一次大型合作论坛，针对自身国家在每年度经济发展的成果与问题进行探讨，为后期的海洋经济合作做铺垫。①

最后，制定国际合作论坛举办的法律条约，根据不同论坛签订具体法律

① 严冰：《〈财富〉论坛选址成都》，《中国地名》2012 年第 4 期。

条约。合作论坛的举办涉及主体广泛，除了参与国外，还有政府组织与非政府组织的参与，因此要根据主体参与的共同问题与需求形成一个总领性的法律文件，对各主体在合作论坛中的根本利益进行最基础的保证，要求各主体以互相尊重、和平、共同发展为第一要义举办合作论坛，从而对主体交流行为进行规范。在根本文件的基础之上，围绕不同的论坛主题出台相应的法律文件，对论坛中可能出现的法律问题进行全面考虑，可针对涉及的主题开设有关法律的分论坛，使主要参与国根据自身需求制定符合论坛持续以及常态化发展要求的法律文件。

（二）以中国国际进口博览会为经济平台，推动蓝色伙伴关系构建

中国国际进口博览会（以下简称进博会）开辟了各国间贸易和合作的新渠道，有利于经济全球化和贸易自由化，促进世界贸易的共同繁荣。进博会成为中国同各国利益交会点的新平台，是中国同各国进行经济合作的新模式。

1. 以进博会为平台的重要性分析

（1）进博会可以推动建立贸易伙伴关系

在经济先行方面，进博会能推动建立贸易伙伴关系。由中国名义关税率和实际征收率（2010~2018 年）及最惠国税率（算数平均）下调最大的行业可知，进博会的举办和中国降低税率有着明显的正相关，其能有效推动国际贸易，在中国拓展贸易渠道和合作伙伴关系方面取得了新的突破，为中国进一步建立世界开放型经济创造了活力。①

（2）进博会可以推动蓝色经济通道的建立

2017 年，国家发改委与国家海洋管理局联合提出建设中国—印度洋—非洲—地中海、中国—大洋洲—南太平洋以及通过北冰洋联结欧洲的三条蓝色经济通道，作为中国沿海经济带的支撑。

进博会的举办，推动了三条蓝色经济通道的建立。一是加速了中国对远

① 金碚：《论经济全球化 3.0 时代——兼论“一带一路”的互通观念》，《中国工业经济》2016 年第 1 期。

东地区的投资，深化了中俄边贸关系；二是进博会打破了各岛国的地理位置的限制，各国集中在进博会进行经济交流，拓宽了太平洋共同体的合作伙伴关系；[①] 三是为东南亚的经济发展提供了极大的动力，对贸易壁垒的消除起到了推动作用。

（3）进博会为多边外交提供有利的平台

进博会的举办，不仅加强了中国与“一带一路”沿线国家的民间交流，也加强了中国与有关国家的贸易伙伴关系。通过进博会，相关国家的政府官员和企业领导人可以直接感受到中国的市场和繁荣，从而改变了过去的刻板印象，为多边外交提供了有利的平台。目前，进博会在政策沟通、设施联通、贸易畅通、资金融通、民心相通等方面取得了重大突破。进博会可有效加强“一带一路”沿线国家间的多层次沟通与交流，创造新的区域合作，促进全球化再平衡。[②]

2. 推进进博会进一步发展的对策建议

进博会的成功举办是中国推进贸易自由化和构建蓝色伙伴关系的实际行动。以进博会为平台推进蓝色伙伴关系构建需重点做好以下三项工作。

首先，进博会常态化。进博会刚举办第 2 届，在城市合作、辐射功能上均存在极大的发展潜力。在常态化的过程中，由于国际形势、国家利益的变化，其举办侧重点、内容和形式都会有所改变，如何保障其平稳过渡是需要思考的问题。并且进博会想要常态化，就必须解决货源问题，通过高质量的、领先全球的产品使其更好地发挥平台作用。

其次，进博会管理协作。进博会参展国家和企业众多，如何使其协调运行，充分发挥进博会辐射作用是促进进博会发展的必要问题，其主要包括以下方面：第一，在管理过程中，如何妥善处理好不同国家的风俗、语言问题；第二，如何明确中国与外国、中国与国际组织、外国与外国、外国与国

① 《进博会为“一带一路”沿线企业拓展中国市场创造新机遇》，新华网，http：//www.xinhuanet.com/2019-10/19/c_1125125870.htm。

② 何春华：《中国自贸区与“一带一路”倡议对接融合路径研究》，《科技经济市场》2018 年第 12 期。

际组织、国际组织与国际组织的五重关系，充分发挥进博会的作用，加强各方之间的协作；第三，如何提高进博会组织和管理效率。

最后，进博会所涉及的法律问题。在进口产品的引进中，可能会出现贸易争端和产品侵权等诸多法律问题，在此过程中，如何处理好进博会所涉及的法律问题、规范进口产品引进，是推动进博会发展必须思考的法律问题。①

总体而言，进博会的召开对蓝色伙伴关系构建起到了十分积极的作用。未来进博会的举办将会更为常态化，管理方式多样化，人才储备丰富化。举办城市向内陆地区延伸，通过自由贸易区（港）发展国际物流，再进行内陆港与自由港（区）间海铁联运的发展，形成规模经济，促进进博会在内陆地区举办，突破进博会港口城市举办瓶颈，从而为蓝色伙伴关系构建提供更广阔的平台。

（三）以各国民意交流为文化基石，推动蓝色伙伴关系构建

文化作为国家的软实力，能够展现一个国家综合的风土人情，为国家外交工作增添更多的“人情味”。实现文化交融互鉴是“一带一路”倡议提出的愿景与初衷。民意在国家文化交流中作为文化的沟通桥梁，为蓝色伙伴关系构建在文化上起到承接的作用。

1. 民意交流的重要性分析

首先，民意交流内容多样。民意是一个国家民众想法的真实反映，各国民众交流的文化内容是一国软实力建立程度的映射。在“一带一路”倡议提出后，各国民众纷纷开始关注丝绸之路。以中俄关系为例，中国东北地区与俄罗斯之间具有较长的边境线，在中蒙俄经济走廊建设中具有区位与产业优势：15 个边境口岸、18 个边境县市等，为中俄人民文化交流提供了多元的文化交流渠道。边境口岸、边境县市的多样为双方产业的互融互通提供了

① 王天品、史莉莉、刘金鹏：《上海世博会法律问题跟踪研究》，载《政府法制研究 2011 年合订本》，上海市行政法制研究所，2011。

多元的渠道，从而以经济合作为基础推动了民众文化交流。在经济合作中双方主体主要是私人企业、个体、非政府组织等，受到制约的程度也相对较低，文化交流也更加具有开放性。①

其次，民意交流渠道丰富，双方主体多元。在蓝色伙伴关系构建过程中，以经济合作为主的同时促进文化的互融互通，各大小企业以不同的经营特色为独特的发展模式，打通贸易渠道的同时推动双方企业文化的交流，借助各自的发展优势以及区位地理优势，与多元主体建立合作关系。蓝色伙伴关系的构建不能局限于企业与企业之间，还可以与国际政府间组织、非政府间组织、个体等多元主体进行友好往来，在主体多元的同时，民意交流渠道也更加多样，进一步加强了蓝色伙伴之间的文化交流与合作。

最后，民意交流成本低，文化交流效果显著。民意交流相对其他正式的交流渠道更有自发性，以民众对蓝色伙伴关系的认同感为基础，自发地与其他国家民众进行文化的互融互通，民心的认同感是蓝色伙伴关系构建的精神支柱，一国民众对蓝色伙伴关系建立的期望值促进了民众主动进行文化交流，在将优秀文化向外传播的同时，将其他国家优秀文化“引进来”。

2. 推进民意交流的对策建议

为了更加有效地推动蓝色伙伴关系构建，未来可以重点做好以下三项工作。

（1）建立访学机制，促进蓝色文化交融互通

文化交流是民心互通的主要方式。“一带一路”倡议的提出、蓝色伙伴关系的建立为国内外学者的出访创造了便利条件，鼓励国内学者走入其他沿海、沿线国家，将国内悠久的蓝色海洋文化传播出去，将国外文化“引进来”，在此过程中进一步加强与国外优秀学者交流合作。访学机制的建立要多注重新兴青年学者的培养与教育，建立研究生的访学机制，推动蓝色文化的传播，提高蓝色文化交流质量。②

---

① 刘瑞华：《多元文化交流夯实“一带一路”建设民意基础》，http：//wemedia. ifeng. com/84139218/wemedia. shtml。

② 黄顺力：《关于建立研究生访学制度的初步思考》，《学位与研究生教育》2004 年第 4 期。

（2）广开新媒体民意交流渠道，促进网络民意文化交流

互联网时代，网络作用不容忽视，网络成为民意交流的主要渠道。要积极发挥新媒体作为文化传播渠道的优势作用，促进各国以蓝色伙伴关系为基础进行文化交流与传播。网络具备传播速度快、成本低、传播面广等优点，充分利用网络新媒体传播优势，针对蓝色海洋文化创建多个网络平台，在网络平台上发布官方文化交流信息，引导各国网友参与评论，根据相关文化主题创建多种网络论坛，让世界各国各地网友可以加入论坛进行海洋文化大讨论，例如为"一带一路"倡议以及蓝色伙伴关系的文化交流开办长期持久的网络论坛，实时更新当下有关热点话题，从而进一步推动蓝色经济通道的建立与疏通。

（3）保护民意交流权利，推动文化交流合法性

民意文化交流虽以民间自发性为主，但需要政府组织介入对其进行保护与监管，保障文化交流积极性，促进文化交流中真实、可靠内容的发布，防止事实的歪曲。政府应当构建起相对健全的法律机制，保障民意文化交流的基本权利，提高民众的发声质量，促进全球文化的阳光互通，积极引导民意表达的正确方式，促使全球网民以积极的价值观为基础传播多国文化，建立蓝色文化交流渠道。①

（四）以国际法律法规为保障，推动蓝色伙伴关系构建

法律作为蓝色伙伴关系构建的根本保障，是建立相互尊重、互融互通的蓝色伙伴关系以及打通多元的蓝色经济通道的基础。为此，蓝色伙伴关系主体都应参与制定多国适应的海洋法律。

首先，制定有关蓝色伙伴关系的法律规范。目前，沿海国家利用本国的区位优势，打通海上贸易渠道，以海洋为中心，进行海洋资源的开发与利用。为促使蓝色伙伴关系的持续发展，沿海国家应参与国际海洋法规的制定，保障相应海洋权利，制定针对不同方面的法律规范，对贸易交流、产业

① 丁英宏：《民意政声"无障碍交流"机制的构建》，《理论与改革》2016 年第 6 期。

合作等进行详细规定，为海洋争议的处理制定相应的法律机制，为蓝色伙伴关系构建保驾护航。[①]

其次，制定相应的监管机制，保障蓝色海洋法律的有效实施。法律文件作为法律执行的基础，在相应文件出台后，主要问题涉及法律的执行以及监管。政府组织、非政府组织应积极参与海洋相关法律的实施与监督。政府作为蓝色伙伴关系的主体，对于本国海洋权益的保护以及海洋发展责无旁贷。在官方组织中应当以司法机关的参与为主，积极调动多个司法部门对蓝色伙伴关系构建中涉及的法律问题进行全面关注以及监管，保证蓝色伙伴关系构建的权威性。与此同时，非政府组织的作用不可忽视，通过非政府组织提供多样的法律服务，不断完善法律体系，从而提高蓝色伙伴关系构建的有效性以及法律的可行性。

最后，培养海洋法律人才，打造专业蓝色伙伴关系法律团队。为了促进蓝色经济贸易的持续增长，专业团队的人才培养不容忽视。在蓝色伙伴关系构建中，为了有效解决涉海贸易争端与摩擦，海洋法律人才培养成为当代海洋建设的重要使命之一。法学专业应结合海洋法律的发展背景与时代要求，设计独特的培养方案，培养优秀的海洋法律人才。此外，组建蓝色伙伴关系法律团队，专门进行蓝色伙伴关系、蓝色经济通道的法律研究。[②]

五　结论与展望

蓝色伙伴关系是以“海洋强国”战略和“人类命运共同体”理念为基础的进一步深化，是中国参与全球海洋治理的路径选择，是推进经济可持续发展的现实要求，是加强海洋研究的有力保障。蓝色伙伴关系构建拥有三个机遇：“一带一路”倡议下的经济关系新平台、贸易摩擦下的新通道和中国沿海城市高速发展下构建的高质量贸易平台。然而，蓝色伙伴关系构建也面

---

① 范爱丽：《用法律为半岛蓝色保驾护航》，《法制与社会》2011 年第 32 期。

② 张显伟、陈伟斌、张聪锐：《论海洋法律人才专业素质及其构成》，《法制与社会》2019 年第 12 期。

临着三个挑战：海洋治理问题的特殊性；海洋治理理论与实践的不足；域外某些国家对蓝色伙伴关系的疑虑。对此，本文提出四条路径选择，并深入分析存在的问题，尝试性提出如下对策建议：以常态化合作论坛为政治基础、以进博会为经济平台、以各国民意交流为文化基石和以国际法律法规为保障，共同推进蓝色伙伴关系的构建。

总之，蓝色伙伴关系是在百年未有之大变局的时代背景下，中国提出的应对国际海洋秩序和全球海洋治理体系变革的全新理念，是中国坚持和完善独立自主的和平外交政策在海洋领域的体现，必将改变长期以来以西方海权论为主导思想的旧的海洋秩序和海洋格局，推动建立相互尊重、公平正义、合作共赢的新型海洋国际关系，推动海洋命运共同体的构建。而如何有效促进蓝色伙伴关系的构建，是一个值得持续深入研究的时代课题。

第三部分 国际与区域海洋治理专题研究

《联合国海洋法公约》与中国的实践[*]

金永明　闫　和[**]

摘　要： 依据海洋规则维系海洋秩序，包括合理地开发和利用海洋的空间和资源，是国际社会的普遍要求。不可否认的是，狭义的现代海洋法体系中的《联合国海洋法公约》在体系上具有全面性和综合性，是必须维系和遵循的重要海洋法规则。为此，本文结合《联合国海洋法公约》体系的发展阶段，并在分析了其主

* 本文以《现代海洋法体系与中国的实践》为题首发于《国际法研究》2018 年第 6 期，经补充后载〔日〕玉田大、〔中〕邹克渊主编《联合国海洋法公约的实施：中国与日本的国家实践》，斯普林格（Springer）出版社，2021，第 41～64 页。编入本书时对有关内容再次做了补充。特此说明。

** 金永明，法学博士，中国海洋大学国际事务与公共管理学院教授、博士生导师，中国海洋大学海洋发展研究院高级研究员；闫和，中国海洋大学国际事务与公共管理学院硕士研究生，中国海洋大学海洋发展研究院研究助理。

要内容、若干基本原则后，阐述了中国主要依据《联合国海洋公约》体系所蕴含的原则和精神在国内海洋法的制定和完善过程中的具体实践，强调了中国应结合《联合国海洋法公约》体系的发展特点和趋势并联系其他国家实践经验，进一步丰富和完善国内海洋法制的重要性，尤其指出了新时代中国应在维系和构筑海洋秩序、制定和实施海洋规则中实现角色和定位的转换，同时指出了这种转换角色具有艰巨性和困难性。要实现这些目标，必须强化国内海洋体制机制建设，因为这是中国建设海洋强国、综合管理海洋事务的重要保障和必由之路。

关键词： 狭义的现代海洋法体系　联合国海洋法公约　中国海洋立法实践

导　言

在现代海洋法体系中，最主要的成文法/条约渊源为1958年《日内瓦海洋法公约》体系和1982年《联合国海洋法公约》体系，即狭义的现代海洋法体系。[①] 在其相互关系上，《联合国海洋法公约》第311条第1款规定，在各缔约国间，本公约应优于1958年4月29日“日内瓦海洋法公约”。但

① 本文的现代海洋法体系，特指对国际习惯法进行编纂后的成文法或条约。其中“日内瓦海洋法公约”体系包括《领海与毗连区公约》（1958年4月29日通过，1964年9月10日生效）、《公海公约》（1958年4月29日通过，1962年9月30日生效）、《捕鱼与养护公海生物资源公约》（1958年4月29日通过，1966年3月20日生效）和《大陆架公约》（1958年4月29日通过，1964年6月10日生效）四个公约和《关于强制解决争端的任择签字议定书》（1958年4月29日通过，1962年9月30日生效）。参见北京大学法律系国际法教研室编《海洋法资料汇编》，人民出版社，1974，第197~263页。在第一次联合国海洋法会议中除通过日内瓦海洋法四个公约外，还通过了《关于强制解决争端的任择签字议定书》。但《关于强制解决争端的任择签字议定书》不是“日内瓦海洋法四公约”的组成部分，因为其第5条规定，本议定书对于所有为联合国海洋法会议所通过任一海洋法公约缔约国的国家，开放签字，并于必要时须按照签字国宪法的要求予以批准。

鉴于《联合国海洋法公约》是综合规范海洋事务的宪章,[①] 并已得到168个缔约方/成员（包括国家和欧盟）的批准，具有普遍性,[②] 同时其多数内容是对习惯国际法的编纂，所以即使不是缔约国的国家也应遵守《联合国海洋法公约》之习惯法规范。

为维护自身海洋权益，遵守和实施《联合国海洋法公约》规范的原则和制度，各国根据国际法在国内法中的地位和要求均加快了对《联合国海洋法公约》体系内容的转化和实施进程，以充实国内海洋法体系，中国也不例外。因为这不仅体现了《维也纳条约法公约》的要求，也是作为《联合国海洋法公约》缔约方的重要职责;[③] 更符合国际社会对国际法治的要求。[④] 这对于维护海洋秩序、遵守海洋规则，依法主张权利、使用权利和解决权利争议具有重要的作用和意义。

《联合国海洋法公约》体系自1982年通过并在1994年生效以来历经考验和发展，现今在国际社会加快开发和利用海洋空间和资源的背景下，有必要系统阐述《联合国海洋法公约》体系之特征和发展趋势，为我国进一步完善海洋法制度、推进海洋强国建设等提供指导并发挥作用。

一 《联合国海洋法公约》体系的发展历程及基本内容

（一）《联合国海洋法公约》体系发展历程

从宏观视角看，笔者认为，在狭义的现代海洋法体系中的《联合国海

---

① 笔者认为，对于《联合国海洋法公约》的“宪章”性质主要体现在内容上的全面性和地位的权威性。所谓的全面性是指《联合国海洋法公约》本文和附件内容的丰富性和综合性；所谓的权威性是指其不仅是对习惯国际法的编纂，更具有超过“日内瓦海洋法公约”体系的性质和特征。

② http：//www. un. org/depts/los/reference_files/status2018. pdf.

③ 例如，《维也纳条约法公约》第26条；《联合国海洋法公约》第300条。

④ 例如，联合国大会依据联合国大会第六委员会的报告（A/70/511）于2015年12月14日通过了“国内和国际的法治”的决议（A/RES/70/118）。其指出，联合国大会重申必须在国内和国际上普遍遵守和实行法治，并重申庄严承诺维护以法治和国际法为基础的国际秩序。这样的国际秩序，连同正义原则，对于国家和平共处及合作至为重要。

洋法公约》体系在内容上经历了以下三个发展阶段。

第一阶段：《联合国海洋法公约》体系的形成。即 1982 年《联合国海洋法公约》体系的通过阶段，其内容包括《联合国海洋法公约》及其九个附件。因为《联合国海洋法公约》第 318 条规定，各附件为本公约的组成部分，除另有明文规定，凡提到本公约或其一个部分也就包括提到与其有关的附件。

第二阶段：《联合国海洋法公约》体系的发展。即 1994 年《关于执行 1982 年 12 月 10 日〈联合国海洋法公约〉第 11 部分协定》（简称“第 11 部分执行协定”，1996 年 7 月 28 日生效）和 1995 年《执行 1982 年 12 月 10 日〈联合国海洋法公约〉有关养护和管理跨界鱼类种群和高度洄游鱼类种群之规定的协定》（简称“跨界鱼类执行协定”，2001 年 12 月 11 日生效），成为《联合国海洋法公约》的组成部分，这是对《联合国海洋法公约》体系的发展。①

第三阶段：《联合国海洋法公约》体系的深化。最具代表性的表现形式是联合国大会于 2015 年 6 月 19 日通过的题为《根据〈联合国海洋法公约〉的规定就国家管辖范围以外区域海洋生物多样性养护和可持续利用问题拟订一份具有法律拘束力的国际文书》的决议（A/RES/69/292）。② 为此，联合国拟于 2018~2020 年召开的政府间会议上谈判审议上述问题。该政府间会议如果能在规定的时间内制定上述具有法律拘束力的国际文书，则是对《联合国海洋法公约》体系的深化，通过提升国家管辖范围以外区域海洋生物多样性养护和可持续利用问题的功能及效果，弥补《联合国海洋法公约》针对生物多样性问题规范的缺陷。③

---

① 关于“第 11 部分执行协定”与《联合国海洋法公约》之间的关系，规定在“第 11 部分执行协定”的第 2 条第 1 款；而“跨界鱼类执行协定”与《联合国海洋法公约》之间的关系，则规定在“跨界鱼类执行协定”的第 4 条。

② https://documents-dds-ny.un.org/doc/UNDOC/GEN/N15/187/55/PDF/N1518755.pdf?OpenElement.

③ 金永明：《国家管辖范围外区域海洋生物多样性养护和可持续利用问题》，《社会科学》2018 年第 9 期。

（二）《联合国海洋法公约》体系的基本内容

从对《联合国海洋法公约》（以下简称《公约》）体系的发展阶段尤其是前两个阶段的分析，可以认为其主要包括如下内容。

第一，基础性/一般性和原则性的内容。它们体现在《公约》的“前言”和第1部分（用语）、第16部分（一般规定）和第17部分（最后条款）、附件一（高度洄游鱼类）和附件九（国际组织的参加）。

第二，各种海域的管理制度。它们体现在《公约》的第2部分（领海和毗连区）、第5部分（专属经济区）、第6部分（大陆架）、附件二（大陆架界限委员会）、第7部分（公海）、第11部分（区域）、附件三（探矿、勘探和开发的基本条件）和附件四（企业部章程）。

第三，海洋的功能性内容或制度。例如，《公约》第3部分（用于国际航行的海峡）、第12部分（海洋环境的保护和保全）、第13部分（海洋科学研究）、第14部分（海洋技术的发展和转让）。

第四，海洋的特殊性制度。例如，《公约》的第4部分（群岛国）、第8部分（岛屿制度）、第9部分（闭海或半闭海）和第10部分（内陆国出入海洋的权利和过境自由）。

第五，海洋的争端解决制度。例如，《公约》第15部分（争端的解决）、附件五（调解）、附件六（国际海洋法法庭规约）、附件七（仲裁）和附件八（特别仲裁）。

这些内容构成《公约》体系之基本内容。当然，如《公约》的发展阶段一样，依据《公约》体系创设的三大组织机构（大陆架界限委员会、国际海底管理局、国际海洋法法庭）在理论和实践上的发展成果，也构成《公约》体系的重要组成部分。①

① 《联合国海洋法公约》创设的三大组织机构在理论和实践上的发展及挑战内容，参见金永明《论海洋法的发展与挑战——纪念联合国成立70周年》，《南洋问题研究》2015年第3期；Jin Yongming, “On Development and Challenge of the Law of the Sea,” *The Bulletin of the Institute for World Affairs Kyoto Sangyo University*, No. 31, March 2016, pp. 191-209.

二 《联合国海洋法公约》体系的若干基本原则

从《公约》的“前言”可以看出，制定《公约》的目的是在妥为顾及所有国家主权的情形下，为海洋建立一种法律秩序，以促进海洋的和平利用，公平和有效地利用海洋资源，并保护海洋生物资源和海洋环境。结合《公约》体系的发展阶段和基本内容，笔者认为其主要蕴含以下若干原则。

（一）陆地支配海洋的原则

陆地支配海洋的原则尽管在《公约》体系中没有直接明确的规范和定义，但体现其原则的内容条款众多，例如，第3条、第5条、第13条、第33条第2款、第47条、第48条、第57条、第76条第1款和第5款、第121条第2~3款。一般认为，陆地支配海洋的原则发轫于北海大陆架案（1969年），并在1978年的爱琴海大陆架案和2009年的黑海划界案中得到确认。① 例如，在北海大陆架案中，国际法院指出，沿海国对大陆架的权利，在法律上附属于邻接沿海国大陆架的领土主权并直接来源于主权；大陆架是适用“陆地支配海洋原则”的法律概念。② 在爱琴海大陆架案中，国际法院指出，沿海国在国际法上当然拥有在大陆架上的勘探和开发资源的权利，这种权利是沿海国对陆地主权的专属性表现，即在法律上沿海国在大陆架上的权利是沿海国领土主权的发散，且其是自动的附属物。③

（二）公海自由尤其是航行和飞越自由的原则

在《公约》体系中关于公海自由包括航行和飞越自由的内容，已由

① See *ICJ Reports*, 2009, pp. 61-134, para. 99.

② See *ICJ Reports*, 1969, p. 51, para. 96.

③ See *ICJ Reports*, 1978, pp. 3-83；〔日〕尾崎重义：《爱琴海大陆架案》，载〔日〕波多野里望、尾崎重义编著《国际法院判决与意见（第二卷）》（1964~1993年），国际书院，1996，第129、146页。

1958 年“日内瓦海洋法公约”体系《公海公约》中的四种形式发展为六项自由。[①] 从它们针对公海自由的内容可以看出，其区别和特征主要体现在三个方面。

第一，在公海自由的内容和种类上的变化。如上所述，公海自由已由四项自由发展为六项自由，例如，《公海公约》第 2 条和《公约》第 87 条。

第二，国家在行使《公约》体系中具体的四项自由时受到一定的限制，体现了《公约》在海域上由“二元”（领海以外即公海）向“多元”（领海、群岛水域、专属经济区/大陆架、公海）的发展和对保护利益的多样化要求。[②] 例如，依据《公约》第 56 条第 1 款规定，沿海国在专属经济区内有对人工岛屿、设施和结构的建造和利用，以及海洋科学研究的管辖权，且这种管辖权是专属的（《公约》第 60 条第 2 款和第 246 条第 2 款）。[③]

第三，无论在《公海公约》还是在《公约》体系中，国家在行使公海自由时都应“适当照顾”“适当顾及”其他国家行使公海自由的利益。[④] 例如，《大陆架公约》第 1 条和第 2 条关于大陆架的范围，以及沿海国为勘探和开采自然资源的目的，对大陆架行使主权权利的规定，不仅突破了领海以外即公海的二元论结构，而且打破了传统性的海洋自由绝对论的思想。这种

---

① 例如，《公海公约》第 2 条，《联合国海洋法公约》第 87 条。

② 例如，《公海公约》第 1 条，《联合国海洋法公约》第 86 条。

③ 对于海洋科学研究，《联合国海洋法公约》第 240 条不仅规定了内容，也规定了原则；对海洋科学研究的间接性定义，则体现在《联合国海洋法公约》第 246 条第 3 款中。而在《大陆架公约》第 5 条中根据海洋科学研究的性质将其分为两类：第一，单为科学目的进行的基础海洋研究，即纯海洋科学研究；第二，以勘探和开发大陆架资源为经济目的的具有实用性的海洋科学研究。同时，对两类不同性质的海洋科学研究的要求也不同。对于纯海洋科学研究，要求以公开发表结果为目的才能以公海自由原则进行海洋科学研究；而对于实用性的海洋科学研究，应得到沿海国的同意。此外，对大陆架的物理或生物特征进行纯科学研究，沿海国在通常情形下不应拒绝同意；而对于进行实用性海洋科学研究的申请，沿海国是否同意则有很大的自由决定权。〔日〕山本草二：《与专属经济区和大陆架的海洋科学研究有关的国内法制比较研究》，载日本国际问题研究所编《各国国内法制应对在专属经济区和大陆架海洋科学研究的调查报告》，2000，第 2~3 页。

④ 在《联合国海洋法公约》体系中涉及“适当顾及”包括“合理顾及”“特别顾及”内容的条款为：第 27 条第 4 款、第 56 条第 2 款、第 58 条第 3 款、第 87 条第 2 款和第 147~149 条。

现象在《公约》体系中特别明显，例如，在《公约》体系中创设的专属经济区和国际海底区域制度。换言之，公海自由原则经历了由“自由放任”（绝对自由）到“适当顾及”（相对自由）的阶段。而这种变化和发展，也受到国际法院判决的影响。[①] 所以，“适当顾及”要求所有国家在行使公海自由时，要意识和考虑到其他国家使用公海自由的利益，并避免有干扰其他国家行使公海自由的活动；各国要避免对其他国家的国民使用公海造成不利影响的行为的任何可能。[②] 实际上，海洋法的发展史就是沿海国的权益和使用国的权利即公海自由尤其是航行和飞越自由权利的协调和平衡的历史，即海洋法的历史就是沿海国家主张的管辖权和其他国家主张的海洋自由，沿海国的利益和国际社会的一般利益相互对立和调整的历史。[③]

（三）距离原则

如上所述，在《公约》体系中规定了各种海域的法律制度，而确定各种海域范围及界限的原则是陆地支配海洋原则和距离原则。在此，陆地支配海洋的原则起主导作用，而距离原则起辅助的作用，同时距离原则可以根据相关条约条款内容的修改而变化。尽管距离原则在《公约》体系中并未直接出现，但适用距离原则确定的海域主要为：领海、毗连区、专属经济区/大陆架包括外大陆架。[④]

可见，《公约》体系内的海域存在以下三种方式显示的类型。第一，需要国家宣布或声明的海域，例如，领海、群岛水域和专属经济区等。第二，

---

① 〔日〕坂元茂树：《区域渔业管理机构功能扩大对国际法发展的影响：从渔业规制到海洋管理》，载〔日〕柳井俊二、村濑信也编《国际法的实践》，信山社，2015，第459页。

② 〔美〕路易斯·B. 宋恩等：《海洋法精要》（第2版），傅崐成等译，上海交通大学出版社，2014，第17页。Also see Louis B. Sohn, Kristen Gustafson Juras, John E. Noyes, and Erik Franckx, *Law of the Sea in a Nutshell*, Second Edition, Thomson Reuters, 2010, p. 30.

③ 〔日〕水上千之：《海洋自由的形成（1）》，《广岛法学》第28卷第1期（2004），第1~2页。

④ 例如，《联合国海洋法公约》第3条、第33条第2款、第57条、第76条第1款和第4~5款。

不需要国家宣布或声明的海域，例如，200 海里内的大陆架。[①] 第三，需要《公约》体系内的机构（大陆架界限委员会、国际海底管理局）核准的海域或矿区。[②]

（四）公平原则（衡平原则）

在《公约》体系中，涉及公平原则有关内容的条款为第 59 条、第 74 条第 1 款、第 83 条第 1 款、第 82 条第 4 款、第 140 条第 2 款。其主要包括三个方面的内容。第一，第 59 条涉及专属经济区内未归属权利的争议问题，尤其是与专属经济区立法宗旨无关的安全问题产生的争议，例如，专属经济区内的军事活动问题，需要在公平的基础上参照一切有关情况加以解决。此问题有待《公约》体系今后的理论和国家实践发展确定。第二，第 74 条和第 83 条涉及专属经济区和大陆架划界的“公平解决”问题，在国际司法实践中已得到发展并确立了实现公平解决的划界范式（即“三阶段划界方法”）。[③] 第三，对于第 82 条和第 140 条涉及的国际海底管理局应“公平分享”“公平分配”200 海里外的大陆架上的非生物资源的利益或财政、“区域”内活动取得的财政及其他经济利益，则是国际海底管理局今后应研究和审议的重要问题。

（五）人类共同财产继承原则

在《公约》的第 11 部分（区域）确立了以人类共同继承财产原则为基础的国际海底区域（简称“区域”）制度。例如，《公约》第 136 条规定，“区域”及其资源是人类的共同继承财产。而人类共同继承财产原则

---

① 《联合国海洋法公约》第 77 条第 3 款规定，沿海国对大陆架的权利并不取决于有效或象征的占领或任何明文公告。

② 例如，《联合国海洋法公约》第 76 条第 8 款，第 153 条。

③ 所谓的“三阶段划界方法”，首先，画定临时的等距离线或中间线；其次，为实现公平结果考虑相关情况，并探讨是否有必要调整临时的等距离线或中间线；最后，对海岸线的长度和所分配海域面积的比例进行校验，判定是否带来不公平的结果以便修正。See *ICJ Reports*，2009，pp. 101–103，paras. 115–122.

在《公约》中的确立，不仅体现了其是维护和实施“区域”海洋秩序实现共同管理、共同发展、共同获益的本质性要求，而且成为“不可损抑”之重要原则，所以，加强对海洋的综合管理包括通过设立的国际海底管理局管理和分配“区域”内活动行为和利益具有重大的理论创新和实践意义。①

在《公约》体系中除上述各种原则外，还存在诸如和平使用原则、船旗国管辖原则、普遍性管辖原则、合作原则、和平解决争端原则等内容。因篇幅限制，在此不再展开论述。

三　中国依据《联合国海洋法公约》体系的具体实践

如上所述，如何将狭义现代海洋法体系中的《公约》体系所蕴含的原则和精神，融入国内法的内容并加以适用，是作为《公约》缔约国的重要职责。为此，本部分在简要阐述国际法与国内法的关系后，论述中国在海洋法上的具体实践。

（一）国际法与国内法之间的关系

1. 国际法与国内法关系学说

在理论上，存在一元论（monism）和二元论（dualism）两大派别。“一元论”主张国际法和国内法是属于同一法律体系的；“二元论”认为国际法和国内法是两个不同的法律体系。而在国际法和国内法相互之间的效力上，存在三种理论：国内法优于国际法；国际法优于国内法；国际法和国内法各自独立，互不隶属。②

其实，在国际法和国内法关系学说上的争论是没有实际结果的，必须考察运用它们的实际路径及具体做法，所以，重要的是各国如何在其内部法律

---

① 例如，《联合国海洋法公约》第154条和第311条第6款，以及第156条、第157条第1款、第140条第2款。

② 参见王铁崖主编《国际法》，法律出版社，2004，第19~20页。

秩序框架内适用国际法规则以及国际法和国内法规则的冲突如何解决的问题。[①] 即国际法在国内法中的地位以及国际法与国内法冲突时何者优先适用的问题。而这些问题因各国宪法和基本法律制度的不同使国际法在国内法上的位阶和效力并不相同，但不可否认的是，依据《维也纳条约法公约》第27条的规定，当事国不得援引其国内法规定为理由而不履行条约。即国内法的规定不能优先于条约，所谓的“禁止援引国内法原则”。[②]

2. 国际法尤其是条约在中国法律中的地位

尽管中国《宪法》（1982年12月4日通过，经过1988年4月12日、1993年3月29日、1999年3月15日、2004年3月14日和2018年3月11日五次修正）没有直接规定国际条约在中国法律体系中的地位，但在《宪法》中存在缔约权和缔结条约程序方面的规定，例如，《宪法》规定，国务院有权“同外国缔结条约和协定”（第89条第9款）；全国人民代表大会常务委员会“决定同外国缔结的条约和重要协定的批准和废除”（第67条第15款）；国家主席根据全国人民代表大会常务委员会的决定，“批准和废除同外国缔结的条约和重要协定”（第81条）。而“除由全国人民代表大会制定的法律以外的其他法律”由全国人民代表大会常务委员会制定和修改（第67条第2款），并由中华人民共和国主席根据全国人民代表大会常务委员会的决定公布（第80条），所以，根据《宪法》的上述规定，中国的缔约权和立法权，缔约程序和法律制定在很大程度上是一致的。

既然《宪法》没有对国际法在中国的法律体系中的地位作出明确规定，则需要从中国的一般法律中对国际法的规定内容进行分析。而与国际条约有关的内容，大致分为以下三类。第一，国内法明确规定应直接适用国际条

① 〔英〕奥本海著，〔英〕詹宁斯、〔英〕瓦茨修订《奥本海国际法（第一卷，第一分册）》，王铁崖、陈公绰等译，中国大百科全书出版社，1995，第31～32页；Robert Jennings and Arthur Watts, *Oppenheim's International Law*, Vol. 1, Ninth Edition, Oxford University Press, 2011, pp. 53-54；〔日〕杉原高岭：《基本国际法》（第2版），有斐阁，2017，第77～78页。

② 〔日〕杉原高岭：《基本国际法》（第2版），有斐阁，2017，第78～79页；Also see *ICJ Reports*, 1988, pp. 34-35, para. 57.《维也纳条约法公约》第27条。

约。例如，1982 年的《商标法》第 19 条、1985 年的《继承法》第 19 条、1986 年的《民事诉讼法》第 239 条和第 247 条，以及 1992 年的《专利法》第 18 条。第二，国内法明确规定在国际条约与国内法冲突时应优先适用国际条约。第三，国内法没有明确规定应直接适用国际条约，而采用修改或补充立法的方式使国际条约的规定在国内得到适用。[①]

为使条约在国内实施，需要赋予其在国内的效力。而对于条约在国内法的编入有两种方式：吸收/纳入方式或直接适用方式（即通过公布条约就承认其在国内效力的方式）和转换方式（即条约内容通过议会或全国人大及其常委会的立法程序转换为国内法的模式）。即国际法尤其是条约在国内法上的效力是通过承认或转换的方式予以融合的，尤其是转换的方式符合海洋法在中国的实践。[②]

（二）中国依据《联合国海洋法公约》体系的具体实践

中国依据习惯法和狭义现代海洋法体系中的《公约》体系的基本原则和内容，在制定和实施国内海洋法上的具体实践，主要表现在以下几个方面。

1. 在一般性和原则性制度上的立法（政策）及核心内容

（1）《中华人民共和国政府关于领海的声明》（1958 年 9 月 4 日）。在此声明中规定了中国大陆及其沿海岛屿的领海采用直线基线，并规定了领海的宽度是 12 海里；同时，对于外国飞机和军用船舶，未经中华人民共和国政府的许可，不得进入中国的领海和领海上空；任何外国船舶在中国领海航行，必须遵守中华人民共和国政府的有关法令。

（2）《中华人民共和国政府关于中华人民共和国领海基线的声明》（1996 年 5 月 15 日）。在此声明中宣布了中华人民共和国大陆领海的部分基

---

① 参见曾令良、饶戈平主编《国际法》，法律出版社，2005，第 110~113 页。

② 尽管在中国对国际法与国内法的位阶及效力问题存在争议，但从中国的立法和实践看，条约具有优先于国内法律的效力。参见周忠海主编《国际法》，中国政法大学出版社，2004，第 64~66 页。

线和西沙群岛的领海基线。这些领海基线采用了直线连线的方式，并规定中华人民共和国政府将再行宣布中华人民共和国其余领海基线。

（3）《全国人民代表大会常务委员会关于批准〈联合国海洋法公约〉的决定》（1996 年 5 月 15 日）。该声明的核心内容如下。第一，中华人民共和国将与海岸相向或相邻的国家，通过协商，在国际法基础上，按照公平原则划定各自海洋管辖权界限。这体现了《公约》体系中以公平原则划界的要求。第二，中华人民共和国重申：《公约》有关领海内无害通过的规定，不妨碍沿海国按其法律规章要求外国军舰通过领海必须事先得到该国许可或通知该国的权利。此内容与《中华人民共和国政府关于领海的声明》内容并不完全一致。

（4）《中华人民共和国政府关于钓鱼岛及其附属岛屿领海基线的声明》（2012 年 9 月 10 日）。[①] 该基线分为两组：第一组直线基线连接钓鱼岛、黄尾屿、南小岛、北小岛、南屿、北屿和飞屿；第二组是围绕赤尾屿划定的直线基线。

2. 在基本海域制度上的立法及核心内容

（1）《中华人民共和国领海及毗连区法》（1992 年 2 月 25 日）。在此基本海域法中规定了中华人民共和国领海的宽度从领海基线量起为 12 海里；中华人民共和国领海基线采用直线基线法划定，由各相邻基点之间的直线连线组成。同时，外国军用船舶进入中华人民共和国领海，须经中华人民共和国政府批准。

（2）《中华人民共和国专属经济区和大陆架法》（1998 年 6 月 26 日）。其规定了专属经济区的范围，即从测算领海宽度的基线量起延至 200 海里；而大陆架为陆地领土的全部自然延伸，但如果从测算领海宽度的基线量起至

---

① 《中华人民共和国政府关于钓鱼岛及其附属岛屿领海基线的声明》的内容，参见 http://www.gov.cn/jrzg/2012-09/10/content_2221140.htm。同时，为应对包括钓鱼岛周边海域在内的东海空域飞行安全，中国国防部依据国际惯例和国内法于 2013 年 11 月 23 日宣布了《中华人民共和国政府关于划设东海防空识别区的声明》，并发布了《中华人民共和国东海防空识别区航空器识别规则公告》。

大陆边外缘的距离不足200海里，则扩展至200海里。这些内容是依《公约》体系中的“距离原则”作出的规定。

（3）《中华人民共和国海域使用管理法》（2001年10月27日通过，2002年1月1日起施行）。依据该法第2条第3款的规定，在中华人民共和国内水、领海持续使用特定海域三个月以上的排他性用海活动，适用本法。同时，在其第4~6条规定了国家实行海洋功能区划制度，建立海域使用管理信息系统和海域使用权登记制度，以及海域使用统计制度。

（4）《中华人民共和国深海海底区域资源勘探开发法》（2016年2月26日通过，2016年5月1日起施行）。即为履行《公约》，缔约国须担保具有其国籍或其控制的自然人或法人依照《公约》开展“区域”内活动，并清晰担保国采取措施有效管控其担保的承包者在“区域”内活动的职责。作为缔约国的具体措施，中国于2016年2月26日制定了上述法律，以履行上述《公约》义务和要求。①

3. 在海洋功能性制度上的立法及核心内容

（1）《中华人民共和国海洋环境保护法》（1982年8月23日通过，经1999年12月25日、2013年12月28日、2016年11月7日、2017年11月5日修订）。依据第2条的规定，本法适用于中华人民共和国内水、领海、毗连区、专属经济区、大陆架，以及中华人民共和国管辖的其他海域；而在中华人民共和国管辖海域以外，造成中华人民共和国管辖海域污染的，也适用本法。同时，该法对海洋环境监督管理、海洋生态保护、防治陆源污染物对海洋环境的污染损害、防治海岸工程和海洋工程建设项目对海洋环境的污染损害、防治倾倒废弃物对海洋环境的污染损害、防治船舶及有关作业活动对海洋环境的污染损害等内容作了规定，并对各种违法活动予以处罚作了相应的规定。

（2）《中华人民共和国海上交通安全法》（1983年9月2日通过，1984

---

① 《中华人民共和国深海海底区域资源勘探开发法》由7章、29条组成。具体内容，参见《中华人民共和国深海海底区域资源勘探开发法（含草案说明）》，中国法制出版社，2016，第2~12页。

年 1 月 1 日起施行；2021 年 4 月 29 日修订，2021 年 9 月 1 日起施行）。[①] 依据第 1 条的规定，该法的目的是为了加强海上交通管理，维护海上交通秩序，保障生命财产安全，维护国家权益。依据第 2 条的规定，本法适用于在中华人民共和国管辖海域内从事航行、停泊、作业以及其他与海上交通安全相关的活动。在管理机构上，第 4 条规定，国务院交通运输主管部门主管全国海上交通安全工作；国家海事管理机构统一负责海上交通安全监督管理工作，其他各级海事管理机构按照职责具体负责辖区内的海上交通安全监督管理工作。

（3）《中华人民共和国涉外海洋科学研究管理规定》（1996 年 6 月 18 日通过，1996 年 10 月 1 日起施行）。本法第 4 条规定，在中华人民共和国内海、领海内，外方（即国际组织、外国的组织和个人）进行海洋科学研究活动，应当采用与中方合作的方式；在中华人民共和国管辖的其他海域内，外方可以单独或者与中方合作进行海洋科学研究活动，此项活动须经国家海洋行政主管部门批准或者由国家海洋行政主管部门报请国务院批准，并遵守中华人民共和国的有关法律、法规；同时在第 5 条规定了受理书面申请的日期、审查的机构，并作出批准决定的时间等方面的内容。

4. 在海洋的特殊性制度上的立法及核心内容

例如，《中华人民共和国海岛保护法》（2009 年 12 月 26 日通过，2010 年 3 月 1 日起施行）。该法的目的是为了保护海岛及其周边海域生态系统、合理开发利用海岛自然资源、维护国家海洋权益、促进经济社会可持续发展（第 1 条）。本法所称的海岛是指四面环水并在高潮时高于水面的自然形成的陆地区域，包括有居民海岛和无居民海岛（第 2 条）；国家对海岛实行科学规划、保护优先、合理开发和永续利用的原则（第 3 条）。同时，依据第 22 条的规定，国家保护设置在海岛的军事设施，禁止破坏、危害军事设施的行为；国家保护依法设置在海岛的助航导航、测量、气象观测、海洋监测和地震监

① 《中华人民共和国海上交通安全法》内容，参见《中华人民共和国海上交通安全法（含草案说明）》，中国法制出版社，2021，第 2~40 页。

测等公益设施，禁止损毁或者擅自移动，妨碍其正常使用。对于无居民海岛，依据第28条的规定，未经批准利用的无居民海岛，应当维持现状；禁止采石、挖海砂、采伐林木以及进行生产、建设、旅游等活动。无居民海岛的开发利用涉及利用特殊用途海岛，或者确需填海连岛以及其他严重改变海岛自然地形、地貌的，由国务院批准（第30条）。当然，国家对领海基点所在海岛、国防用途海岛、海洋自然保护区内的海岛等具有特殊用途或者特殊保护价值的海岛，实行特别保护（第36条）。这些内容构成保护海岛的核心。

5. 在海洋争端解决机制上的政策（立法）及核心内容

众所周知，中国与多国之间存在海洋领土主权争议以及海域划界争议问题，特别体现在东海问题和南海问题上。中国除在《全国人民代表大会常务委员会关于批准〈联合国海洋法公约〉的决定》第2条和《中华人民共和国专属经济区和大陆架法》第2条第3款规定按照公平原则以协议划界外，在其他的文件中也规定或体现了解决争端的一些原则性规定。主要规定如下。

（1）2006年8月25日，中国依据《公约》第298条的规定，向联合国秘书长提交了书面声明，指出，对于《公约》第298条第1款第（a）、（b）和（c）项所述的任何争端（即涉及海洋划界、领土主权、军事活动等争端），中国政府不接受《公约》第15部分第2节规定的任何国际司法或仲裁管辖。换言之，中国对于涉及国家重大利益的海洋争端，排除了适用国际司法或仲裁解决的可能性。这种立场和态度特别体现在南海仲裁案的处置上。①

（2）2012年12月14日，中国常驻联合国代表团代表中国政府向联合国秘书处提交了“东海部分海域外大陆架外部界限划界案”，以补充中国常驻联合国代表团已于2009年5月11日向联合国秘书处提交的《中国关于确定200海里以外大陆架外部界限的初步信息》内容和完成职责。②

① 关于中国针对南海仲裁案的立场和态度内容，参见中国国际法学会编《南海仲裁案裁决之批判》，外文出版社，2018。

② 中国政府的“东海部分海域外大陆架外部界限划界案”内容，参见 http：//www. un. org/depts/los/clcs_new/commission_documents. htm。

除上述依据《公约》规范和要求履行的法律行为外，中国在应对海洋权益的维护上，也存在一些具体的国家实践。主要表现在以下几个方面。

第一，针对日本冲之鸟的地位问题，中国常驻联合国代表团于 2009 年 2 月 6 日向联合国秘书长提交了针对日本外大陆架划界申请案的立场声明。声明指出：冲之鸟是礁不是岛，无法以其为基点主张大陆架和外大陆架，大陆架界限委员会无权审议以冲之鸟为基点的外大陆架相关资料。①

第二，针对马来西亚和越南联合提交的外大陆架划界案（2009 年 5 月 6 日），以及越南单独提交的外大陆架划界案（2009 年 5 月 7 日）内容，中国常驻联合国代表团于 2009 年 5 月 7 日向联合国秘书长提交了照会（No. CML/17/2009），指出：中国对南海诸岛及其附近海域拥有无可争辩的主权，并对相关海域及其海床和底土享有主权权利和管辖权；中国政府的这一一贯立场为国际社会所周知。为应对菲律宾外交部于 2011 年 4 月 4 日照会中国驻菲律宾大使馆，声称“菲律宾共和国拥有卡拉延群岛的主权和管辖权”，中国常驻联合国代表团于 2011 年 4 月 14 日再次照会联合国秘书长（No. CML/8/2011），强调：“中国对南海诸岛及其附近海域拥有无可争辩的主权，并对相关海域及其海床和底土享有主权权利和管辖权；中国在南海的主权及相关权利和管辖权有着充分的历史和法律根据。”② 上述立场和观点在 2016 年 7 月 12 日《中华人民共和国政府关于在南海的领土主权和海洋权益的声明》上被再次确认。③

第三，针对国际海洋法法庭海底争端分庭于 2011 年 2 月 1 日就“国家担保个人和实体在‘区域’内活动的责任和义务问题”发表咨询意见事项，中国外交部条约法律司于 2010 年 8 月 18 日发布了《中国就“区域”内活动担保国责任与义务问题向国际海洋法法庭海底争端分庭提交的书面意见》。该书面意见总体上被国际海洋法法庭海底争端分庭的咨询意见采纳，

---

① http：//www. un. org/Deps/los/clcs_new/submission_files/jpn08/chn_6feb09_c. pdf.

② 中国国际法学会：《南海仲裁案裁决之批判》，外文出版社，2018，第 34 页。

③ 中华人民共和国外交部边界与海洋事务司编《中国应对南海仲裁案文件汇编》，世界知识出版社，2016，第 86~90 页。

为国际海底区域制度的推进实施做出了贡献。①

第四，为合理管控南海问题，中国与东盟国家之间于2002年11月4日签署了《南海各方行为宣言》，并于2011年7月20日缔结了《落实〈南海各方行为宣言〉指导方针》，于2016年7月25日发布了中国和东盟国家外长《关于全面有效落实〈南海各方行为宣言〉的联合声明》。② 同时，中国和东盟国家于2013年8月起启动"南海行为准则"的协商谈判制定工作并取得了实质性的进展。这些措施和文件的落实以及具体进展或收获有力地稳定了南海问题的局势，产生了积极的效果。

此外，中国与越南于2000年12月25日签署了《中华人民共和国和越南社会主义共和国关于两国在北部湾领海、专属经济区和大陆架的划界协定》、《中华人民共和国政府和越南社会主义共和国政府北部湾渔业合作协定》(2004年6月30日生效)；中国与日本于1997年11月11日签署了《中华人民共和国和日本国渔业协定》(2000年6月1日生效)，中日两国发布了《中日关于东海问题的原则共识》(2008年6月18日)、《中日就处理和改善中日关系达成四点原则共识》(2014年11月7日)，以及中日两国于2018年5月9日签署了《中国国防部和日本防卫省之间的海空安全联络机制谅解备忘录》(2018年6月8日生效)，中日两国于2018年10月26日签署了《中日政府之间的海上搜救合作协定》(2019年2月14日生效)；中国与韩国于2000年8月3日签署了《中华人民共和国政府和大韩民国政府渔业协定》(2001年6月30日生效)，并与韩国开展对黄海海域划界谈判等。上述成果和文件均为有效解决和延缓中国周边海洋环境和海洋争议发挥了应有的作用，体现了中国坚持通过和平方法尤其是政治方法解决争议、通过危机管控机制延缓争议的实际作用和效果。

① 《中国参与国际海洋法法庭"担保国责任咨询意见案"相关程序》，载中华人民共和国外交部条约法律司编著《中国国际法实践案例选编》，世界知识出版社，2018，第53~80页。

② 上述有关文件内容，参见中华人民共和国外交部边界与海洋事务司编《中国周边海洋问题有关文件汇编》，世界知识出版社，2017，第69~94页。

四 《联合国海洋法公约》体系的发展趋势与中国的应对

（一）《公约》体系的发展趋势

从本文针对《公约》体系的内容及基本原则的分析，笔者认为，《公约》体系呈现以下发展趋势。

第一，立法模式的发展性。从《公约》体系的发展和内容可以看出，《公约》体系的补充和细化，采用了通过制定“执行协定”予以完善的方法，这是对立法模式的创新。① 这种做法不仅避免了利用《公约》第 312 条的“修正”程序和第 313 条的“简易程序”的艰难性，而且具有高效性。同时，这种做法也符合《维也纳条约法公约》第 30 条、第 59 条的规范性内容，存在合理性。

第二，立法思想的发展性。立法思想的发展性，主要为：限制公海自由原则，适用人类共同继承财产原则，并强化由国际机构对海洋的管理，以实现对海洋综合性管理的目标，消除对海洋单项性事项予以管辖的弊端。② 这种立法思想的变化，特别体现在对国家管辖海域外区域海洋生物多样性的养护和可持续利用问题的讨论和审议进程上。

第三，多维合作的必要性。在《公约》体系中，规定了多种合作的模式和路径。在主体上包括相关国家之间的合作（例如，第 66 条、第 94 条、第 118 条和第 130 条），所有国家之间的合作（例如，第 100 条、第 108 条、第 117 条和第 303 条），以及国家与国际组织之间的合作（例如，第 41 条第

① 此处的立法模式是指对习惯国际法的编纂和发展并成为条约的方式或方法。例如，《联合国宪章》第 13 条第 1 款第 1 项规定，联合国大会应发动研究，并提出建议以促进政治上之国际合作，并提倡国际法之逐渐发展与编纂。

② See Atsuko Kanehara, “What Does a New International Legally Binding Instrument on Marine Biological Diversity of Areas beyond National Jurisdiction ‘under the UNCLOS’ Mean?” *Sophia Law Review*, Vol. 59, No. 4, 2016, pp. 53-73.

4~5款、第61条和第64~65条，以及第197条、第200~201条、第242~244条）三种方式。

在内容上，涉及用于国际航行的海峡内的海道和分道通航制的制定、专属经济区内生物资源的养护和管理、海洋环境的保护和保全、海洋科学研究等方面的国家与国际组织之间的合作；所有国家在公海上制止海盗行为，制止船舶违反国际公约在海上从事非法贩运麻醉药品和精神调理物质，以及养护公海生物资源采取措施、保护在海洋发现的考古和历史性文物等方面的合作；相关国家在专属经济区内的溯河产卵种群、公海内船旗国对船舶的管辖和控制，以及对海难或航行事故的调查、公海内生物资源的养护和管理、内陆国出入海洋的权利和过境自由时避免过境运输迟延或其他技术性困难等方面的合作。①

可见，在《公约》体系中存在多个层面和多个方面的合作内容和要求，这不仅是由海洋的综合性、特殊性和功能性决定的，也是长期以来国际社会对合作原则的认识及其在海洋管理上的应用性总结。

（二）中国在完善国内海洋法制上的应对措施

如上所述，尽管中国依据习惯国际法和狭义的现代海洋法体系尤其是《公约》体系，不断地制定和丰富了国内海洋法制度，对于海洋事务的管理和发展发挥了一定的积极作用，但也存在国际社会尤其是美国对中国海洋法的原则和制度挑战的境况，为进一步提升中国海洋治理体系和海洋治理能力现代化水平，并为建设海洋强国作出贡献，在海洋法制上采取相应的完善措施对于实现依法治海目标特别重要。

第一，应确立“海洋”在国家法律体系中的地位。从中国的《宪法》内容看，不存在“海洋”术语在国家法律体系中的地位的表述，所以为提升海洋的持续作用，有必要提升其地位。主要的做法为在《宪法》中增加

---

① 〔日〕奥胁直也：《联合国海洋法公约中的合作义务》，载〔日〕柳井俊二、村濑信也编《国际法的实践》，信山社，2015。

“海洋”为自然资源组成部分并加以保护的内容，或者通过制定“海洋基本法”对“海洋”的地位作出界定和规范，从而确立和提升“海洋”的地位。

第二，应重点研究国内海洋法中受到他国挑战的内容。如上所述，他国对于中国在西沙的直线基线制度、军舰在领海内实施无害通过的程序上的许可或通知制度，以及对专属经济区内的军事活动的许可制度等方面存在异议，为此，中国应在继续借鉴其他国家实践的基础上，加强与他国在这些争议问题上的沟通和协调，并为进一步充实和丰富《公约》制度包括制定与航行自由有关的新“执行协定”，适度调适国内相关法律制度，做好事先的各种准备工作。

第三，补充制定与海洋功能性事项有关的法规。为持续地开发和利用海洋的空间和资源，加强海洋科技的研发工作是十分重要的，这也是中国建设海洋强国的关键，因为海洋科技对于开发和利用海洋的空间和资源包括发展海洋经济具有重要的支撑作用，所以，对于海洋的功能性事项，中国应提升和完善诸如《涉外海洋科学研究管理条例》，制定海洋科技法、海洋安全法等法律。

第四，完善海洋体制机制以提供保障。为提升国家治理体系和治理能力现代化水平，中国对涉海机构进行了改革，所以抓住本次国家机构改革契机，协调和清晰涉海管理机构（如国家海洋委员会、自然资源部、生态环境部、农业农村部、海关总署，以及中国海警局等）的职能，并在包括《全国人民代表大会常务委员会关于中国海警局行使海上维权执法职权的决定》（2018 年 6 月 22 日通过，2018 年 7 月 1 日起施行）的基础上，进一步制定和完善诸如海洋基本法那样的海洋法规，这对于建设海洋强国、综合管理海洋事务有重要的保障作用。[①]《中华人民共和国海警法》经过正常的立

① 中共中央印发的《深化党和国家机构改革方案》（2018 年 3 月 21 日），参见 http：//www.xinhuanet.com/politics/2018-03/21/c_1122570517.htm。第十三届全国人民代表大会常务委员会第三次会议于 2018 年 6 月 22 日通过的《全国人民代表大会常务委员会关于中国海警局行使海上维权执法职权的决定》，参见 http：//www.npc.gov.cn/zgrdw/npc/xinwen/2018-06/22/content_2056585.htm。

法程序，已由中华人民共和国第十三届全国人民代表大会常务委员会第二十五次会议于2021年1月22日通过，自2021年2月1日起施行。[①]

结束语

从《公约》体系内容和发展趋势看，如何进一步借鉴《公约》体系的发展进程和其他国家的实践经验，充实和丰富中国的海洋法原则和制度特别重要。尽管中国依据《公约》体系不断地完善了国内海洋法制，形成了国内海洋法体系，但依然存在一些难以克服的困难和挑战。中国多年来在海洋法实践中的适应者、遵循者的身份，应结合中国现今在国际上的地位和作用作出在认知和作用上的适度调整，即中国拟在海洋秩序和海洋规则的构筑和重塑进程中，从以下方面转换角色和定位，主要包括从海洋规则的遵守者到制定者的转换，从海洋规则的维护者到引领者的转换，从海洋规则的“模糊者”到精确者的转换，从海洋规则的实施者到监督者的转换，从海洋规则的“特色者”到普通者的转换，从海洋规则的承接者到提供者的转换。而要实现上述角色和定位目标，尤其要成为维系海洋秩序和构筑海洋规则的引领者、海洋公共产品的提供者，需要我们有重点、分步骤地采取多种措施并持续努力，特别应强化对《公约》体系的理论和相关司法判例研究，并结合国家实践充实和完善海洋法律制度。所以，中国在维系海洋秩序、完善海洋规则、强化海洋管理机制等方面任重道远。

① 《中华人民共和国海警法》内容，参见 http：//www. npc. gov. cn/npc/c30834/202101/ec50f62e31a434bb6682d435a906045. shtml。

斯匹次卑尔根群岛渔业保护区争端分析*

董利民**

摘　要： 美国、英国、挪威等国签订的关于斯匹次卑尔根群岛主权安排的《斯匹次卑尔根群岛条约》（以下简称《斯约》），未能终结缔约国之间的利益纷争。随着现代海洋法的发展，各国围绕群岛海洋权益的争端爆发。挪威在斯匹次卑尔根群岛建立渔业保护区并行使管辖权的举动引起其他缔约国关注，双方就其行为的权利合法性及《斯约》适用范围产生争端并持续至今。挪威在考量与利益相关者关系后，在斯匹次卑尔根群岛建立了渔业保护区而非专属经济区。缔约国基于各自利益，对挪威建立的渔业保护区持保留、有限支持等态度。渔业保护区建立后，挪威采取争取盟友支持、引入配额捕捞制度及加强执法等措施，维护其权利。对挪威在斯匹次卑尔根群岛建立专属经济区的权利合法性及《斯约》的适用范围，国际法学者有三种不同观点，即挪威无权单方面建立专属经济区、挪威有权建立专属经济区但《斯约》不适用该水域，以及挪威有权建立专属经济区且《斯约》适用该水域等，这些观点为缔约国的不同立场提供了法律依据。中国以“特定

* 本文以《北极地区斯瓦尔巴群岛渔业保护区争端分析》为题原载《国际政治研究》（双月刊）2019 年第 1 期。

** 董利民，中国海洋大学国际事务与公共管理学院讲师、师资博士后，中国海洋大学海洋发展研究院研究员，研究方向为国际海洋法、海洋争端解决。

区域”的说法回避了上述争端，为中国采取灵活立场、维护合法权益留下空间。

关键词： 非传统安全　联合国海洋法公约　《斯匹次卑尔根群岛条约》　挪威　渔业保护区

地处北极圈内的斯匹次卑尔根群岛，因其独特的地理位置与法律地位，具有十分重要的价值。出于历史原因，20 世纪 20 年代前，该群岛在法律上一直属于“无主地”，任何国家均可对其宣称主权，一些国家曾就此展开激烈争夺。直至 1925 年《斯约》生效，这一状态才宣告结束。中国于 1925 年加入《斯约》，享有条约赋予缔约国的一切权利。《斯约》通过对挪威及其他缔约国利益的综合考量，确立了某种“衡平机制”（Equitable Regime），[①] 然而，这一机制远未能终结缔约国之间的利益纷争。随着联合国第三次海洋法会议的召开，《联合国海洋法公约》（以下简称《海洋法公约》）正式推出专属经济区制度。1977 年，挪威在斯匹次卑尔根群岛建立渔业保护区并行使管辖权，此举随即引起《斯约》缔约国的高度关注，围绕捕鱼权纠纷迭起。斯匹次卑尔根群岛渔业保护区争端的核心是什么？挪威是否有权在斯匹次卑尔根群岛建立渔业保护区？挪威建立的渔业保护区同《海洋法公约》专属经济区有何区别？国际社会就挪威建立渔业保护区的立场有哪些？《斯约》能否适用于斯匹次卑尔根群岛渔业保护区？斯匹次卑尔根群

① “Equitable”一词在国内常译为“公平”，但当“fair”和“equitable”连在一起使用时（在英美法中十分普遍），若将 equitable 也译为“公平”，便难以显示出二者的区别，同时，这也与“equitable”的原意有一定出入。作为法律名词，“衡平”的意义在于注重实质和意图而非形式，在某些法律规定或习惯形式过于僵硬严厉从而不宜使用时，试图补救普通法的缺陷，从而实现实质公正的目标。本文基于以上考虑以及《斯匹次卑尔根群岛条约》实质公平的目的，将“Equitable Regime”译为“衡平机制”。参见傅崐成编《美国合同法精义》，厦门大学出版社，2008，第 17 页；薛波主编《元照英美法词典》，法律出版社，2003，第 483~485 页。

岛在北冰洋占据重要位置，《斯约》又是中国参与北极事务的重要国际法依据，厘清这些问题，充分了解地区发展态势，对维护中国在该地区的合法权益具有重要意义。国内学者对斯匹次卑尔根群岛渔业保护区问题的关注相对不足，仅有少数研究成果，这些研究成果也多从法律层面展开分析，对各种立场背后的深层次原因分析较少。① 本文拟在既有研究的基础上，结合《斯约》、《海洋法公约》、挪威发布的法律和报告，以及其他国家发布的政策文件，运用文献、历史及比较分析等方法，对挪威在斯匹次卑尔根群岛建立渔业保护区的权利合法性及《斯约》适用范围等问题进行深入探析。

一 《斯匹次卑尔根群岛条约》的缔结与斯匹次卑尔根群岛渔业保护区的建立

（一）《斯约》的缔结与衡平机制的确立

《斯约》缔结前，斯匹次卑尔根群岛在法律上一直处于无主地状态，西方国家曾对其展开激烈争夺，挪威、荷兰、俄国及英国等多个国家宣称拥有主权或特殊权利。经过 200 多年的无政府状态，俄国和瑞典（当时挪威是瑞典的一部分）逐渐成为岛上最大的势力，并对群岛实行共管。② 1905 年，

① 国内学者对此问题进行专门研究的成果较少，仅有少数几篇文章，这些成果为继续深入研究提供了重要参考，例如，刘惠荣、张馨元：《斯瓦尔巴群岛海域的法律适用问题研究——以〈联合国海洋法公约〉为视角》，《中国海洋大学学报（社会科学版）》2009 年第 6 期，第 1~5 页；卢芳华：《挪威对斯瓦尔巴德群岛管辖权的性质辨析——以〈斯匹次卑尔根群岛条约〉为视角》，《中国海洋大学学报（社会科学版）》2014 年第 6 期；Tianbao Qin, "Dispute over the Applicable Scope of the Svalbard Treaty: A Chinese Lawyer's Perspective," *Journal of East Asia and International Law*, 8（2015）：149-170；卢芳华：《制度与争议：斯瓦尔巴群岛渔业保护区权益的中国考量》，《太平洋学报》2016 年第 12 期；此外，部分北极问题研究图书中也可见到对斯匹次卑尔根群岛问题进行研究的内容，参见陆俊元《北极地缘政治与中国应对》，时事出版社，2010，第 342~344 页；刘惠荣、董跃《海洋法视角下的北极法律问题研究》，中国政法大学出版社，2012，第 37~42、113~121 页；陆俊元、张侠《中国北极权益与政策研究》，时事出版社，2016，第 228~235 页。

② 刘惠荣、董跃：《海洋法视角下的北极法律问题研究》，中国政法大学出版社，2012，第 37 页。

挪威从瑞典取得独立后，开始寻求将斯匹次卑尔根群岛的管辖权明确化。[①] 经过谈判，挪威、美国、英国、丹麦、瑞典、法国及日本等九国，以及英国的海外领地（爱尔兰、加拿大、澳大利亚、南非和新西兰等）于 1920 年在巴黎签订《斯约》，随后又有中国、苏联、德国、芬兰及西班牙等国参加，条约于 1925 年正式生效。截至 2021 年底，《斯约》共有 46 个缔约国。《斯约》对斯匹次卑尔根群岛主权的安排非常独特，在传统国际法中，对无主地领土主权的取得基于先占，挪威却是基于缔约国协商同意，并以签订国际条约的方式获得该群岛主权，并非源于先占。同时，为平衡挪威与其他缔约国利益，各方达成妥协，在《斯约》框架下建立某种"衡平机制"，以确保斯匹次卑尔根群岛的发展及和平利用。《斯约》第 1 条规定"缔约国承认挪威对斯匹次卑尔根群岛具有充分和完全的主权"[②]，这意味着其他缔约国放弃了对斯匹次卑尔根群岛的领土主张，并承认挪威对群岛的主权，对缔约国而言该群岛不再是无主地。《斯约》第 2~6 条则分别将斯匹次卑尔根群岛陆地及"领海"（Territorial Waters）[③] 的捕鱼、狩猎、通行、通信及科学考察权平等赋予各缔约国，并规定挪威有权采取或公布适当措施实行管辖，但这些措施应平等适用于所有缔约国国民，[④] 即缔约国国民有权自由进入斯匹次卑尔根群岛陆地及领海，并在遵守挪威法律的范围内从事海洋、工业、科考及商业等活动的无歧视原则。《斯约》的签订虽然解决了斯匹次卑尔根群岛的主权归属问题，但受当时环境所限，《斯约》规定仅涉及群岛陆地及领海，未对条约的适用范围作明确规定，这为日后的争端埋下伏笔。

---

① Lotta Numminen, "A History and Functioning of the Spitsbergen Treaty," in D. Wallis and S. Arnold (eds.), *The Spitsbergen Treaty: Multilateral Governance in the Arctic*, Helsinki: Arctic Papers 1 (2011): 7-20; Jacek Machowski, "Scientific Activities on Spitsbergen in the Light of the International Legal Status of the Archipelago," *Polish Polar Research*, 16 (1995): 13-35.

② http://www.spitzbergem.de/up-content/uploads/2020/01/Spitsbergen-traty.English.pdf.

③ 《斯匹次卑尔根群岛条约》英文文本使用的是"Territorial Waters"，并非《联合国海洋法公约》中的"Territorial Sea"（领海），针对"Territorial Waters"的具体内涵，学者有不同解释，参见下文相关内容。这里暂用"领海"代称。

④ 《斯匹次卑尔根群岛条约》第 2~6 条。

（二）斯匹次卑尔根群岛渔业保护区的建立与争端的产生

20 世纪 60 年代，沿海国有权在领海之外建立专属渔区并进行管辖的理念，在国家实践的基础上逐渐发展为习惯国际法。[①] 在联合国第三次海洋法会议召开期间，专属经济区制度逐渐为国际社会所接受，最终被纳入《海洋法公约》，并规定：沿海国有权主张不超过 200 海里的专属经济区，并享有一定主权权利和管辖权。值得指出的是，虽然专属经济区制度的重要目的在于实现沿海国对生物资源的养护和管理，但同时沿海国的管辖权也随之得到极大扩展。面对这一发展趋势，挪威着手在其附近海域建立专属经济区，以维护自身海洋权益。1976 年 12 月 17 日，挪威颁布《经济区法令》，宣布有权建立 200 海里专属经济区，[②] 为进一步行动提供国内法依据。依据该法，挪威首先于 1977 年 1 月在其大陆领土（Norway Mainland）附近海域建立专属经济区。挪威政府宣称，有权在斯匹次卑尔根群岛建立专属经济区，[③] 并认为《斯约》仅适用于群岛陆地及领海，不适用领海以外的水域，这意味着其他缔约国不能依据《斯约》自由进入斯匹次卑尔根群岛专属经济区，更无法享有平等从事海洋、工业、科考及商业等活动的权利。斯匹次卑尔根群岛周边海域资源有非常大的经济价值，挪威在该水域的捕捞量占其总捕捞量的 18%，历史上该水域鳕鱼捕捞量占整个巴伦支海捕捞量的 25%，[④] 一旦挪威在该水域建立专属经济区，将对这些资源拥有排他性的主权权利，这将严重影响苏联等国的经济利益，部分缔约国也担心挪威此举将破坏《斯约》确立的衡平机制，损害其在斯匹次卑尔根群岛的权益。由于

---

① International Court of Justice, *Judgement of Fisheries Jurisdiction* (*United Kingdom v. Iceland*), 1974, para. 52.

② Division for Ocean Affairs and the Law of the Sea, Office of Legal Affairs, United Nations, "Act No. 91 of 17 December 1976 Relating to the Economic Zone of Norway," http://www.un.org/depts/los/LEGISLATIONANDTREATIES/PDFFILES/NOR_1976_Act.pdf.

③ https://www.regjeringen.no/no/tema/mat-fiske-og-landbruk/fiskeri-og-havbruk/rydde-internasjonalt/fiskevernsonen-ved-svalbard-og-fiskeriso/id445285/.

④ Robin Churchill and Geir Ulfstein, *Marine Management in Disputed Areas: The Case of the Barents Sea*, Routledge, 1992, p. 100.

《斯约》缔结时，“专属经济区”概念尚未出现，该条约也未对其适用范围作出明确规定，缔约国同挪威就该国在斯匹次卑尔根群岛建立专属经济区的权利合法性，以及《斯约》能否适用于该专属经济区产生了新的争端。为避免争端激化，挪威于1977年6月3日发布《斯瓦尔巴渔业保护区条例》（以下简称《渔业保护区条例》），[①] 仅在斯匹次卑尔根群岛周边水域建立有别于专属经济区的渔业保护区。时任挪威外交大臣克努特·弗吕登伦（Knut Frydenlund）在议会的发言中表示：“挪威毫无疑问拥有在斯匹次卑尔根群岛建立专属经济区的权利，但在斯匹次卑尔根群岛直接建立专属经济区将会造成无穷的争议与冲突……挪威之所以选择在该海域建立渔业保护区而非专属经济区，正是由于我们不希望将挪威与一些国家的争议推向极端。”[②] 挪威外交部也给出建立渔业保护区而非专属经济区的两个理由：首先，建立渔业保护区的目的在于监督并减少这一水域的渔业活动，为此目的，无须对挪威及外国渔船作区别对待；其次，在这一水域建立专属经济区将不可避免地引起同其他《斯约》缔约国的冲突。[③] 挪威外交部2006年发布的《挪威政府北方战略》也承认：挪威在斯匹次卑尔根群岛仅建立渔业保护区而非专属经济区，原因之一便是担心同其他缔约国产生冲突。[④] 根据《渔业保护区条例》，斯匹次卑尔根群岛渔业保护区的建立是为了实现对生物资源的养护与管理，《渔业保护区条例》授权挪威渔业部在划定禁捕区、设置总可捕量、捕捞配额及网目尺寸等方面作出具体规定。值得注

① Norway Ministry of Foreign Affairs, "Regulation No. 6 on Fishery Protection Zone Around Svalbard," June 3, 1977, https://www.ecolex.org/details/legislation/regulation-no-6-on-fishery-protection-zone-around-svalbard-lex-faoc118326/.

② Knut Frydenlund, *Lille land-hva na? Refleksjoner om Norges Utenrikspolitiske Situasjon*, Oslo: Universitetsforlaget, 1982, p. 56; quoted from Torbjørn Pedersen, "International Law and Politics in U. S. Policymaking: The United States and the Svalbard Dispute," *Ocean Development & International Law*, 42 (2011): 127.

③ International Court of Justice, *Maritime Delimitation in the Area between Greenland and Jan Mayen (Denmark v. Norway)*, *Reply Submitted by the Government of the Kingdom of Denmark*, January 1991, pp. 106-107.

④ Norwegian Ministry of Foreign Affairs, "The Norwegian Government's High North Strategy," December 1, 2006, p. 17.

意的是，《渔业保护区条例》特别规定《经济区法令》中限制外国籍渔民及渔船在专属经济区内从事捕捞活动的条款不适用于渔业保护区。[①] 此后，挪威海岸警卫队在渔业保护区内展开执法活动，确保相关法律规章的实施。渔业保护区建立后，面对其他《斯约》缔约国的压力，挪威向部分国家开放，在限定捕捞配额的基础上，允许其进入渔业保护区从事渔业活动，并宣称对渔业保护区的管理基于无歧视原则。[②] 从渔业保护区建立的历史看，它是挪威在认识到建立专属经济区将遭遇巨大阻力的情况下，不得不作出的妥协。尽管如此，时至今日，其他缔约国同挪威就上述争端仍未达成共识。

（三）斯匹次卑尔根群岛渔业保护区同《海洋法公约》专属经济区的联系与区别

斯匹次卑尔根群岛渔业保护区依据挪威《经济区法令》建立，但又区别于专属经济区，二者关系十分微妙。挪威在斯匹次卑尔根群岛建立渔业保护区而非专属经济区，是权衡与其他《斯约》缔约国等利益相关者关系后的妥协。但在渔业保护区建立后，挪威依然坚称有权将渔业保护区转变为专属经济区，完全实施专属经济区的法律。[③] 国际海洋法法庭前法官、曾任英国外交部法律顾问的安德森（D. H. Anderson）曾指出："挪威在斯匹次卑尔根群岛水域建立的渔业保护区，有别于在大陆（Norway Mainland）水域建立的专属经济区，其主要目的是实现对生物资源的养护，因此，挪威在渔业保护区内的管辖权相较专属经济区受到一定限制，应当将其视为有限的专属经济区，挪威享有不同于专属经济区的有

① Norway Ministry of Foreign Affairs, "Regulation No. 6 on Fishery Protection Zone around Svalbard," June 3, 1977.

② Rachel G. Tiller, "New Resources and Old Regimes: Will the Harvest of Zooplankton Bring Critical Changes to the Svalbard Fisheries Protection Zone?" *Ocean Development & International Law*, 40 (2009): 310.

③ Torbjørn Pedersen, "The Constrained Politics of the Svalbard Offshore Area," *Marine Policy*, 32 (2008): 916.

限管辖权。”[1] 但仍需指出，斯匹次卑尔根群岛渔业保护区与《海洋法公约》规定的专属经济区存在巨大区别。首先，沿海国依据《海洋法公约》在专属经济区内享有对自然资源的主权权利，对人工岛屿、设施和结构的建造和使用、海洋科学研究及海洋环境的保护和保全的管辖权，以及《海洋法公约》规定的其他权利，[2] 而挪威《渔业保护区条例》仅对生物资源的养护及相关问题作出规定，由此可见，挪威在渔业保护区的权利范围远小于专属经济区。依据《经济区法令》，挪威于 2001 年颁布《关于外国在挪威内水、领海、经济区和大陆架开展海洋科学研究的规定》（以下简称《海洋科学研究规定》），但依照该国《斯瓦尔巴法案》第 2 条，挪威国内法中仅有私法、刑法及司法法适用于斯匹次卑尔根群岛，除非经特别规定，其他法律不适用于该群岛，[3] 上述《海洋科学研究规定》并未对外国科研船在斯匹次卑尔根群岛渔业保护区开展科学研究作出专门规定，依据《斯瓦尔巴法案》，《海洋科学研究规定》并不适用于渔业保护区。其次，根据《海洋法公约》，沿海国在专属经济区内享有勘探和开发、养护和管理生物资源的主权权利，对生物资源而言，在沿海国没有能力捕捞全部可捕量的情形下，可准许其他国家捕捞可捕量的剩余部分，[4] 其他国家在一国专属经济区内进行捕捞活动需获得该国同意。对斯匹次卑尔根群岛渔业保护区而言，《渔业保护区条例》明确规定挪威《经济区法令》中限制外国渔民及渔船在专属经济区内从事捕捞活动的条款不适用于渔业保护区，挪威允许部分国家在该水域进行捕捞并非基于剩余捕捞权，而是根据这些国家的历史捕捞记录；最后，最为重要的区别在于，与专属经济区不同，《海洋法公约》中并没有渔业保护区这一概念，因此，挪威不能依据《海洋法公约》建立渔业保护区。尽管《海洋法公约》序言明确提及对未

---

① D. H. Anderson, “The Status under International Law of the Maritime Areas around Svalbard,” *Ocean Development & International Law*, 40 (2009): 378.

② 《联合国海洋法公约》第 56 条。

③ Norway Ministry of Justice and Public Security, “The Svalbard Act,” July 17, 1925, Article 2.

④ 《联合国海洋法公约》第 56、62 条。

予规定的事项，应继续以一般国际法的规则和原则为准据，挪威可据此在一般国际法的基础上为其渔业保护区的建立提出法律依据，然而，截至2021年底，挪威也未能就此提出论证。因此，挪威在斯匹次卑尔根群岛建立渔业保护区的权利合法性依然值得关注。

二　围绕斯匹次卑尔根群岛渔业保护区争端的不同立场

挪威出于对可能引起争端的担心，采取折中办法，仅在斯匹次卑尔根群岛建立渔业保护区，但其他缔约国乃至国际社会对此仍予以高度关注，纷纷表态。围绕挪威在斯匹次卑尔根群岛建立渔业保护区所产生的争端主要集中在两个方面：首先，挪威是否有权在斯匹次卑尔根群岛建立渔业保护区并实施管辖；其次，若挪威有权建立渔业保护区，《斯约》能否适用于该渔业保护区，即缔约国可否根据《斯约》确立的公平原则，平等享有渔业保护区内资源开发等权利。各缔约国关注该问题的出发点不尽相同，政策取向也不尽一致，并且随时间及自身利益的变化出现转变。

（一）俄罗斯立场：挪威无权单方面建立渔业保护区

从战略、军事及经济等方面考量，斯匹次卑尔根群岛对俄罗斯具有重要价值。斯匹次卑尔根群岛南部至挪威大陆北部之间的水域，是俄罗斯北方舰队进入大西洋的重要通道，斯匹次卑尔根群岛大陆架上可能存在丰富的油气资源，群岛周边水域的渔业资源对俄罗斯渔民十分重要，仅这一水域的鳕鱼即占俄罗斯在北大西洋鳕鱼总捕捞量的1/4。[①] 俄罗斯是除挪威之外最早开发

① Timo Koivurova and Filip Holiencin, "Demilitarisation and Neutralisation of Svalbard: How Has the Svalbard Regime been able to Meet the Changing Security Realities during Almost 100 Years of Existence?" *Polar Record*, 53 (2017): 132; Kristian Åtland and Torbjørn Pedersen, "The Svalbard Archipelago in Russian Security Policy: Overcoming the Legacy of Fear-or Reproducing It?" *European Security*, 17 (2008): 238-239.

利用斯匹次卑尔根群岛的国家，也是除挪威之外仅有的仍在斯匹次卑尔根群岛进行煤矿开采的国家，加之与挪威有过争夺斯匹次卑尔根群岛的历史，因此，俄罗斯非常在意维护其在斯匹次卑尔根群岛的权益，增强实质性存在也被列为俄罗斯斯匹次卑尔根群岛政策的重要目标。① 在俄罗斯官方及许多俄罗斯学者看来，挪威限制俄罗斯在斯匹次卑尔根群岛权益的意图十分明显，认为挪威在该群岛建立自然保护区及 2001 年通过《斯瓦尔巴环境法案》是实现这一目的的手段。② 挪威认为，维护斯匹次卑尔根群岛主权过程中面临的最大威胁是俄罗斯，其斯匹次卑尔根群岛政策的一个重要目标是促使俄罗斯影响力边缘化，挪威加入北约的重要原因也在于防止俄罗斯势力在斯匹次卑尔根群岛的扩张。③ 因此，俄罗斯对挪威在斯匹次卑尔根群岛建立渔业保护区一事十分关注。在挪威正式发布建立渔业保护区的法令后，当时的苏联政府即谴责了这一行为，在 1977 年发给挪威的照会中表示：挪威无权通过国内法单方面在斯匹次卑尔根群岛建立渔业保护区，其建立渔业保护区的做法同《斯约》义务之间明显缺乏一致性，苏联将挪威试图通过处罚等措施禁止其他缔约国国民在这一区域进行捕捞活动的做法，视为挪威蔑视《斯约》并非法扩大其在斯匹次卑尔根群岛权利的新动作，侵犯了苏联在该地区的权益，并警告挪威苏联将采取行动以维护自身利益。④ 随后经过协商，双方均同意有必要在无歧视原则的基础上对斯匹次卑尔根群岛附近海域的渔业资源进行管理，以避免过度捕捞，但双方针对挪威的管辖权问题仍坚持各自的原则立场。⑤ 苏联解

---

① http：//government. ru/department/131/about/.

② Kristian Åtland and Torbjørn Pedersen，“The Svalbard Archipelago in Russian Security Policy：Overcoming the Legacy of Fear-or Reproducing It?” *European Security*，Vol. 17. No. 2-3，2008，p. 242.

③ Adam Grydehøj，“Informal Diplomacy in Norway's Svalbard Policy：The Intersection of Local Community Development and Arctic International Relations，” *Global Change*，*Peace & Security*，26（2014）：7-50.

④ “Soviet Union Diplomatic Note Handed to Norway on 15 June 1977，” in A. N. Vylegzhanin and V. K. Zilanov（eds.），*Spitsbergen*：*Legal Regime of Adjacent Marine Areas*，Boom Eleven International，2007，p. 140.

⑤ “Soviet-Norwegian Communiqué on March 16，1978，” in A. N. Vylegzhanin and V. K. Zilanov（eds.），*Spitsbergen*：*Legal Regime of Adjacent Marine Areas*，Boom Eleven Internationd，2007，pp. 141-142.

体后，俄罗斯依然坚持这一态度，在 1998 年发给挪威的照会中表示：俄罗斯对斯匹次卑尔根群岛渔业保护区的立场与苏联 1977 年的立场一致，没有发生改变。[①] 挪威南森研究院主任盖尔·荷内兰德（Geir Hønneland）指出："直到现在，俄罗斯官方从未承认挪威有权建立渔业保护区。"[②] 20 世纪 80 年代中期以来，挪威加大在斯匹次卑尔根群岛渔业保护区的执法力度，招致苏联（俄罗斯）的激烈回应。2001 年 4 月，挪威在渔业保护区内对俄罗斯的一艘渔船采取执法行动后，俄罗斯要求俄罗斯-挪威渔业委员会（Joint Russian-Norwegian Fisheries Commission）中的挪方代表介入此事，促使挪威结束执法行动，并威胁挪威此举将严重损害双方关系。此后，俄罗斯还以保护本国渔民免受挪威海岸警卫队执法为由，派遣北方舰队的军舰进入斯匹次卑尔根群岛水域。[③] 2010 年，俄罗斯与挪威就巴伦支海与北冰洋海洋划界及合作达成共识并缔结条约。根据该条约，俄罗斯和挪威之间的海洋边界北起北冰洋、南至靠近挪威本土以外的巴伦支海海域，其中包括俄罗斯专属经济区与斯匹次卑尔根群岛渔业保护区之间的海洋边界，但该条约第 4 条规定双方在该海域拥有的渔业机会不受本条约影响，第 6 条又规定本条约的缔结不影响双方通过已经缔结的其他条约获得的权利与义务。[④] 据此，可以认为，俄罗斯接受斯匹次卑尔根群岛拥有专属经济区，但同时该条约并不意味着俄罗斯放弃了认为挪威无权单方面在斯匹次卑尔根群岛建立专属经济区或渔业保护区的既有立场。此外，俄挪双方就《斯约》是否适用斯匹次卑尔根群岛专属经济区或渔业保护区的分歧依然存在。近年来，由于斯匹次卑尔根群岛存在的争议，俄罗斯军方甚至将其列入未来爆发冲突的潜在地区之一，俄罗斯官员

---

① "Russia Diplomatic Note Handed to Norway on 17 July 1998," in A. N. Vylegzhanin and V. K. Zilanov (eds.), *Spitsbergen: Legal Regime of Adjacent Marine Areas*, Boom Eleven International, 2007, p. 146.

② Geir Hønneland, *Russia and the Arctic: Environment, Identity and Foreign Policy*, I. B. Tauris & Co. Ltd., 2016, p. 80.

③ Torbjørn Pedersen, "The Dynamics of Svalbard Diplomacy," *Diplomacy & Statecraft*, 19 (2008): 247-248.

④ 挪威与俄罗斯关于巴伦支海和北冰洋海洋划界与合作的条约，请参见 https://www.regjeringen.no/globalassets/upload/ud/vedlegg/folkerett/avtale_engelsk.pdf。

也曾多次指责挪威侵犯俄罗斯在斯匹次卑尔根群岛的权利。①

（二）美国立场：基于战略考量给予有限支持

美国作为《斯约》缔约国，同时也是冷战期间西方阵营的领导者，主要从全球战略及维护自身经济利益双重视角看待斯匹次卑尔根群岛问题。1976 年 2 月，美国国家安全委员会提交《第 232 号国家安全研究备忘录》（以下简称《研究备忘录》），着重从战略与经济两个方面对影响其斯匹次卑尔根群岛政策的因素作出详细分析。从战略视角看，位于斯匹次卑尔根群岛南部的巴伦支海是苏联北方舰队进入大西洋的必经航线，其弹道导弹核潜艇也可以在这片海域展开巡逻；挪威作为北约成员国，斯匹次卑尔根群岛自然属于北约势力范围，因此，反对苏联势力在该地区的扩张符合美国及北约利益；斯匹次卑尔根群岛大陆架可能存在丰富的石油及天然气资源，未来对这些资源的开发或将对全球能源政治产生重要影响。因此，在冷战背景下，美国自然十分重视该群岛及其附近海域的战略及军事价值，将挪威维护斯匹次卑尔根群岛主权的行动视为对抗苏联势力扩张的反应。与此同时，《研究备忘录》也指出，斯匹次卑尔根群岛及其附近海域尚未成为东西方对抗的前沿，继续维持地区稳定符合美国及北约利益，若美国和挪威对苏联采取过激反应，也不利于地区稳定。② 据此，从战略层面讲，美国在该地区面临艰难选择，既需保护盟友及防范苏联势力扩张，同时又不致激怒苏联而使事态更加复杂，并危及地区稳定。因此，美国国家安全委员会建议美国政府应谨慎行动。就维护美国经济利益而言，《研究备忘录》指出，作为《斯约》缔约国，美国在该群岛拥有潜在的商业与科研利益，但也明确指出美国在该地

---

① Thomas Nilsen, "Kommersant: Russia Lists Norway's Svalbard Policy as Potential Risk of War," https://thebarentsobserver.com/en/security/2017/10/kommersant-russia-lists-norways-svalbard-policy-potential-risk-war#.WdSgfVXb4TY.twitter; Atle Staalesen, "Lavrov Attacks Norway, Says Relations on Svalbard Should be Better," https://thebarentsobserver.com/en/arctic/2017/10/lavrov-attacks-norway-over-svalbard.

② National Security Study Memorandum 232, "US Policy toward Svalbard (Spitsbergen)," February 23, 1976.

区没有直接的渔业利益。基于对上述多种因素的考虑，《研究备忘录》建议美国政府在外交上支持挪威维护斯匹次卑尔根群岛主权的同时，也需确保其履行《斯约》义务，在美苏两国层面缓和双方关系，维持地区和平稳定。为维护美国经济利益，《研究备忘录》建议政府保留基于《斯约》可能产生的一切权利。[①] 同年 4 月，《第 325 号国家安全决议备忘录》接受《研究备忘录》的建议，确定美国斯匹次卑尔根群岛的政策目标，包括阻止苏联对该地区的侵犯，维护美国作为《斯约》缔约国应享有的商业及科研权利，为此，美国保留基于《斯约》在斯匹次卑尔根群岛大陆架勘探与开发矿物资源的一切权利，[②] 然而，《第 325 号国家安全决议备忘录》并未明确提及斯匹次卑尔根群岛的渔业保护区问题。虽然如此，由于美国在斯匹次卑尔根群岛水域没有直接的渔业利益，同时，为防止苏联势力的进一步扩张，美国事实上支持了挪威的立场，在得到挪威保证基于无歧视原则管理渔业保护区后，美国积极争取法国、英国及西德等北约盟友，在渔业保护区问题上给予挪威一定支持。[③] 有学者指出，美国之所以支持挪威，也是为防止挪威与苏联在此问题上达成妥协。[④] 20 世纪 80 年代后，美国国务院法律顾问曾对斯匹次卑尔根群岛问题进行重新评估，认为挪威有权依据国际法主张沿海国应当拥有的权利，但同时指出这一结论并非绝对，缔约国的态度将对挪威在斯匹次卑尔根群岛主张专属经济区与大陆架的权利产生影响，对《斯约》是否适用于斯匹次卑尔根群岛领海以外水域，评估并未给出明确结论。[⑤] 因此，总

---

① National Security Study Memorandum 232, “US Policy toward Svalbard (Spitsbergen),” February 23, 1976.

② National Security Decision Memorandum 325, “United States Policy toward Svalbard,” April 20, 1976.

③ Torbjørn Pedersen, “International Law and Politics in U. S. Policymaking: The United States and the Svalbard Dispute,” *Ocean Development & International Law*, 42 (2011): 127–128.

④ Valur Ingimundarson, “The Geopolitics of the ‘Future Return’: Britain’s Century-Long Challenges to Norway’s Control over the Spitsbergen Archipelago,” *The International History Review*, 39 (2017): 11–12.

⑤ Office of the Legal Adviser, U. S. Department of State, “Legal Memorandum on Issues Related to the Continental Shelf Around Svalbard,” October 20–21, 1981, quoted from Torbjørn Pedersen, “International Law and Politics in U. S. Policymaking: The United States and the Svalbard Dispute,” *Ocean Development & International Law*, 42 (2011): 128–129.

体来看，美国保留了勘探与开发斯匹次卑尔根群岛大陆架矿物资源的一切权利，在渔业保护区问题上并未明确表态，即便曾经给予挪威支持，其主要目的也在于拉拢其对抗苏联。2007 年，时任美国驻挪威大使本森·惠特尼（Benson Whitney）在出席挪威科学院一场有关斯匹次卑尔根群岛问题的研讨会时，也主要关注该地区的石油和天然气资源开发，并表示权利与义务不清晰将影响缔约国在该地区的利益，他在讲话中并未提及渔业保护区问题。①

（三）英国立场：对渔业保护区的建立持保留态度

冷战期间，英国作为西方世界的重要成员及美国盟友，加之在该地区拥有经济利益，也面临在支持挪威维护主权并对抗苏联以及维护自身经济利益之间进行平衡的难题。历史上英国也曾试图争夺该群岛主权，这一努力失败后，该国通过参加《斯约》，保留了自由进入及公平开发斯匹次卑尔根群岛的权利。20 世纪 70 年代初期，在壳牌公司游说下，英国政府开始关注斯匹次卑尔根群岛大陆架上的油气资源，面对挪威有意针对斯匹次卑尔根群岛大陆架采取行动的情形，为支持挪威维护斯匹次卑尔根群岛主权并对抗苏联，但又不致损害自身经济利益，英国同美国一道，在该问题上采取保留态度。与美国有所保留不同的是，英国不仅保留了勘探与开发斯匹次卑尔根群岛大陆架资源的权利，同时保留了对《斯约》及其适用范围进行解释的权利。②挪威在斯匹次卑尔根群岛建立渔业保护区后，英国表示虽然这一海域的渔业资源的确需要保护，挪威单方面建立渔业保护区不符合《斯约》，并拒绝接受挪威的决定，但考虑到需要支持挪威对抗苏联，加之面临美国施压，英国

---

① Benson Whitney, "The US Point of View: Energy and High North," the Norwegian Academy of Science and Letters, January 25, 2007, http://www.abelprize.no/binfil/download.php?tid=27098.

② UK Aide-mémoire Handed to Norway on October 29, 1974, quoted from Torbjørn Pedersen, "The Dynamics of Svalbard Diplomacy," *Diplomacy & Statecraft*, Vol. 19, No. 2, June 14, 2008, p. 239.

不得不暂时搁置这一问题，对渔业保护区的建立采取保留态度。[①] 20 世纪 80 年代中期以后，随着冷战局势缓和，英国开始对其保留政策进行调整，更加突出维护自身经济利益。调整后的英国政策将斯匹次卑尔根群岛与挪威其他领土主张的专属经济区及大陆架进行区分，并认为，依据《海洋法公约》，斯匹次卑尔根群岛拥有专属经济区及大陆架，但有别于挪威其他领土，这一专属经济区及大陆架仅属于群岛本身，《斯约》适用于斯匹次卑尔根群岛专属经济区及大陆架，其他缔约国国民具有自由出入并对其进行公平开发的权利。[②]

（四）欧盟立场：对渔业保护区的建立持保留态度

欧盟不是《斯约》缔约方，但仍然十分重视斯匹次卑尔根群岛渔业保护区问题，主要原因在于以下几方面。首先，欧盟需要维护成员国渔业利益。其次，渔业保护区的合法性涉及对《斯约》及其适用范围的解释，关乎欧盟及其成员国对斯匹次卑尔根群岛大陆架上自然资源的重要权利。再次，《欧盟运行条约》第 3 条规定，欧盟具有制定共同渔业政策，以保护海洋生物资源的专属权利；第 4 条第 2 款规定欧盟可在涉及环境、交通、农业及除海洋生物资源保护以外的渔业领域同成员国分享权利。[③] 虽然欧盟不是《斯约》缔约方，但其多个成员国为《斯约》缔约国，欧盟据此在斯匹次卑尔根群岛问题上拥有发言权。[④] 最后，近年来，欧盟一直寻求在北极事务中扮演积极角色，斯匹次卑尔根群岛问题为其参与北极事务提供了契机。因

---

① Valur Ingimundarson, "The Geopolitics of the 'Future Return': Britain's Century-Long Challenges to Norway's Control over the Spitsbergen Archipelago," *Diplomacy & Statecraft*, Vol. 19, No. 2, June 14, 2008, p. 12; UK Bout de Papier Handed to Norway on 22 July 1979, quoted from Torbjørn Pedersen, "The Dynamics of Svalbard Diplomacy," p. 241.

② "British Diplomatic Note Handed to Norway on 11 March 2006," in Kaiyan Kaikobad Jacques Hartmann Sangeeta Shah Colin Warbrick, "United Kingdom Materials on International Law 2007," *British Yearbook of International Law*, 78 (2008): 794.

③ 《欧盟运行条约》第 3 条，第 4 条第 2 款。

④ E. J. Molenaar, "Fisheries Regulation in the Maritime Zones of Svalbard," *The International Journal of Marine and Coastal Law*, 27 (2012): 22.

此，在挪威于斯匹次卑尔根群岛建立渔业保护区后，欧盟前身欧共体随即照会挪威政府，作出保留。[①] 欧盟委员会在 1993 年发布的《对挪威申请欧盟成员国的意见》中表示：委员会认为《斯约》应当适用于斯匹次卑尔根群岛渔业保护区。[②] 进入 21 世纪，挪威曾在斯匹次卑尔根群岛渔业保护区执法过程中逮捕西班牙和葡萄牙渔船，后者在反对挪威对其渔船执法时曾得到欧盟支持。[③] 欧盟委员会 2016 年向成员国拉脱维亚、立陶宛及西班牙的 16 艘渔船发放许可证，准许其到斯匹次卑尔根群岛附近海域捕捞雪蟹后，挪威于 2017 年初逮捕了一艘来自拉脱维亚的渔船，并指控其在斯匹次卑尔根群岛渔业保护区内从事非法捕捞活动，导致双方争端再度升级。[④] 欧洲议会还曾多次就挪威对《斯约》所作解释的合法性及欧盟是否应当承认挪威建立的渔业保护区进行讨论。[⑤]

（五）其他国家立场：以保留态度为主

除上述三国及欧盟，其他《斯约》缔约国也纷纷表达对挪威建立渔业保护区的立场。冷战期间同属东方阵营的华沙条约组织成员国捷克斯洛伐克、波兰、匈牙利等，跟随苏联，通过谴责、警告及声明等方式，对挪威建立渔业保护区表示抗议。捷克斯洛伐克在发给挪威的外交照会中，将建立渔

---

① Torbjørn Pedersen, "The Dynamics of Svalbard Diplomacy," *Diplomacy & Statecraft*, Vol. 19, No. 2, June 14, 2008, p. 241.

② Office for Official Publications of the European Communities, "The Challenge of Enlargement: Commission Opinion on Norway's Application for Membership," *Bulletin of the European Communities*, Supplement 2/93, March 24, 1993, p. 11.

③ Marta Sobrido, "The Position of the European Union on the Svalbard Waters," in Elena Conde and Sara Iglesias Sánchez (eds.), *Global Challenges in the Arctic Region: Sovereignty, Environment and Geopolitical Balance*, Routledge, 2017, p. 83.

④ Atle Staalesen, "Snow Crabs Raise Conflict Potential around Svalbard," *The Independent Barents Observer*, January 23, 2017, https://thebarentsobserver.com/en/arctic/2017/01/snow-crabs-raises-conflict-potential-svalbard; Kait Bolongaro, "Oil Lurks beneath EU-Norway Snow Crab Clash," *Politico*, June 28, 2017, https://www.politico.eu/article/of-crustaceans-and-oil-the-case-of-the-snow-crab-on-svalbard/.

⑤ Andreas Raspotnik and Andreas Østhagen, "From Seal Ban to Svalbard-The European Parliament Engages in Arctic Matters," The Arctic Institute, March 10, 2014, https://www.thearcticinstitute.org/from-seal-ban-to-svalbard-european-parliament/.

业保护区称作挪威擅自扩大其自身权利的措施，并表示保留采取必要行动维护自身利益的权利；波兰认为，《斯约》任何一方都无权单方面改变斯匹次卑尔根群岛及其海域的法律状态，呼吁缔约国对此进行协商；匈牙利则指责挪威单方面建立渔业保护区违反《斯约》。[①] 挪威建立斯匹次卑尔根群岛渔业保护区的行动，在西方阵营内部同样引起关注，它们基于自身利益，纷纷表达立场。法国和西德均表示保留基于《斯约》自由进入及公平开发斯匹次卑尔根群岛专属经济区及大陆架的权利。[②] 西班牙认为，改变《斯约》确立的斯匹次卑尔根群岛体制，将影响缔约国权利，因此，这些改变须征得缔约国一致同意，并认为若挪威依据《海洋法公约》在斯匹次卑尔根群岛建立专属经济区，《斯约》应当适用于该水域。[③] 荷兰承认挪威有权在斯匹次卑尔根群岛建立专属经济区，但认为《斯约》同样对其适用。[④] 为换取挪威在北约中对芬兰的支持，时任芬兰总统乌尔霍·卡勒瓦·吉科宁（Urho Kaleva Kekkonen）在20世纪70年代曾公开表达过对挪威的支持，成为第一个公开表态支持挪威建立渔业保护区的国家，然而，进入21世纪，芬兰的态度发生转变，逐渐由支持转变为“持开放态度”。[⑤] 加拿大虽然在同挪威签署的《渔业保护与执行协定》中表示支持挪威的立场，但截至目前，该协定并未在加拿大国内获得批准。[⑥] 渔业是冰岛赖以生存的经济命脉，鱼类也是冰岛主要的食物来源与出口产品，冰岛前总统格里姆松（Olafur R. Grimsson）

---

① Torbjorn Pedersen and Tore Henriksen, “Svalbard's Maritime Zones: The End of Legal Uncertainty?” *The International Journal of Marine and Coastal Law*, 24 (2009): 144.

② Torbjørn Pedersen, “International Law and Politics in U. S. Policymaking: The United States and the Svalbard Dispute,” *Ocean Development & International Law*, 42 (2011): 241.

③ Torbjørn Pedersen, “International Law and Politics in U. S. Policymaking: The United States and the Svalbard Dispute,” *Ocean Development & International Law*, 42 (2011): 241-250.

④ Torbjørn Pedersen, “International Law and Politics in U. S. Policymaking: The United States and the Svalbard Dispute,” *Ocean Development & International Law*, 42 (2011): 241.

⑤ Torbjørn Pedersen, “International Law and Politics in U. S. Policymaking: The United States and the Svalbard Dispute,” *Ocean Development & International Law*, 42 (2011): 242-251.

⑥ OECD, *Review of Fisheries in OECD Countries 1997: Policies and Summary Statistics*, OECD Publishing, 1998, p. 10; Torbjørn Pedersen, “The Dynamics of Svalbard Diplomacy,” *Diplomacy & Statecraft*, Vol. 19, No. 2, June 14, 2008, p. 247.

曾表示，渔业是冰岛最根本的产业。[①] 冰岛于 1994 年加入《斯约》，随即对挪威的斯匹次卑尔根群岛渔业保护区制度表达抗议，冰岛外交部在 2006 年发表的立场文件中指出：挪威在斯匹次卑尔根群岛专属经济区及大陆架的任何主权权利，均基于《斯约》，因此，《斯约》适用于斯匹次卑尔根群岛领海、专属经济区与大陆架。[②] 受海洋划界及石油、渔业资源等因素影响，丹麦对挪威建立斯匹次卑尔根群岛渔业保护区的态度几经变化。20 世纪 70 年代初期，丹麦认为支持挪威对斯匹次卑尔根群岛大陆架及海域的主张将简化格陵兰岛与斯匹次卑尔根群岛之间的海洋划界问题，因此，对挪威的立场表示支持。然而，随着国际海洋法的发展及专属经济区制度逐渐被接受，丹麦担心挪威在斯匹次卑尔根群岛和扬马延岛（Jan Mayen）主张 200 海里专属经济区将与格陵兰岛主张的专属经济区发生重叠，同时，考虑到需要在同挪威的海洋划界中增加筹码、斯匹次卑尔根群岛附近海域丰富的渔业资源、美英等盟友已经采取保留态度等多种因素后，逐渐改变政策，由支持转向保留。20 世纪 80 年代，随着丹麦渔民对斯匹次卑尔根群岛附近海域渔业资源的重视，为维护渔业利益，丹麦的态度再度发生转变，认为《斯约》应当适用于挪威在斯匹次卑尔根群岛建立的所有海域，包括大陆架、专属经济区或渔业保护区。[③] 2006 年，丹麦与挪威签订海洋划界协定，其中包括对丹麦格陵兰岛专属经济区与挪威斯匹次卑尔根群岛渔业保护区海洋边界的划定，但该协定第 3 条规定：本协定不影响双方对不受该协定约束问题的看法，特别是有关对海洋的主权权利及管辖权问题。[④] 这表明，尽管丹麦默认了挪威在斯匹次卑尔根群岛建立的渔业保护区，但就《斯约》的适用范围，双方依然存在分歧。

① The Central Bank of Iceland, "The Economy of Iceland 2016," October, 2016, pp. 19-21.

② "On the Status of Maritime Expanses Adjacent to Spitsbergen: Position of the Ministry of Foreign Affairs of Iceland," in A. N. Vylegzhanin and V. K. Zilanov (eds.), *Spitsbergen: Legal Regime of Adjacent Marine Areas*, Boom Eleven International, 2007, pp. 150-151.

③ Torbjørn Pedersen, "Denmark's Policies Toward the Svalbard Area," *Ocean Development & International Law*, 40 (2009): 319-332.

④ 丹麦和挪威关于格陵兰岛与斯匹次卑尔根群岛海洋划界的协定，请参见 https://treaties.un.org/Pages/showDetails.aspx?objid=080000280064a71。

上述分析表明，围绕斯匹次卑尔根群岛渔业保护区争端及各方采取的不同立场，根源在于各国根据自身战略与经济利益所作的不同考量。目前看来，虽然斯匹次卑尔根群岛局势相对平静，国际社会也无意在短期内推动这一问题的解决，但值得注意的是，各方为维护自身利益，均留下不少政策空间。随着全球海洋渔业资源持续衰减，远洋渔业大国势必加强对渔业资源的争夺，部分缔约国或将运用《斯约》赋予的权利，寻求在斯匹次卑尔根群岛附近海域进行捕捞活动，对地区渔业管理现状造成冲击，上述争端也将再次成为各方关注焦点。此外，在全球气候变化大背景下，北极地区受到更多重视，北极经济及地缘战略优势再度凸显，斯匹次卑尔根群岛因其独特的地理位置与法律地位，将得到更多关注，加之对《斯约》适用范围所采取的立场还涉及斯匹次卑尔根群岛大陆架上的油气资源开采问题，这也是斯匹次卑尔根群岛问题获得美国、英国及俄罗斯等国家关注的核心所在，可谓牵一发而动全身。特别是随着国际社会对油气资源需求量的增加，一旦有国家试图在该地区进行开发，将立即搅动各方的敏感神经，甚至可能使其成为影响未来北极地缘政治走向的关键因素。

三　挪威维护斯匹次卑尔根群岛渔业保护区的深层原因及策略

挪威以养护和管理生物资源为由，在斯匹次卑尔根群岛建立渔业保护区，其更重要的目的在于通过对渔业保护区的建立和管辖维护其对该群岛的主权。渔业保护区建立后，挪威积极采取多种策略，维护其权利。

（一）渔业保护区是挪威维护斯匹次卑尔根群岛主权及管辖权的重要方式

挪威向来重视斯匹次卑尔根群岛的战略、经济以及潜在的军事价值。①

① Lawrence M. Sommers, "Svalbard: Norway's Arctic Frontier," *The Scientific Monthly*, 74 (1952): 345.

《斯约》生效后，维护对斯匹次卑尔根群岛的主权成为该国长期以来的首要政策目标。1985 年，挪威司法与警察部（Ministry of Justice and Police）发布首份针对斯匹次卑尔根群岛领土的报告。根据该报告，挪威的政策目标包括：一贯而坚定地维护主权、维护斯匹次卑尔根群岛的和平与稳定，以及确保各方遵守《斯约》等。[①] 此后，挪威官方发布的多份报告均重申上述目标，[②] 而且，维护主权一直被列为首要目标。为实现这一目标，挪威采取了一系列措施，先后颁布一系列国内法及行政指令，包括 1925 年《斯匹次卑尔根采矿法典》和《挪威关于斯匹次卑尔根群岛的法案》，1971 年《斯瓦尔巴易燃物品法》，1975 年《斯匹次卑尔根采矿法典》，1984 年《斯匹次卑尔根水域运载乘客船只管理规定》，1991 年《斯匹次卑尔根旅游管理规定》，1996 年《斯瓦尔巴税法》，2001 年《关于斯瓦尔巴文化遗产保护法案》和《斯瓦尔巴环境保护法案》，2007 年《关于收取前往斯瓦尔巴游客环境费的条例》及其他行政指令，对群岛实施管辖。[③] 通过这些法案和行政指令的制定与实施，挪威既履行了《斯约》规定的保护斯匹次卑尔根群岛环境、动植物资源等义务，又充分实施了自己的管辖权。虽然挪威未能在斯匹次卑尔根群岛建立专属经济区，但事实上也通过渔业保护区维护了其对群岛的主权及管辖权。与此同时，挪威对在维护斯匹次卑尔根群岛主权过程中面临的挑战有充分认识。2005 年，挪威外交部发布有关斯匹次卑尔根群岛的政策文件，该文件提到有关斯匹次卑尔根群岛领海以外水域管辖权的争议，意识到这一问题将成为挪威外交政策的重大挑战，并认为这有可能引

---

① Norwegian Ministry of Justice and the Police, "Report No. 40 to the Storting (1985 - 1986): Svalbard," April 18, 1985.

② Norwegian Ministry of Justice and the Police, "Report No. 9 to the Storting (1999 - 2000): Svalbard," October 29, 1999; Norwegian Ministry of Justice and the Police, "Report No. 22 to the Storting (2008-2009): Svalbard," April 17, 2009; Ministry of Justice and Public Security, "Meld. St. 32 (2015-2016) Report to the Storting (white paper)," May 11, 2016.

③ The Governor of Svalbard, "Laws and Regulations," March 17, 2016, https://www.sysselmesteren-no/en/laws-and-regulations/；卢芳华：《挪威对斯瓦尔巴德群岛管辖权的性质辨析——以〈斯匹次卑尔根群岛条约〉为视角》，《中国海洋大学学报（社会科学版）》2014 年第 6 期，第 8 页。

起潜在的利益冲突，进而威胁地区和平与稳定。[①] 针对外交部的这份文件，挪威议会认为：由于该国在北方地区的管辖权面临争议，加之许多国家对挪方政策无明确立场，这将成为挪威的主要挑战。[②] 挪威通过国内法加强对斯匹次卑尔根群岛的管辖，一方面是挪威依据《斯约》享有的权利；另一方面，挪威不断利用这一权利来削弱其他缔约国享有的权利，并使其他缔约国在斯匹次卑尔根群岛的影响力逐步边缘化，[③] 进而维护自身主权。

（二）挪威维护渔业保护区的策略

挪威在斯匹次卑尔根群岛建立渔业保护区并实施管辖的举动，引起其他《斯约》缔约国的关注与质疑。为此，挪威积极采取行动，试图争取支持，弱化相关国家的反对立场，分化“反对集团”。

1. 争取盟友支持，加强同俄罗斯合作

斯匹次卑尔根群岛渔业保护区建立后，并未获得美国、英国等盟友的支持，挪威意识到，需要采取行动争取国际社会对渔业保护区的理解与支持。挪威外交部在向议会提交的报告中指出：斯匹次卑尔根群岛渔业保护区争议是挪威面临的主要挑战之一。[④] 曾任挪威外交大臣的弗吕登伦表示：“坚持以国际法为基础，同利益相关国进行沟通协商，一直以来都是

① Norwegian Ministry of Foreign Affairs, “Report No. 30 (2004 - 2005) to the Storting: Opportunities and Challenges in the North,” April 15, 2005.

② Norwegian Parliament, “Recommendation No. 264 (2004-2005) to the Storting from the Standing Committee on Foreign Affairs Concerning Opportunities and Challenged in the High North,” June 9, 2005.

③ Adam Grydehøj, “Informal Diplomacy in Norway's Svalbard Policy: The Intersection of Local Community Development and Arctic International Relations,” *Global Change, Peace & Security*, 26 (2014): 47-50; 卢芳华:《挪威对斯瓦尔巴德群岛管辖权的性质辨析——以〈斯匹次卑尔根群岛条约〉为视角》,《中国海洋大学学报（社会科学版）》2014 年第 6 期，第 9 页。

④ Norwegian Parliament, “Recommendation No. 264 (2004-2005) to the Storting from the Standing Committee on Foreign Affairs Concerning Opportunities and Challenged in the High North,” June 9, 2005, p. 3.

挪威行动的前提。"[①] 在他的推动下，挪威积极同美国、英国、德国、法国、加拿大及欧盟等举行双边及多边磋商，试图获得支持。[②] 然而，由于双方在根本利益上存在分歧，挪威此举非但未能达到目的，反而使包括美国在内的国家更加充分地注意到同挪威在斯匹次卑尔根群岛问题上的利益冲突。随后，美国同英国、法国及德国进行协商，并向挪威表达了共同采取保留权利的立场。2006 年以来，英国曾多次召集会议，就斯匹次卑尔根群岛渔业保护区问题同其他《斯约》缔约国进行协商，但并未邀请挪威参加。[③]

面对实力远超自己的俄罗斯，挪威采取争取合作的方式化解分歧。两国虽然对渔业保护区问题的根本立场相左，但在实际管理中达成默契，挪威加强对渔业保护区的管辖，俄罗斯在坚持这一管辖非法的同时继续分享区内渔业资源。挪威根据各国的历史捕捞记录分配渔业保护区的捕捞配额，这一方式使准入并获得捕捞配额的国家数量有限，有助于维护俄挪两国渔业利益及有效防止其他国家干预。[④] 此外，1975 年以后，挪威同苏联就巴伦支海的渔业管理展开谈判并作出临时安排。苏联解体后，挪威继续同俄罗斯就该问题进行协商，并签署多项协议，这些安排及合作协议在一定程度上化解了双方之间的争端。经过长达 40 年的谈判，2010 年，俄挪双方达成在巴伦支海与北冰洋的划界及合作协议。芬兰拉普兰大学北极中心主任蒂莫·科维罗瓦（Timo Koivurova）教授指出，虽然该协议并未解决双方在斯匹次卑尔根群岛

---

① Knut Frydenlund, *Lille land-hva na? Refleksjoner om Norges Utenrikspolitiske Situasjon*, Oslo: Universitetsforlaget, 1982, p. 55, quoted from Torbjørn Pedersen, "The Dynamics of Svalbard Diplomacy," *Diplomacy & Statecraft*, Vol. 19, No. 2, June 14, 2008, p. 242.

② Torbjørn Pedersen, "The Constrained Politics of the Svalbard Offshore Area," *Marine Policy*, Vol. 32, 2008, p. 915; Torbjørn Pedersen, "The Dynamics of Svalbard Diplomacy," *Diplomacy & Statecraft*, Vol. 19, No. 2, June 14, 2008, pp. 242-243.

③ Valur Ingimundarson, "The Geopolitics of the 'Future Return': Britain's Century-Long Challenges to Norway's Control over the Spitsbergen Archipelago," *The International History Review*, Vol. 39, No. 1, 2017, p. 15.

④ Rachel Tiller and Elizabeth Nyman, "Having the Cake and Eating Tt Too: To Manage or Own the Svalbard Fisheries Protection Zone," *Marine Policy*, Vol. 60, 2015, p. 147; Torbjørn Pedersen, "International Law and Politics in U. S. Policymaking: The United States and the Svalbard Dispute," *Ocean Development & International Law*, 42 (2011): 127.

渔业保护区问题上的争端，但确实有助于整个地区的和平稳定。[①]

2. 引入配额捕捞制度

为缓解建立渔业保护区引起的争端，同时也为应对保护区内捕捞活动的增加，1986 年，挪威开始引入配额捕捞制度，对除挪威和苏联以外的国家，根据其 1966~1976 年的捕捞记录分配捕捞配额。[②] 截至 2016 年，挪威已经针对渔业保护区内的北极鳕鱼、毛鳞鱼等 8 种鱼类分别实施了配额捕捞制度。[③] 基于各国在对待渔业资源的养护问题上具有基本共识，加之各方作出的一定努力与妥协，斯匹次卑尔根群岛渔业保护区内的渔业资源管理取得了良好效果。[④] 虽然各国围绕斯匹次卑尔根群岛渔业保护区争端的根本问题仍未得到解决，但通过引入配额捕捞制度，挪威既实现了渔业资源的养护与管理，增强了对渔业保护区的管辖，也在一定程度上化解了与国际社会之间的争端。挪威声称对渔业保护区的管理及实施配额捕捞制度基于无歧视原则，[⑤] 有学者也认为挪威此举就是将《斯约》的无歧视原则延伸到渔业保护区，[⑥] 但根据

① Timo Koivurova and Filip Holiencin, "Demilitarisation and Neutralisation of Svalbard: How Has the Svalbard Regime been able to Meet the Changing Security Realities During Almost 100 Years of Existence?" *Polar Record*, Vol. 23, No. 269, 2017, p. 138.

② Norwegian Ministry of Food and Fisheries, "Fishery Zone at Svalbard and the Fishery Zone at Jan Mayen," https://www.regjeringen.no/no/tema/mat-fiske-og-landbruk/fiskeri-og-havbruk/rydde-internasjonalt/fiskevernsonen-ved-svalbard-og-fiskeriso/id445285/.

③ Norwegian Ministry of Justice and Public Security, "Meld. St. 32 (2015–2016) Report to the Storting (Svalbard)," May 11, 2016, p. 97.

④ Robin Churchill and Geir Ulfstein, "The Disputed Maritime Zones Around Svalbard," in Myron Nordquist, John Norton Moore, and Tomas H. Heidar (eds.), *Changes in the Arctic Environment and the Law of the Sea*, Brill, 2010, p. 88; Timo Koivurova and Filip Holiencin, "Demilitarisation and Neutralisation of Svalbard: How Has the Svalbard Regime been able to Meet the Changing Security Realities During Almost 100 Years of Existence?" *Polar Record*, Vol. 53, No. 269, 2017, p. 137.

⑤ Torbjørn Pedersen, "The Constrained Politics of the Svalbard Offshore Area," *Marine Policy*, Vol. 32, 2008, p. 916; Valur Ingimundarson, "The Geopolitics of the 'Future Return': Britain's Century-Long Challenges to Norway's Control over the Spitsbergen Archipelago," *The International History Review*, Vol. 39, No. 1, 2017, p. 12.

⑥ Rachel G. Tiller, "New Resources and Old Regimes: Will the Harvest of Zooplankton Bring Critical Changes to the Svalbard Fisheries Protection Zone?" *Ocean Development & International Law*, Vol. 40, No. 4, 2009, p. 310.

这一配额捕捞制度，仅挪威、俄罗斯、冰岛及欧盟部分成员国等少数国家获准在渔业保护区内从事捕捞活动，大部分缔约国仍被排除在外，这恰恰违反了《斯约》的衡平原则与无歧视原则。此外，随着全球气候变化，新的鱼类种群将可能迁移到斯匹次卑尔根群岛渔业保护区内，根据历史记录分配捕捞配额的制度将面临无法实施的境况。虽然目前该制度运行相对良好，但这些潜在问题依然值得关注。

3. 坚持根本立场，逐步加强执法

虽然存在诸多问题与争议，同时面对来自其他《斯约》缔约国的压力，挪威的根本立场始终没有变化，依然坚持其作为沿海国，有权依据国际法单方面在斯匹次卑尔根群岛水域建立专属经济区，并有义务防止海洋资源过度开发。[①] 配额捕捞制实施后，挪威也加大了在渔业保护区内的执法力度。与此同时，为避免引起不必要的争端与事态升级，挪威在渔业保护区的执法比在专属经济区内更加谨慎，不仅执法门槛高于专属经济区，执法措施相对温和，而且在执法过程中也会咨询国防部和外交部等部门，从多角度进行综合考量。[②]

四　斯匹次卑尔根群岛渔业保护区争端的法律分析

《斯约》的签订早于《海洋法公约》60多年，《斯约》谈判时专属经济区概念尚未出现，领海之外即为公海，《斯约》未对其适用范围作出一般性规定。挪威虽然通过《斯约》获得了斯匹次卑尔根群岛的主权，但正由于对无主地主权的获得是通过缔结条约而非先占，其他缔约国对挪威建立渔业保护区并实施管辖的行动产生强烈质疑。由于挪威宣称依据《海洋法公约》

① Norwegian Ministry of Foreign Affairs, "The Norwegian Government's High North Strategy," December 1, 2006, p. 17.

② Torbjørn Pedersen, "The Constrained Politics of the Svalbard Offshore Area," *Marine Policy*, Vol. 32, 2008, pp. 916–917.

有权在斯匹次卑尔根群岛建立专属经济区，只是考虑到各种现实因素，最终才选择建立权限远小于专属经济区的渔业保护区，但该国并未放弃在斯匹次卑尔根群岛建立专属经济区的立场，加之《海洋法公约》及一般国际法中并无渔业保护区制度，因此本节主要从专属经济区的角度出发进行分析。从法理层面看，质疑焦点有两方面：首先是挪威在斯匹次卑尔根群岛建立专属经济区的权利合法性问题，即在《斯约》未予授权的情况下，挪威能否依据《海洋法公约》在斯匹次卑尔根群岛建立专属经济区；其次是《斯约》的适用范围问题，即《斯约》是否适用于斯匹次卑尔根群岛专属经济区。对此，各国国际法学者根据不同的解释方法，给出的解答不尽一致，并形成三种主要观点。本节拟首先对国际法学界存在的三种主要解释进行介绍，进而分析中国的立场。

（一）挪威无权单方面在斯匹次卑尔根群岛建立专属经济区

由上文可知，苏联及随后的俄罗斯及部分东欧国家反对挪威单方面在斯匹次卑尔根群岛建立专属经济区，即使挪威最终采取妥协态度，仅建立比专属经济区权利范围更小的渔业保护区，也未获得这些国家的完全接受。从国际法角度对挪威建立渔业保护区提出质疑，并认为挪威无权单方面在斯匹次卑尔根群岛建立专属经济区的观点主要来自俄罗斯学者，其中俄罗斯国际法学会副主席、莫斯科国际关系学院教授亚历山大·维莱格扎宁（Alexander N. Vylegzhanin）的观点最具代表性。[①] 这些学者严格按照文义解释方法，重点突出《斯约》对挪威主权的限制。首先，挪威对斯匹次卑尔根群岛的主权基于《斯约》，因此，挪威行使主权应严格遵守《斯约》规定。《斯约》第1条明确规定：缔约国承认，在受本条约限制下，挪威对斯匹次卑尔根群岛享有充分和完全的主权。根据该条后半段：将东经10°~36°及北纬74°~81°所构成区域内的所有大小岛屿及岩礁主权赋予挪威，即仅将该区域内所

① Alexander N. Vylegzhanin, "Future Problems of International Law in the High North: Review of the Russian Legal Literature," The Norwegian Academy of Science and Letters, 150th Anniversary Symposium, January 25, 2007, pp. 16-43.

有陆地主权赋予挪威，并不包括领海，因此，挪威主权范围仅及于斯匹次卑尔根群岛陆地。此外，虽无明文规定，但《斯约》其余条款仅涉及斯匹次卑尔根群岛的陆地与领水（Territorial Waters），[①] 这表明《斯约》已将挪威的主权和管辖权限于这一范围，挪威不得随意扩大。其次，《海洋法公约》体系下沿海国的“领海”（Territorial Sea）与《斯约》的“领水”存在区别。一方面，《斯约》第2条未使用“领海”或“挪威的领海”（Territorial Sea of Norway）术语，而选择使用“领水”一词，这表明条约制定者有意在二者之间作出区分；另一方面，根据《海洋法公约》第2条，沿海国在领海内享有主权。然而，挪威在《斯约》所提及“领水”内的权利却有别于《海洋法公约》体系下沿海国的主权，《斯约》规定缔约国国民享有自由进入斯匹次卑尔根群岛领水并平等从事捕鱼及狩猎等活动的权利，挪威虽有权采取或公布适当措施实行管辖，但这些措施应平等适用于所有缔约国国民。因此，挪威在斯匹次卑尔根群岛领水内并不享有《海洋法公约》规定的沿海国在其领海内的一般权利。由此可见，斯匹次卑尔根群岛的领水不能等同于挪威的领海。根据《海洋法公约》第55条：专属经济区是领海以外并邻接领海的一个区域。挪威在斯匹次卑尔根群岛并没有领海，因此，也就不能主张专属经济区。最后，根据条约文本，《斯约》并未授予挪威在斯匹次卑尔根群岛建立渔业保护区或专属经济区并进行管辖的权利。挪威建立渔业保护区或专属经济区，并将其管辖权延伸到斯匹次卑尔根群岛领水以外的水域，构成对《斯约》的修改，依据《维也纳条约法公约》第39条，条约需通过当事国的协议进行修改，即需征得其他缔约国同意。这表明，斯匹次卑

---

① 基于历史原因，《斯匹次卑尔根群岛条约》并未对斯匹次卑尔根群岛的内水（Internal Waters）与领海进行区分，而仅用领水（Territorial Waters）一词作为统称。有学者根据演化解释的方法，认为《斯匹次卑尔根群岛条约》中的“领水”（Territorial Waters）包含《联合国海洋法公约》中的“领海”与专属经济区，文章在这里对二者进行了区分。参见 Marta Sobrido, “The Position of the European Union on the Svalbard Waters,” in Elena Conde and Sara Iglesias Súnchez (eds.), *Global Challenges in the Arctic Region: Sovereignty, Environment and Geopolitical Balance*, Routledge, 2017, p. 76; Robin Churchill and Geir Ulfstein, “The Disputed Maritime Zones Around Svalbard,” in Myron Nordquist, John Norton Moore, and Tomas H. Heidar, *Changes in the Arctic Environment and Law of the Sea*, Brill, 2010, pp. 568-569。

尔根群岛建立专属经济区需征得缔约国同意，而挪威也只有征得其他《斯约》缔约国同意，才可以将其管辖权延伸到领水以外。

（二）挪威有权在斯匹次卑尔根群岛建立专属经济区，但《斯约》不适用于该水域

1975 年，挪威司法与警察部发布有关斯匹次卑尔根群岛的政策文件，该文件认为：若缔约国对《斯约》有关主权的条款存在争议，应采用“主权最低限制”原则进行解释。《斯约》第 1 条赋予挪威对斯匹次卑尔根群岛充分和完全的主权，条约对挪威行使主权的限制仅限于第 2~8 条明确规定的范围和领域。除此之外，并未对挪威的主权作出一般性限制，其他缔约国的权利范围则受《斯约》第 2~8 条限制，仅及于斯匹次卑尔根群岛陆地及领海。据此，对挪威主权的限制及缔约国依第 2~8 条所享有的权利不得作扩大解释，挪威有权主张斯匹次卑尔根群岛建立专属经济区，同时《斯约》并不适用于该区域。[①] 此后，挪威又在多份官方文件中强调这一立场。[②] 然而，在条约解释中采用“主权最低限制”原则已经被认为是过时的观念，2005 年莱茵铁路仲裁案及 2009 年哥斯达黎加诉尼加拉瓜案不再采用这一原则。[③] 挪威食品与渔业部（Ministry of Food and Fisheries）也发布文件，从法律角度对政府建立斯匹次卑尔根群岛渔业保护区的立场进行解释。这份文件指出：一方面，《斯约》第 1 条赋予挪威对斯匹次卑尔根群岛充分和完全的主权，因此，挪威有权依据《海洋法公约》在斯匹次卑尔根群岛建立专属

① Norwegian Ministry of Justice and the Police, “St. Meld. No. 39（1974-75）Regarding Svalbard,” Januaey 17, 1975, p. 7.

② Norwegian Ministry of Justice and the Police, “St. Meld. No. 9（1999-2000）,” October 29, 1999; Norwegian Ministry of Justice and the Police, “Report No. 22（2008-2009）to the Storting: Svalbard,” April 17, 2009.

③ Robin Churchill and Geir Ulfstein, “The Disputed Maritime Zones Around Svalbard,” in Myron Nordquist, John Norton Moore, and Tomas H. Heidar, *Changes in the Arctic Environment and the Law of the Sea*, Brill, 2010, p. 566; Permanent Court of Arbitration, *Award of Iron Rhine Arbitration*（*Belgium/Netherlands*）, 2005, paras. 50-56; International Court of Justice, *Judgement of Dispute Regarding Navigational and Related Rights*（*Costa Rica v. Nicaragua*）, July 13, 2009, para. 48.

经济区；另一方面，挪威在斯匹次卑尔根群岛建立渔业保护区也是基于挪威对该群岛的主权，而且无论是《斯约》还是其他国际法，均未排除挪威在斯匹次卑尔根群岛建立渔业保护区的权利。虽然缔约国国民基于《斯约》第2~3条，在斯匹次卑尔根群岛陆地及领海内拥有包括自由进入、捕鱼及狩猎等在内的一系列权利，但也正是基于第2~3条，缔约国的这一权利仅限于陆地及领海内，不得延伸到渔业保护区。然而，该文件也指出缔约国对《斯约》的适用范围尚存争议。[①] 同时，该文件所称的《斯约》及其他国际法并未排除挪威建立渔业保护区的权利，这与挪威建立渔业保护区没有国际法依据性质不同。海洋法权的行使需有明确的法律或惯例依据，法权的实质是法定的利益，海洋法权是依法行使的权利，所以，必须有明确的海洋权利和义务规范。世界各国海洋权利和义务，均不能超越海洋法律制度确定的范围，要严格按照国际海洋方面的公约和惯例行事，这是海洋法权得以维护的基本前提和保障。[②] 上文已对挪威建立的渔业保护区并无国际法依据进行分析，这里不再赘述，关键在于指出《斯约》及其他国际法并未排除挪威建立渔业保护区的权利不能作为挪威建立渔业保护区的合法性依据。

挪威外交部法律顾问、奥斯陆大学教授卡尔·奥古斯特·弗莱舍（Carl August Fleischer），以及曾任挪威外交部法律司司长、现为驻法大使的罗尔夫·埃纳尔·法伊夫（Rolf Einar Fife）从国际法的角度，为挪威政府的立场提供了支持。他们通过对《斯约》及《海洋法公约》的解释，认为挪威有权在斯匹次卑尔根群岛建立专属经济区，同时，《斯约》并不适用于该专属经济区。法伊夫对挪威有权在斯匹次卑尔根群岛建立专属经济区进行了论证，他认为，《斯约》第1条确认挪威对斯匹次卑尔根群岛享有充分和完全的主权，挪威基于主权及沿海国地位，享有《海洋法公约》赋予的权利并

---

① Norwegian Ministry of Food and Fisheries, "Fishery Zone at Svalbard and the Fishery Zone at Jan Mayen," November 3, 2014, https://www.regjeringen.no/no/tema/mat-fiske-og-landbruk/fiskeri-og-havbruk/rydde-internasjonalt/fiskevernsonen-ved-svalbard-og-fiskeriso/id445285/.

② 杨华：《海洋法权论》，《中国社会科学》2017年第9期。

承担规定的义务。根据《海洋法公约》，挪威作为沿海国有权在斯匹次卑尔根群岛建立专属经济区并实施管辖，同时负有采取措施，确保养护专属经济区内生物资源的义务。其他国家应当遵守挪威按照《海洋法公约》规定和其他国际法规则所制定的法律和规章，因此，非挪威籍渔民和渔船在挪威专属经济区内从事捕鱼活动必须遵守挪威的法律并接受其管辖。[①] 法伊夫的文章刊发于挪威外交部官方网站，足见其在一定程度上代表了挪威官方的立场。他们还通过对《斯约》的解释，试图论证《斯约》不适用于斯匹次卑尔根群岛专属经济区。法伊夫认为，依据《维也纳条约法公约》第 31 条，条约应依其文本的通常意义进行善意解释。挪威应坚持依据对《斯约》文本作出的解释，《斯约》赋予缔约国的权利仅及于斯匹次卑尔根群岛陆地与领海，不得延伸到专属经济区。弗莱舍则从下述两个方面对《斯约》不适用于专属经济区进行了论证。首先，他认为《斯约》第 1 条与其他条款处于不同地位，第 1 条是主要条款，其他条款是挪威行使主权的个别例外，因此，不能作任何扩大解释。除《斯约》明确规定的限制，挪威对斯匹次卑尔根群岛的主权是充分且不受限制的。虽然其他缔约国依据《斯约》第 2~8 条，享有自由进入斯匹次卑尔根群岛陆地及领海并平等从事各项活动的权利，但缔约国的权利范围也受第 2~8 条限制，即缔约国的权利范围不能超出《斯约》明确提及的范围，仅限于群岛陆地及领海内，缔约国也不能依据国际法的发展主张新的权利。根据《斯约》规定，挪威当然需要遵守条约规定的义务，但除此之外，挪威应当按照一般主权原则享有《斯约》第 1 条赋予的主权。因此，如果国际法有新的发展，并且这些新发展超过缔约国在制定条约时所了解的情势，应当适用《斯约》第 1 条规定的主权原则。根据一般国际法，国家无须为其主权及主权权利的行使提供包括条约在内的法律基础。1920 年以来，一般国际法也没有为缔约国否认挪威作为沿海国享有的对专属经济区和大陆架的主权权利及管辖权提供法律基础。此外，他

① Rolf Einar Fife, "International Law Related to Svalbard," Norwegian Ministry of Foreign Affairs, December 12, 2014, https://www.regjeringen.no/no/tema/utenrikssaker/folkerett/svalbard/id2350955/.

还认为，一些学者指挪威仅享有对斯匹次卑尔根群岛有限主权的观念是错误的，这同《斯约》第 1 条明确规定缔约国承认挪威对该群岛享有充分和完全的主权相冲突。其次，他对《斯约》和《海洋法公约》的适用范围进行区分，《海洋法公约》适用于包括领海、专属经济区及大陆架等所有海域，并赋予沿海国相应权利；《斯约》的适用范围则严格限定于斯匹次卑尔根群岛的陆地及领海以内，并且《斯约》在赋予挪威主权以及缔约国相关权利时，并不是基于这些国家是沿海国的地位。就专属经济区而言，《斯约》没有任何条文规定挪威对斯匹次卑尔根群岛专属经济区的权利受该条约限制，也未规定挪威需承担任何义务；《斯约》第 2~3 条对挪威主权与管辖权作出的限制仅限于斯匹次卑尔根群岛陆地与领海，《斯约》没有为缔约国将其权利延伸到上述区域提供法律基础。①

（三）挪威有权在斯匹次卑尔根群岛建立专属经济区，且《斯约》适用于该水域

除上述两种观点，国际海洋法法庭前法官、曾任英国外交部法律顾问的安德森（D. H. Anderson），英国邓迪大学罗宾 · 丘吉尔（Robin Churchill）、挪威奥斯陆大学盖尔 · 乌尔夫斯坦（Geir Ulfstein）及武汉大学秦天宝教授等学者认为，挪威有权在斯匹次卑尔根群岛建立专属经济区，并且根据目的解释与演进解释的方法，指出《斯约》适用于这一专属经济区，这种观点为英国等国家的立场提供了法律上的支撑。

首先，挪威作为沿海国，有权依据《海洋法公约》在斯匹次卑尔根群岛主张专属经济区。《斯约》没有提及领海以外的海洋区域，原因在于条约缔结时这些概念尚未出现，领海以外即为公海，对公海主张权利有违公海自由原则。20 世纪 40 年代以后，专属经济区概念逐渐出现并最终被纳入《海洋法公约》，斯匹次卑尔根群岛符合《海洋法公约》第 121 条规定的“满格

① Carl August Fleischer, “Oil and Svalbard,” *Nordic Journal of International Law*, 45 (1976): 9-11; Carl August Fleischer, “The New International Law of the Sea and Svalbard,” The Norwegian Academy of Science and Letters, 150th Anniversary Symposium, January 25, 2007, pp. 1-11.

岛屿”条件，因此可以拥有专属经济区。[①] 此外，《斯约》并未限制挪威基于主权对领海以外水域进行主张的权利，何况主张专属经济区已经成为《海洋法公约》明确赋予沿海国的权利，同时，一般国际法中也不存在禁止挪威主张这一权利的依据。[②] 其次，《斯约》适用于斯匹次卑尔根群岛专属经济区。《维也纳条约法公约》第 31 条规定：条约应依其用语按其上下文并参照条约之目的及宗旨所具有之通常意义进行善意解释。在 2005 年莱茵铁路仲裁案中，仲裁庭明确指出条约目的与缔约国意图构成对条约解释的重要依据。[③]《斯约》的目的有两点：一是通过赋予挪威主权以解决斯匹次卑尔根群岛的无主地地位，从而在斯匹次卑尔根群岛建立有序的制度；二是序言中明确提及的在斯匹次卑尔根群岛建立衡平机制，以实现群岛的发展与和平利用。《斯约》序言明确规定在挪威和其他缔约国之间建立衡平机制，这一机制便是挪威依据《斯约》第 1 条享有的斯匹次卑尔根群岛主权受《斯约》其他条款限制，而其他缔约国可依据《斯约》享有一系列权利。其他缔约国在承认挪威享有对斯匹次卑尔根群岛主权的同时意味着不再对该群岛主张主权，挪威在享有群岛主权的同时接受其他缔约国国民有权自由进入并在遵守挪威法律的范围内从事商业、科考等活动。因此，《斯约》第 1 条与其他条款处于同等地位。当挪威基于《斯约》对斯匹次卑尔根群岛的主权获得新的海洋权利时，《斯约》应当继续适用于这些新的海域，才能实现《斯约》确立的衡平目标。其他缔约国拥有基于《斯约》自由进入这一区域并在遵守挪威法律的范围内从事商业、科考等活动的权利。在 1978 年爱琴海大陆架案、2009 年航行权利和相关权利争端案、“南非不顾安理会 276（1970）号决议继续留驻纳米比亚对各国法律后果”的咨询意见中，以及 2005 年莱茵铁路仲裁案中，国际法院及仲裁庭均认为，应根据案件提交给

---

① D. H. Anderson, “The Status under International Law of the Maritime Areas around Svalbard,” *Ocean Development & International Law* , Vol. 40, No. 4, 2009, pp. 373-384.

② Robin Churchill and Geir Ulfstein, *Marine Management in Disputed Areas: The Case of the Barents Sea*, Routledge, 1992. pp. 34-35.

③ Permanent Court of Arbitration, *Award of Iron Rhine Arbitration* (*Belgium/Netherlands*), 2005, para. 53.

法院或仲裁庭而非条约缔结时的国际法，对条约中的概念或一般术语进行解释。[①] 有学者据此提出演化解释（Evolutionary Interpretation）方法，即在缔约方不对条约进行修改的情况下，条约约文的含义也可以随时间的变化而发生演变。[②]《斯约》并无明确条款对适用范围作出规定，只是在个别条款中规定了缔约国拥有的权利，这些权利的适用范围包括斯匹次卑尔根群岛陆地及领水（territorial waters）。根据演化解释方法，《斯约》条文中的"领水"概念，应随时间变化而发生演化，可以将《海洋法公约》中的领海及专属经济区包括在内，因此，《斯约》确立的衡平原则自然也应当适用于斯匹次卑尔根群岛专属经济区。

有学者指出，目前对《斯约》作出的不同解释，源于对不同解释方法的运用，并且均有一定道理，因此，目前对该问题并无定论，这为缔约国的不同立场提供了一定法律依据。[③] 作为《斯约》缔约国，在国际社会对挪威在斯匹次卑尔根群岛建立专属经济区的权利合法性及《斯约》适用范围存在普遍争议的背景下，中国并未就此表达明确态度。《中国的北极政策》白皮书指出："《斯约》缔约国有权自由进出北极特定区域，并依法在该特定区域内平等享有开展科研以及从事生产和商业活动的权利，包括狩猎、捕鱼、采矿等。"[④] 中国政府以"特定区域"这一相对模糊的说法，回避了对

---

① International Court of Justice, *Judgement ofAegean Sea Continental Shelf* (*Greece v. Turkey*), December 19, 1978, paras. 77 - 80; Permanent Court of Arbitration, *Award of Iron Rhine Arbitration* (*Belgium/Netherlands*), 2005, paras. 79 - 81; International Court of Justice, *Judgement of Dispute Regarding Navigational and Related Rights* (*Costa Rica v. Nicaragua*), July 13, 2009, paras. 63-70; International Court of Justice, *Advisory Opinion of Legal Consequences for States of the Continued Presence of South Africa in Namibia* (*South West Africa*) *notwith Standing Security Council Resolution*, 276 (1970), June 21, 1971, para. 53.

② Eirik Bjorge, "Introducing the Evolutionary Interpretation of Treaties," *Blog of the European Journal of International Law*, December 15, 2014, https://www.ejiltalk.org/introducing-the-evolutionary-interpretation-of-treaties/.

③ Robin Churchill and Geir Ulfstein, "The Disputed Maritime Zones around Svalbard," in Myron Nordquist, John Norton Moore, and Tomas H. Heidar, *Changes in the Arctic Environment and the Law of the Sea*, Brill, 2010, p. 582.

④ 中华人民共和国国务院新闻办公室：《中国的北极政策》，人民出版社，2018，第3页。

相关争议的明确回答，为中国维护合法权益，采取务实立场留下空间。

结 语

截至 2021 年底，《斯约》生效已经 90 多年。在近一个世纪的历程中，国际形势风云变幻，加之近年来全球气候变暖日益加剧，斯匹次卑尔根群岛面临的国际环境更为错综复杂。通过上述分析，可以了解到，虽然《斯约》解决了斯匹次卑尔根群岛的法律地位问题，但受《斯约》签订时的国际环境所限，以及后续国际海洋法的发展，缔约国围绕该群岛海洋权益的争端不断涌现，影响其发展与和平利用，甚至威胁到地区和平稳定。同时，各国立场同其战略及经济利益密切相关，并且根据不同的解释方法，均能为自身立场提供一定法律依据。中国作为《斯约》缔约国，不仅要掌握围绕斯匹次卑尔根群岛海洋权益所产生的争端，还要充分了解各国政策背后的深层次原因。《斯约》是中国参与北极事务的重要国际法依据，在全球气候变化的大背景下，斯匹次卑尔根群岛的地缘政治与经济价值将日益凸显，特别是对《斯约》适用范围所采取的立场还涉及斯匹次卑尔根群岛大陆架上资源开采问题，事关中国重要经济利益的维护。因此，中国在对待斯匹次卑尔根群岛渔业保护区的立场问题上应采取谨慎态度，从而为参与北极事务及维护合法权益奠定基础。此外，随着全球气候变暖及北极冰川融化，北极航道的商业化发展前景日益明显，在引起国际社会广泛关注的同时，“积极推动共建经北冰洋连接欧洲的蓝色经济通道”也被纳入“一带一路”海上合作设想，共同打造“冰上丝绸之路”成为中国与北极航道沿线国家的重要合作内容。在海洋权益等较敏感的争端短期内难以得到解决的情况下，中国可积极利用斯匹次卑尔根群岛独特的地理位置与法律地位优势，同俄罗斯及挪威等缔约国在科研方面深化合作，将其打造成“一带一路”在北极地区合作的战略支点，进而服务“一带一路”建设。

第四部分
海洋治理的中国经验和实践

面向全球海洋治理的中国海洋管理：挑战与优化*

王　琪**

摘　要： 海洋强国战略的加速推进要求中国应统筹兼顾国际与国内两个大局，全球海洋治理与中国海洋管理由此形成联结贯通的关系。全球海洋治理的快速发展对中国海洋管理提出了更高的要求，也给其带来了诸多挑战。在全球海洋治理的视域下，中国海洋管理面临着海洋话语认同、管理体制调适、资源统筹分配、法律衔接转化等多重现实困境，其制约着中国海洋强国的建设进程。为此，可采取强化中国海洋话语传播、深

* 本文为国家社会科学基金重点项目“面向全球海洋治理的中国海上执法能力建设研究”（项目编号：17AZZ009）的阶段性成果。本文原载于《中国行政管理》2021 年第 9 期。

** 王琪，中国海洋大学国际事务与公共管理学院院长、教授，中国海洋大学海洋发展研究院研究员。

化海洋管理体制改革、增强与累积海洋治理资源、完善国内海洋法律体系等优化对策，以提升中国海洋管理的水平与效能，使其更加契合全球海洋治理的时代趋势。

关键词： 全球海洋治理　中国海洋管理　海洋强国战略

一　问题的提出

党的十九大明确提出“坚持陆海统筹，加快建设海洋强国”，标志着中国的海洋强国建设进入更高水平的加速期与攻坚期。在这一发展阶段内，内外环境的变化及全球海洋治理的深入推进，对中国的海洋管理提出了新的挑战，要求其进行相应的调适。面向全球海洋治理的中国海洋管理应当如何优化与完善，已成为摆在实务界与学术界面前的重大课题。

中国作为一个世界性大国，其海洋强国建设不仅要着眼于本国内部的海洋经济发展、海洋科技创新和海洋权益维护等传统议题，更应兼顾国际与国内两个大局，在全球海洋治理中发挥更大的作用，推动全球海洋的可持续发展与海洋命运共同体的构建。这种对内与对外双重向度的海洋强国建设路径，决定了中国海洋管理必然会与全球海洋治理形成相互影响、相互依赖的贯通关系，因而有必要将二者结合起来进行研究。近年来，学术界围绕全球海洋治理与中国海洋管理两大主题展开了大量的研究：在全球海洋治理研究方面，学者们的注意力集中在阐释全球海洋治理的基本学理问题、探析全球海洋治理的具体实践领域、讨论中国参与全球海洋治理的路径等三大方向；而在中国海洋管理研究方面，学者们则聚焦海洋管理体制改革、海洋环境治理、海上执法能力建设、海洋治理现代化等一系列现实问题，为中国海洋管理的变革与创新贡献着学术智慧。

综览目前的研究进展，不难发现，学者们几乎都是沿着相对独立的思路来分别探究全球海洋治理与中国海洋管理的若干问题，专门性研究有余而综合性研究不足。仅有的将二者结合起来的阐述也只限于在宏观上提出全球海洋治理是国内海洋管理在国际层面的延伸以及中国参与全球海洋治理需要以良好的国内海洋管理为前提，[①] 缺乏更为细致的论证。事实上，全球海洋治理与中国海洋管理是互为联结的，后者的发展与进步不能脱离于前者这一外部环境的深刻影响，将二者割裂开来的研究不可避免地会带有一定的片面性，所得出的结论也多为就事论事，整体价值受限。

概言之，全球海洋治理与中国海洋管理的密切联系以及既有研究的不足，产生了理论与实践之间的张力，进而形成了新的研究需求。本文将中国海洋管理置于全球海洋治理的视域下，尝试回答一个中心问题，即面向全球海洋治理的中国海洋管理面临着何种挑战与困境以及应如何应对，以期促进中国海洋管理的优化与改进，助推海洋强国建设。

二　全球海洋治理对中国海洋管理提出的挑战

全球海洋治理与中国海洋管理的关系非常紧密，这种紧密关系的发展经历了两大标志性事件。一是中国实行对外开放政策，走向海洋，走向世界。正如有学者所言，“所谓对外开放，实质特征就是向海洋开放”[②]。对外开放这一基本国策的确立，推动中国开始全方位参与到区域和全球海洋事务中，并以《联合国海洋法公约》（以下简称《海洋法公约》）的签署为契机，逐步走近国际海洋舞台的中心。二是“冷战”的结束与全球化浪潮的席卷，促进了全球治理的兴起并日渐成为当代国际政治中的主流话语，全球海洋治理也随之快速发展，并呼唤中国等新兴国家的积极参与。

一般认为，全球海洋治理是指各国政府、政府间国际组织、非政府组织、跨国企业、个人等主体通过协商与合作来共同解决在开发利用海洋空间和海洋资源的活动中出现的各种问题，以维护人类与海洋间的和谐关系；[③]

① 傅梦孜、陈旸：《对新时期中国参与全球海洋治理的思考》，《太平洋学报》2018 年第 11 期。

② 贾宇：《关于海洋强国战略的思考》，《太平洋学报》2018 年第 1 期。

③ 黄任望：《全球海洋治理问题初探》，《海洋开发与管理》2014 年第 3 期。

海洋管理则是指各级海洋行政主管部门代表国家履行对本国领海、海岸带和专属经济区海洋权益管理、资源使用管理和海洋环境管理等基本职责。① 通过概念界定可以看出，相较于一国内部的海洋管理活动，全球海洋治理具有一些明显的特征。其一，治理主体的多元性与多量性。全球海洋治理的主体多种多样，涵盖了主权国家（政府）、政府间国际组织、非政府组织、跨国企业、行业联盟、科研机构、社区与民众等。仅在国家类主体中，全球3/4以上的国家是沿海国，其他类别治理主体的数量更是不计其数。其二，治理客体的严峻性与扩展性。全球海洋问题是全球海洋治理的客体，它是传统与非传统叠加、单一内容与多项内容交织的高度复合体。② 随着海洋开发强度的增大，全球海洋问题呈愈加严峻之势，原有的治理困境尚未得到妥善处理，新的治理难题不断涌现。新老问题相互缠绕，逐步向各个领域与海域蔓延。其三，治理关系的复杂性与博弈性。全球海洋治理是全球治理的一个子类，本质上具有国际政治的属性，国家主体之间进行着复杂的合作、协商、谈判、斗争、妥协、对立等或积极或消极的交往，公益与私利、发展与保护、开放与保守、和平与冲突等不同的政策取向成为各国博弈和竞争的焦点。

全球海洋治理的深入发展及其所具有的上述特征，使国际海洋形势这一大的外部环境呈现新的态势，如国家间海洋争端的多发、对公海与极地的多样化利益诉求、国际海洋法律体系的调整、局部海域的热度上升等。这些新的态势必然会作用于各国内部的海洋管理，要求其在理念、目标、政策与行动上作出相应的改变。对中国而言，全球海洋治理的演进会对中国的海洋管理提出若干挑战。

第一，对理念引领能力的挑战。理念是行动的先导，遵循何种理念将直接关乎政府的政策制定与行动实施。全球海洋治理给中国海洋管理带来的首要挑战便是中国应如何塑造符合自身目标和全人类共同利益的价值理念并积

① 夏立平、苏平：《美国海洋管理制度研究——兼析奥巴马政府的海洋政策》，《美国研究》2011年第4期。

② 杨焕彪：《中国海警参与全球海洋治理途径探析》，《公安海警学院学报》2018年第5期。

极向外传播，以获得国际社会的理解与认同，为中国海洋事业的发展营造有利的国际环境。目前中国初步完成了理念的建构任务，但在理念传播方面，还面临着一定的困难，某些国家的曲解、抵制，甚至污蔑之声甚嚣尘上，理念传播的弱势已成为限制中国国家美誉度和国际话语权的重大掣肘。

第二，对政府治理资源的挑战。全球海洋治理与国内海洋管理中的某些议题十分紧迫而严峻，需要政府投入充足的资源尽快加以解决。但在总量约束的条件下，国内海洋管理活动消耗了中国相当一部分的治理资源，中国尚不具备足够的能力来同步解决国际与国内维度的所有海洋问题，而是要有所选择，分步推进。换言之，全球海洋治理与国内海洋管理间某种程度的张力与博弈，要求中国持续增强并合理调配自身的治理资源，既加快海洋强国的建设进程，又能在全球海洋治理中发挥重要作用。

第三，对海洋法律体系的挑战。无论是全球海洋治理还是中国内部的海洋管理，法治性是其共同特征，即要以公约条约、法律法规等硬性或软性的规制来规范各方行为。虽然中国已初步建立起了涉海法律体系，但一些领域仍存在空白或滞后的现象，某些条款也未能很好地与国际海洋法相衔接和匹配。中国应如何完善自身的海洋法律体系，既顺应全球海洋治理和国际海洋法治的要求，又能保障国内海洋生产生活秩序的正常运转，已成为一个亟待思考和解答的现实难题。

第四，对海洋维权能力的挑战。随着全球海洋治理的兴起，国际社会加大了对海洋的开发力度，随之而来的是多国竞相开启新一轮的“蓝色圈地”，海洋争端频发。在中国南海和东海海域内，部分周边国家和某些域外大国罔顾历史事实和国际法律规则，频繁侵犯中国海洋权益，危害中国国家安全。这一客观形势迫切呼唤中国增强海洋维权与执法能力，在开展国际交往和参与全球海洋治理的过程中，既要坚决维护自身的海洋主权、安全和发展利益，又要努力维持和平稳定的海洋局势，实现维权与维稳的动态平衡。

第五，对承担国际责任的挑战。中国海洋实力与国际地位的提升，意味着中国应当在全球海洋治理中承担更大的责任，为全球海洋善治的实现贡献更大力量。但也要清醒地看到，国际责任的增加实际上是一把“双刃剑”，它在带来国际声誉的同时可能也会损耗中国原本有限的治理资源，甚至会由于背负道义的压力而限制国内海洋事业的发展与海洋管理活动的推进。这要求中国准确地甄别并选取与自身实力和地位相符的国际责任，既要向国际社会供给更多优质的海洋公共产品，又要避免这些责任异化为束缚自身发展的“大国的负担”。

第六，对国际海洋竞争力的挑战。全球海洋治理的议题涵盖了海洋政治、经济、环境、安全、法律、外交、科技、文化等多个领域，一国若要在全球海洋治理体系中获得制度性权力，仅靠在个别领域占据优势地位是远远不够的，而是要全方位均衡发展。以此来反观中国海洋管理的现状，可以发现中国依旧在海洋科技、海洋法律等关键领域存有明显的短板和弱项，导致中国的海洋综合竞争力受到制约。在国际海洋竞争日趋激烈的背景下，中国深度参与全球海洋治理并在其中强化角色权重，依旧任重而道远。

简而言之，上述六种挑战既涉及具象的海洋硬实力，也包含抽象的海洋软实力；既涉及国内事务，也包含国际交往，是对中国海洋管理的全方位考验。这要求中国海洋管理必须坚持世界眼光，从全球视角来审视自身的优化与变革。

三　全球海洋治理视域下中国海洋管理的现实困境

在加快建设海洋强国的征程中，面对全球海洋治理对中国海洋管理带来的挑战，党和政府采取了多项回应举措，取得了显著的成效。但中国海洋管理的水平和效能仍有很多不足，加之国际海洋形势的激荡，当前的中国海洋管理还存在诸多难点。

（一）中国海洋话语的国际认同困境

中国海洋话语的国际认同困境是指中国主张的治理理念、倡议、方案、目标、原则等海洋话语如何在国际社会中“传得广”并“立得住”，这是中国必须直面的最大难题之一。

海洋话语权的缺失曾在很长时间内阻碍着中国在全球海洋治理中的地位提升，甚至会受到话语优势国家的诋毁与压制。党的十八大以来，以习近平同志为核心的党中央高度重视海洋话语体系建设，相继提出了“21 世纪海上丝绸之路”“海洋生态文明”“蓝色伙伴关系”“海洋命运共同体”等理念和倡议，并通过领导人发言、举办高级别政府间会议或学术研讨会、签署合作文件等多种途径广泛传播，使越来越多的中国方案上升为国际共识，中国在“低头做事”的同时也更加注重“抬头说话”。然而，受众的认可和接受程度以及将话语内容转化为实际行动的能力仍有待提高。由于国际政治格局的变化、地缘环境的复杂、后发劣势的凸显、海洋争端的加剧等多种因素共同作用，中国的海洋强国建设遭遇到严重的话语权危机，中国在全球海洋话语体系中处于被接受和失语的弱势地位，在国际上常常遭到西方国家的抹黑、丑化和栽赃。[①] 特别是在南海、极地、南太平洋等区域海洋事务中，各种版本的“中国威胁论”“中国侵略论”“中国渗透论”层出不穷，多项恶意针对中国的议题时常进入某些国际会议的讨论之中，这反衬出中国的海洋话语建设还有很长一段路要走。

（二）海洋管理体制的集分调适困境

在海洋管理体制的改革与发展历程中，职能的集中配置与分散配置一直是一个两难选择，二者的调适困境尚未完全消除。在 2018 年的政府机构改革之前，原国家海洋局是法定的国务院海洋行政主管部门，海域使用审批、海洋功能区划编制、海洋环境保护、海岛保护与无居民海岛开发、海洋科考等多种海洋管理职能由其集中行使。与之相对，海上执法则依旧维持着分散的局面，即便是 2013 年的政府机构改革整合了中央层面的中国海监、中国渔政、海上缉私警察、公安边防海警四支执法队伍，地方上却未作相应的调整，在对内执法时各机构仍是原班人马各司其职，[②] “国家队”与“地方

① 林建华、祁文涛：《民族复兴视域下海洋强国战略的多维解析》，《理论学刊》2019 年第 4 期。

② 史春林、马文婷：《1978 年以来中国海洋管理体制改革：回顾与展望》，《中国软科学》2019 年第 6 期。

队”之分的现象彼时继续存在。

2018 年的政府机构改革是对中国海洋管理体制由上至下的重大变革，此次改革不再保留国家海洋局，将原本由其承担的海洋空间规划编制、海洋资源开发、海洋环境保护、海洋保护地管理等职能配置到新组建的自然资源部、生态环境部、国家林业和草原局等部门中，很多沿海地区也将海洋管理机构撤销或降级等（见表 1），这是海洋管理中分散的一面；而海上执法则在更大程度上走向了整合，《全国人民代表大会常务委员会关于中国海警局行使海上维权执法职权的决定》和新修订的《刑事诉讼法》与《人民武装警察法》明确赋予中国海警局以海上维权执法职责，海警队伍的权限、地位与执法范围均大幅增长，成为海上执法中最为核心的主体，且这种趋势正在向地方纵深推进，这是海洋管理中集中的一面。总而言之，中国的海洋管理体制大致沿着由“管理职能相对集中，执法职能相对分散”向“管理职能相对分散，执法职能相对集中”这一脉络演进，集中与分散两种模式以不同的形式交替呈现。

表 1　2018 年政府机构改革中省级海洋管理机构设置模式的变化

类型	地区	内容
机构取消	辽宁、江苏	将海洋管理职能拆分到其他部门中，不再保留名义上与实际上的海洋管理机构
机构降级	山东、广西、福建	山东和广西的海洋管理机构由正厅级的海洋与渔业厅降为副厅级的海洋局，福建的海洋管理机构由省政府组成部门降为省政府直属机构
机构虚化	海南、浙江、广东、天津、河北	由自然资源部门行使主要的海洋管理职能并加挂海洋局的牌子，海洋管理机构不再具有独立的实体身份
一套两牌	上海	上海市海洋局依旧与上海市水务局合署办公，实行“一套两牌”

资料来源：笔者根据各沿海省级行政区（不含港、澳、台）的改革方案自行整理。

集中型与分散型这两种海洋管理体制各有利弊，对其的评价与调适应当以时代背景和现实需求为出发点。就当前的海洋管理体制来看，由多个部门分别行使各种涉海管理职能固然有助于发挥各自的专业优势，实现精细化分工，但职能的分散化配置也可能产生一些阻滞，容易造成协调困难、权责不清等弊端。更为重要的是，这一体制可能会对中国参与全球海洋治理带来某些风险。一方面，在《海洋法公约》签署及生效后，各沿海国纷纷进行适应《海洋法公约》规定的国内体制机制改革，成立内阁级别的国家海洋委员会。[①] 而中国的国家海洋委员会尽管在 2013 年的政府机构改革中便提出设立，但一直未能实际运转。海洋管理职能的分散化趋势强烈期待国家海洋委员会的统筹协调作用，需要尽快将其运转起来。另一方面，中国在与其他国家开展海洋交往活动时，往往要派出多个部门共同参加。在启动国家间的协商之前，需要先进行内部的多部门协调，而这可能会增大达成一致意见的难度，降低谈判的效率。如在第十轮中日海洋事务高级别磋商中，日方代表团由 8 个部门组成，中方代表团则至少有 12 个部门。

（三）海洋治理资源的内外分配困境

全球海洋治理与中国海洋管理的客体在很大程度上有所重叠，均包括保护海洋环境、打击海上犯罪、化解海洋争端等。客体的重叠意味着中国必须直面来自国内和国际两个层面的双重挑战，这对中国的海洋治理资源构成了巨大的压力。事实上，相比于全球海洋治理，国内海洋管理的复杂性和紧迫性更为显著，且直接关系到人民群众的切身利益，这决定了中国必然会将国内海洋管理置于更高的政策优先地位，投入全球海洋治理中的资源也因此会受到分割。以海洋环境问题为例，纵使全球范围内的海洋塑料垃圾污染正在急剧蔓延，但中国的目光首先还是投向国内，无论是政策的制定还是行动的落实，都可以清晰地看出中国对解决国内海洋环境问题的更高关注。

作为一个理性的政治行为体，任何国家都会优先解决国内事务，这一点无可厚非。全球海洋治理与国内海洋管理之间的张力对于海洋实力足够强大

① 胡波：《中国海上兴起与国际海洋安全秩序——有限多极格局下的新型大国协调》，《世界经济与政治》2019 年第 11 期。

的国家来说或许尚可应付，但就现阶段的中国而言，我们所掌握的资源仍然无法满足全球海洋治理与国内海洋管理的双重需要，海洋生态环境质量不佳、违规用海行为屡禁不绝、岛礁主权争端悬而未决等问题已经牵扯了中国相当多的精力，治理资源的有限性及其分配困境使中国在参与全球海洋治理的某些议题时可能会力不从心，或者难以兼顾。

（四）国际法与国内法的衔接转化困境

自加入《海洋法公约》以来，为适应国际海洋法律秩序，中国已初步构建起自身的海洋法律体系，并根据环境的变化不断制定新法或修订原有的法律法规。尽管中国自 20 世纪 80 年代逐步建立起与《海洋法公约》接轨的国内海洋法体系，为海洋主权与海洋权利的确立和维护提供了充分的国内法依据，[①] 但与国际海洋法治的要求相比，中国的海洋法律体系尚不能完全匹配国际海洋法，二者之间的衔接与转化困境比较突出，这体现在多个方面。一是海洋法律的数量不足。中国建立的海洋法律尚不及《海洋法公约》规定数量的 55%。[②] 二是关键领域的立法缺失。如《海洋基本法》迟迟未能出台，在《南极条约》的协商国中只有中国、印度等 4 个国家未完成国内的南极立法。三是立法重心的偏差。中国海洋立法中的很多条款是对《海洋法公约》载明的权利与义务的声明或复述，缺乏具体的细节规定，可操作性较低。如中国未对紧追权的实施条件、程序与法律保障等问题作出详细的规范，给实际执法工作带来很大的不便。四是国际公约的转化适用滞后于公约的修改进程。国内立法的程序性要求不仅延长了国际公约及其修正案进行国内二次立法转化的时间，也使立法部门背负着沉重的立法负担。[③] 五是针对国际海洋法中的一些模糊之处，如军舰无害通过权的报备问题、大陆架

---

① 张琪悦：《新中国成立 70 年来中国海洋法律外交实践与能力提升》，《理论月刊》2019 年第 10 期。

② 牟盛辰：《新时代中国特色海洋强国建设方略探析——历史源流、战略向度与治理改革》，《改革与战略》2019 年第 8 期。

③ 马金星：《加快建设海洋强国，完善海洋法律体系是关键》，中国海洋发展研究中心网站，http：//aoc. ouc. edu. cn/8f/0a/c9821a233226/pagem. htm。

划界的原则问题、海洋科学研究的界定问题等，中国的海洋法律规定与其他国家还有较大争议。

在加入《海洋法公约》后，中国确实承担了相应的责任与义务，但对于《海洋法公约》所赋予的各项权利却未能很好地加以利用、维护与巩固，突出表现为中国国内海洋法律体系的薄弱，国际法与国内法的转化比较粗糙、表面化，转化对接程度无法适应海洋法实践的发展。①

四　面向全球海洋治理的中国海洋管理优化对策

在全球海洋治理的视域下，中国海洋管理所面临的话语认同、体制调适、资源分配、法律转化等各种困境的成因和性质不尽相同，应对的思路也各有侧重。具体来看，面向全球海洋治理的中国海洋管理可以采用以下优化对策。

（一）多措齐下，加强中国海洋话语的国际传播

经过多年的努力，中国已初步构建起包括“蓝色伙伴关系”“海洋命运共同体”等理念和倡议在内的海洋话语体系，下一步需要思考的是如何将这些话语更好地传播出去，以得到国际社会的认同与支持。

首先，学术界要对中国海洋话语进行持续的研究，充实其内涵、目标、价值、原则、行动策略等更为具体的内容，使其从一个个简短的、概略的语句表述转化为完整的、立体的理论体系，以提高话语质量、夯实话语根基。此外，学术界也要在话语传播方面作出更大的贡献，如学者们可以发挥其专长，使用英语撰写高质量的学术论文并在国际权威期刊中发表，或可以积极主办或参加国际性的学术研讨会，在学术交流中为中国发声。

其次，高标准推进国际海洋合作项目。国际海洋合作项目是传播中国海洋话语的有效载体。近年来，中国积极发起或参与一系列国际海洋合作计划

① 赵新爽：《海军配合海警维权问题研究》，《公安海警学院学报》2018 年第 1 期。

与项目，主动向国际社会供给海洋公共产品，中国的海洋理念也在国际交往合作中得到生动体现。未来，中国应继续高标准、高质量地推进中外海洋合作项目，将中国的海洋话语主张外化为可操作、可感知的实际行动，以实实在在的合作收益来获得他国政府和民众的内心认可。

最后，制定差异化的话语传播策略。全球海洋治理中各个国家行为体的诉求并非千篇一律，而是具有多样的个性化特征。结合现今形势，笔者建议将周边、欧盟和美国作为主要的传播受众，有区别地制定话语传播策略。在周边方面，可通过签署政治文件、深化经贸合作、加强人文交流等途径与周边国家一道将南海和东海建设为和平、合作、繁荣之海，为构建海洋命运共同体提供区域范本；在欧盟方面，要利用其海洋战略转型和大力发展蓝色经济的有利契机，将中欧蓝色伙伴关系和“一带一路”建设推向更高层次；同时，对美国等国的污蔑、抹黑、挑衅等行为应据理驳斥，在相互交锋中彰显中国海洋话语的正当性与进步性。

（二）循次而进，纵深推进海洋管理体制改革

中国海洋管理体制的“四梁八柱”已在 2018 年政府机构改革中基本搭建完毕。在现有框架下需要向纵深方向推进。这种推进应以三个维度为重点，即职能范围的清晰厘定、部门协调机制的构建、地方及基层改革的深入。

在职能划分方面，应进一步理顺各涉海管理机构间的权责边界，这是深化改革的重中之重。需要着重厘清的职能范围主要包括以下几点：一是生态环境部门与自然资源部门在围填海管控、国家海洋督察、海洋生态修复工程上的职能划分；二是生态环境部门与林业和草原部门在海洋自然保护地管理上的职能划分；三是生态环境部门与渔政部门、海事部门在渔区污染、港口污染上的职能划分；四是海警队伍与自然资源部门、生态环境部门、渔政部门、海事部门等行政机关在海上执法方面的职能划分。此外，还需要在地方层面理顺中央有关部门的派出机构与当地政府涉海管理机构之间的职能划分。

在部门协调方面，应当建立或强化跨部门的海洋议事协调机制，加强各部门在海洋管理重大事项上的沟通、协同与合作。在中央层面，建议尽快构

建起国家海洋委员会的组织实体和制度体系，吸纳党、政、军、学、社等多方主体，使其由“名义上存在”转变为“实质性运转”，扮演好总协调者的角色；在地方层面，山东省及其沿海地市已在各级党委工作序列中成立了海洋发展委员会，其他地区可以参照这一做法，在时机成熟时组建类似的海洋协调机构，就区域内的重大海洋问题开展沟通协调。

在地方改革方面，各级海洋管理机构与海上执法队伍普遍面临着人员短缺、装备不足、权责不对等的掣肘，这种情况在基层和一线更为突出。为此，地方改革的推进应以实际需求为导向，适度加大对基层海洋管理机构的人员、资金和装备支持力度，鼓励县级政府探索将多个涉海部门合并设置，推行海洋综合管理与海上综合执法，以实现资源的集约化、最大化利用，形成管理合力。

（三）软硬并举，增加与累积中国海洋治理资源

治理资源的增加与累积是中国合理统筹国内海洋管理与全球海洋治理关系的前提，也是中国得以在国际舞台中发挥大国作用的凭借。就治理资源的构成而言，吉登斯指出，至少应包括以经济资源为主要特征的配置性资源和以政治资源为主要特征的权威性资源。① 将这一分类标准引申至海洋领域，可以认为这两种一般意义上的治理资源分别对应着以海洋经济为代表的海洋硬实力资源和以海洋政策为主的海洋软实力资源，中国海洋治理资源的增加与累积应当在这两个方面共同着手。

一方面，要持续增强海洋硬实力，并在重点领域寻求突破。海洋硬实力是海洋治理资源的主体部分和直接来源，也是决定中国海洋综合实力的最主要因素。各涉海管理部门应根据职责分工，继续将发展海洋经济、海洋科技、海洋军事、海上执法力量等海洋硬实力作为海洋强国建设的核心任务，投入更多的资金、政策和组织保障。在海洋硬实力资源要素中，科学技术的

---

① 转引自狄金华、钟涨宝《变迁中的基层治理资源及其治理绩效：基于鄂西南河村黑地的分析》，《社会》2014 年第 1 期。

作用最为突出，也是中国最大的短板。要着重加大海洋科技创新力度，推进海洋经济转型过程中急需的核心技术和共性技术的研发，重点在深水、绿色、安全的海洋高技术领域取得进展，突破制约海洋经济发展和海洋生态保护的科技瓶颈。

另一方面，要加大海洋政策的供给力度，构建起层次分明、复合一体的顶层设计体系。海洋政策是海洋软实力资源的构成要素之一，具有鲜明的行为引导和过程控制等功能，是中国推行海洋管理的重要手段。海洋政策体系的构建，应当坚持综合与专项相结合、对内与对外相结合、中长期与近期相结合、指导纲领与实施细则相结合。在现阶段，海洋政策的供给应向三个重点方向适度倾斜：一是制定指引海洋强国建设的全局性战略规划，海洋强国的战略目标已提出多年，却仍未出台专门的发展规划，制约着其建设进程；二是加速海洋经济、海洋科技、海洋生态环境等领域内“十四五”专项规划的编制工作，并推动其在国家“十四五”综合规划中占据更大的权重；三是研究拟订中国参与全球海洋治理的行动方案，明确参与的原则、目标、重心、方式等具体内容，以为未来的参与实践提供宏观指导。

（四）改立结合，构建完备的国内海洋法律体系

系统完备的海洋法律体系是对外维护国家海洋权益、对内维持海洋生产秩序的前提条件。中国依据《海洋法公约》制定的国内海洋法制应符合其规范的原则和制度，这样才能为合理解决海洋问题、妥善处理海洋事务提供依据并作出贡献。① 为更好地与国际海洋法律接轨，中国海洋法律体系可从如下三个层次予以完善。

一是修改部分涉海法律法规。一方面要结合 2018 年政府机构改革后的机构设置、职能配置及权责关系情形及时修订《渔业法》《海洋环境保护法》《海域使用管理法》《治安管理处罚法》等相关法律，并将执法监督、简政放

① 杨泽伟、刘丹、王冠雄、张磊：《〈联合国海洋法公约〉与中国（圆桌会议）》，《中国海洋大学学报（社会科学版）》2019 年第 5 期。

权、公民参与等法治理念嵌入其中；另一方面要重点解决法律条款的冲突问题，如《海上交通安全法》中对“沿海水域”的界定可能会与《专属经济区和大陆架法》中规定的航行和飞越自由的内容相互矛盾，[①] 亟待妥善调整。

二是尽快制定一批急需的海洋法律。新的时代背景呼唤着新的海洋法律，如《海洋基本法》《海警法》《海洋自然保护区管理办法》等，特别是《海洋基本法》的出台将对中国海洋法律体系的完善具有支柱性意义。若短期内不具备成熟的立法条件，也可以先行制定一些行政法规或规章，以为中国海洋管理和海上执法中的关键问题提供明确的操作依据。

三是针对全球海洋治理的发展趋势，强化中国涉外海洋法律的制定或修订工作，如加快南极立法，修订《涉外海洋科学研究管理规定》，制定《深海海底区域资源勘探开发许可管理办法》等。此外要超前谋划，积极参与到国家管辖海域外生物多样性养护与可持续利用国际协定、国际海底区域采矿规章、全球海洋塑料垃圾管控公约等新兴国际海洋立法进程中，以为未来将这些国际海洋立法顺畅转化为国内海洋法律奠定基础。

五　结语

随着海洋强国战略的加速推进，全球海洋治理与中国海洋管理的关系越发紧密，前者在快速发展的同时也会给后者带来多重挑战。尽管中国已采取多种举措来回应这些挑战，但依旧面临着海洋话语认同、管理体制调适、资源统筹分配、法律衔接转化等现实困境。应当看到，化解这些困境是中国成长为海洋强国的必经阶段；同时，也正是它们的存在及其内部的冲突和斗争，才构成了中国海洋强国建设的内在驱动力量，从而推动我们立足于全球视野不断优化中国海洋管理。总之，面向全球海洋治理的中国海洋管理是一个全新而宏大的命题，其完善与进步离不开学者们的理论思考，更需要实践中的探索创新。

---

① 贾宇：《改革开放 40 年中国海洋法治的发展》，《边界与海洋研究》2019 年第 4 期。

中国政府管理海洋事务的注意力及其变化

——基于国务院政府工作报告（1954~2020）的分析

张海柱　陈小玉*

摘　要： 注意力代表着政府决策者对特定事务的关注，注意力的变化是政府决策选择变化的直接原因。对政府决策者注意力的测量与分析可以提供一个观察中国海洋战略或政策变迁轨迹的重要视角。通过对国务院政府工作报告（1954~2020）文本的内容分析发现，中国政府管理海洋事务的注意力强度长期处于较低水平，且缺乏持续性。注意力的变化受到决策情境变化、政府领导层更替以及海洋管理体制改革等因素的影响。同时，中国政府在不同时期所关注的海洋事务领域有所不同，在总体上呈现关注领域范围不断扩展以及注意力重点由具体事务转向宏观战略规划等趋势。为了有效推进海洋强国建设，需要通过各种方式实现政府决策者对于海洋事务的持续性关注，并提升决策者对海洋事务的偏好排序。

关键词： 海洋事务　海洋管理　政府注意力　政府工作报告

* 张海柱，中国海洋大学国际事务与公共管理学院副教授，中国海洋大学海洋发展研究院研究员；陈小玉，中国海洋大学国际事务与公共管理学院硕士研究生。

一　问题的提出

中国是一个陆海复合型国家，但在漫长的历史发展中有着“重陆轻海”的观念与实践传统。这一“传统”成为分析新中国海洋发展或管理问题的逻辑起点。可以明显观察到的是，在新中国成立之后的很长一段时期内，海洋事务依然处于政府议事日程安排中的次要或从属地位。然而，中国政府管理者并没有一直“锁定”在这种忽视海洋事务的“路径依赖”效应之中。2012 年党的十八大报告中明确提出了建设“海洋强国”的战略目标。2013 年中共中央政治局专门就建设海洋强国进行集体学习，习近平总书记在学习会议上明确指出“建设海洋强国是中国特色社会主义事业的重要组成部分”。[①] 2018 年 4 月，习近平总书记在海南考察时再次明确指出，“我国是一个海洋大国，海域面积十分辽阔，一定要向海洋进军，加快建设海洋强国”。[②] 此外，包括“一带一路”倡议的提出、全球海洋治理的积极参与以及“海洋命运共同体”等重要理念的提出均表明，中国国家高层领导者开始真正重视海洋发展与管理问题，海洋管理的领域不断拓宽，体制机制不断完善，“海洋事务上升到前所未有高度”[③]。

那么，应该如何看待中国政府在管理海洋事务时从“轻视”到“重视”的这种变化呢？已有的许多研究侧重于从海洋观念或意识层面的变化来解释上述海洋战略或政策的变化，在具体的解释路径上，主要是通过分析国家领导层海洋观或海洋战略思想的变迁以及在此影响下不同时期的政府海洋管理方法和战略，进而指出中国政府日益重视海洋事务的管理。通过对已有文献的梳理，可以看出现有研究侧重于一般性的描述或经验性的研究，在明确的

① 中共中央党史和文献研究院编《习近平关于总体国家安全观论述摘编》，中央文献出版社，2018，第 41 页。

② 《建设海洋强国，习近平从这些方面提出要求》，搜狐网，https://www.sohu.com/a/326051841_114731。

③ 余建斌：《国家海洋局局长刘赐贵——海洋事务上升到前所未有高度》，《人民日报》2013 年 4 月 1 日，第 17 版。

理论指导下进行的深入研究还较为缺乏。

与已有的研究不同，本文通过引入“注意力”（attention）的概念，尝试运用注意力与政府决策相关理论来对我国政府管理海洋事务的战略或政策变迁问题进行解释。注意力代表着政府决策者对特定事务的关注，而注意力的稀缺性意味着政府决策者不可能同时关注所有公共事务。因此政府决策者在关注某些事务时，总是会忽略其他事务。政府制定的公共政策就是对特定时期内决策者注意力分配状况的直观呈现。有鉴于此，本文选择国务院政府工作报告这一重要的中央政府政策文件作为分析对象，通过对 1954～2020 年的国务院政府工作报告文本进行内容分析，来测量与分析特定时期内政府管理海洋事务的注意力分配及其变化状况。

具体而言，本文致力于回答两个问题：一是在政府工作报告所涉及的所有公共事务中，政府对海洋事务所分配的注意力经历了怎样的变化？二是在政府工作报告所涉及的所有海洋事务中，政府对海洋事务各个具体领域所分配的注意力经历了怎样的变化？本文认为，这种注意力的测量与分析可以提供给我们一个观察和思考中国海洋战略或政策变迁轨迹的新视角。

二　注意力与政府决策：理论基础与研究假设

“注意力”最初是一个心理学概念。早在 19 世纪末 20 世纪初，就有一些心理学家开始关注注意力问题，并将其视为“进入意识的一个过程”[①]。在管理学领域中最早研究注意力问题的是管理学大师赫伯特·西蒙（Herbert Simon）。在 1947 年的《管理行为》一书中他就提及了注意力的概念。[②] 在随后的著作中，西蒙更是多次对注意力问题特别是注意力与管理决策的关系进行探讨。在西蒙看来，管理者在作出决策时，需要建立在信息获取与处理

① 〔美〕布赖恩·琼斯：《再思民主政治中的决策制定：注意力、选择和公共政策》，李丹阳译，北京大学出版社，2010，第 58 页。

② Herbert Simon, *Administrative Behavior: A Study of Decision-making Processes in Administrative Organization*, New York: The Free Press, 1947, p. 210.

的基础之上。传统决策理论假定信息是稀缺的，西蒙则指出信息并不是真正稀缺的因素，“真正稀缺的因素是注意力”[①]。决策者由于理性能力的有限性，无法同时处理大量的信息，因而需要选择吸纳哪些信息用于作出决策。这个选择的过程事实上就是注意力分配或转移的过程。正因如此，西蒙认为管理决策者“选择中的巨大不一致可能是由于注意力的变动所致”[②]。

在西蒙研究的基础上，美国政治学者布赖恩·琼斯（Bryan Jones）将注意力概念引入对政府决策的分析中，从而发展出一个所谓的“注意力驱动的政策选择模型”[③]。琼斯指出：“所有决策一定都会涉及选择性（selectivity），因为它们都包括分解出那些不重要的（东西）。因此，我们怎样决定决策制定环境的哪些方面是有关的和应该被关注的，对决策制定非常重要……注意力……是一种选择机制，通过它，特征的突出性被带入决策制定的结构。”[④]正是由于注意力的这种选择性作用，琼斯得出结论：“当政策制定者们的注意力不断变换的时候，政府的政策也紧跟着发生变化。”[⑤]

具体而言，琼斯对政府决策中注意力作用的研究起源于对“偏好”问题的思考。所谓偏好，是指“决策者在面对几个事件或结果时选择其中某一事件或结果的倾向性”[⑥]。一个人所“偏好”的东西往往是他认为“重要的”东西，或者是他“想要的”东西。传统理性选择理论假设人的偏好是固定不变的，然而这种假设无法解释这一现象，即决策者针对同一事务在这

① Herbert Simon, "Designing Organizations for an Information-Rich World," in M. Greenberger (ed.), *Computers, Communication, and the Public Interest*, Baltimore, MD: The Johns Hopkins Press, 1971, p. 41.

② Herbert Simon, *Reason in Human Affairs*, Stanford, Calif.: Stanford University Press, 1983, p. 18.

③ 王家峰：《认真对待民主治理中的注意力——评〈再思民主政治中的决策制定：注意力、选择和公共政策〉》，《公共行政评论》2013 年第 5 期，第 144 页。

④ 〔美〕布赖恩·琼斯：《再思民主政治中的决策制定：注意力、选择和公共政策》，李丹阳译，北京大学出版社，2010，第 58 页。

⑤ 〔美〕布赖恩·琼斯：《再思民主政治中的决策制定：注意力、选择和公共政策》，李丹阳译，北京大学出版社，2010，中文版序言第 1 页。

⑥ 李艾丽莎、张庆林：《决策的选择偏好研究述评》，《心理科学进展》2006 年第 4 期，第 618 页。

一时间点作出的选择在另一个时间点却彻底改变。针对这种“选择倒转”现象，可行的解释要么是人的偏好在迅速改变，要么是个人并没有基于自己的偏好来进行选择（即非理性决策行为）。琼斯则给出了第三种解释，即偏好依然是稳定的（在面临一些突发事件时，人的偏好可能会迅速改变，但是这种情况并不常见），但是“对偏好的注意”发生了变化，“通常是注意力的转变，而不是偏好的不稳定性或非理性导致（前后）选择的不一致”①。

由于政府决策行为总是处于特定的决策情境（context）之中，包括政治、社会、经济与文化状况在内的情境因素决定了决策者在选择时所面临的外在约束条件。个人的选择不只来源于偏好，也来源于情境，“正是偏好与情境的结合产生了选择”②。在琼斯看来，注意力所扮演的是偏好与情境之间的“媒介”角色，也即，决策者不会被情境影响，“除非他们注意到它”③。总之，琼斯的政府决策理论建立在将“偏好”与对偏好的“注意力”进行分离的基础之上。该理论告诉我们，如果说政府的决策选择意味着决策者在特定时期内“想要优先处理某些事务”的话，这种选择有时候并不是由决策者的偏好所决定的，而是由于决策者将注意力集中在了这些事务之上。

当我们应用注意力与政府决策理论来考察中国政府对海洋事务的管理问题时，事实上暗含了这样一个基本假设，即我们认为当政府针对海洋事务作出某种决策时，这意味着决策者关注到了海洋事务，而并不一定意味着决策者对海洋事务的偏好发生了改变。正因如此，我们可以通过对政府政策文件的考察来分析决策者针对海洋事务的注意力分配状况及其变化。

具体来说，本文选择国务院政府工作报告作为考察的对象。在我国，政府工作报告是具有施政纲领性质的官方政策文件，就其内容来看，既包括对

---

① 〔美〕布赖恩·琼斯：《再思民主政治中的决策制定：注意力、选择和公共政策》，李丹阳译，北京大学出版社，2010，第1页。

② 〔美〕布赖恩·琼斯：《再思民主政治中的决策制定：注意力、选择和公共政策》，李丹阳译，北京大学出版社，2010，第4页。

③ 〔美〕布赖恩·琼斯：《再思民主政治中的决策制定：注意力、选择和公共政策》，李丹阳译，北京大学出版社，2010，第10页。

过去一年政府工作的总结，又包括对未来一年政府工作的总体安排。而且，政府工作报告中几乎会涉及经济、政治、社会、文化等国家公共事务的所有领域，海洋事务也被包括在内。不过，正如注意力理论所指出的，政府决策者在特定时期内的注意力具有稀缺性，不可能同时关注所有事务。因此，在某一年政府工作报告的内容中，可能会涉及某些具体的事务领域，也可能不会涉及某些事务领域（即注意力的指向问题）。

而且就政府工作报告中所涉及的各个事务领域来看，决策者对它们的关注程度也会存在差异，这种差异的直接体现就是针对不同事务的文字表述在政府工作报告中所占的比重不同（即注意力的强度问题）。由此可以得出本文的第二个基本假设，即我们可以将政府工作报告中涉及海洋事务的文字表述数量（字数）所占的比重视为海洋事务所分配到的注意力状况。本文对政府工作报告所进行的内容分析，事实上就是当前测量管理者注意力的最常用的方法。①

基于上述理论与研究假设，下文将依次考察政府工作报告中海洋事务以及其中各个具体领域所分配到的注意力状况。需指出的是，新中国成立后国务院第一份正式政府工作报告产生于 1954 年，之后出于历史原因，1961～1963 年、1965～1974 年，以及 1976～1977 年未进行政府工作报告的编制、汇报与审议。因此，本文实际考察的是 1954～2020 年的 52 份政府工作报告文本。

三　政府工作报告中的海洋事务注意力分配

在对中国政府管理海洋事务的注意力情况进行测量与分析之前，首先需要对“海洋事务”的内容作出界定。当前无论是政府还是学界，都缺乏针对这一概念的明确说明。那么，到底什么是海洋事务呢？如果说“海洋事

---

① 刘景江、王文星：《管理者注意力研究：一个最新综述》，《浙江大学学报（人文社会科学版）》2014 年第 2 期。

务”概念的提出是为了与“陆地事务”相对应的话，那么，陆地事务的笼统性则恰恰表明了海洋事务的模糊性。不过可以明确的是，海洋事务涉及人类与海洋发生互动关系的方方面面，而管理海洋事务的主体是政府公共部门。至于海洋事务的具体内容，我们可以从国家决策部门制定的相关海洋政策文件中所涉及的内容来进行确定。2013 年颁布的《国家海洋事业发展“十二五”规划》可以说对海洋事务的具体内容作出了最为全面的界定，包括海洋资源管理、海域集约利用、海岛保护与开发、海洋环境保护、海洋生态保护和修复、海洋经济宏观调控、海洋公共服务、海洋防灾减灾、海洋权益维护、国际海洋事务、国际海域资源调查与极地考察、海洋科学技术、海洋教育和人才培养、海洋法律法规，以及海洋意识和文化等 15 项内容。①

在上述界定的基础上，为了分析上的方便与清晰，本文将海洋事务的内容大致划分为五个领域，分别是海洋战略规划、海洋资源开发、海洋生态环境保护、海洋权益维护、海洋科技教育与文化。在对国务院政府工作报告（以下简称“政府工作报告”）文本的内容分析中，凡是与上述主题相关的表述都可以被视为政府决策者对海洋事务分配了注意力的体现。需要指出的是，基于本文研究主题的考虑，在政府工作报告中有三类涉及“海洋”或“海”的内容将不被视为本文考察的对象，分别是纯粹介绍国外某国家海洋事务的表述②、针对我国“沿海地区”相关事务（不直接涉及海洋问题）的表述③，以及关于台湾海峡两岸关系④的表述。需要进一步指出的是，在涉及台湾海峡问题的表述中，如果是纯粹关于两岸关系问题的表述，则不纳入考察的对象；如果是涉及台湾海峡以及周边海域的主权纠纷问题（例如关于“美国武装力量撤出台湾海峡”的表述），则纳入考察的对象。

① 《国家海洋事业发展“十二五”规划》规划内容来源于中国政府网，http：//www.gov.cn/guoqing/2014-09/02/content_2744175.htm。

② 例如，在 1954 年政府工作报告中提及的“现在世界各国许多有远见的政治家和工商界人士已经纷纷起来反对美国的禁运和歧视的政策，这是完全可以理解的”表述。

③ 例如，在 1991 年政府工作报告中提及的“继续贯彻发展沿海地区经济的方针”表述。

④ 例如，在 2016 年政府工作报告中提及“维护两岸关系和平发展和台海和平稳定”，这样的表述则不纳入考察。

在确定了内容分析的对象之后，笔者依次对每一年政府工作报告中涉及海洋事务的文字表述进行了提取。在提取的过程中，如果是纯粹关于海洋事务的表述，则提取整个语句；如果在一个句子中同时涉及包括海洋事务在内的多种不同事务的表述，则进行截取，在保留句子的主谓宾基本结构的基础之上，去除非海洋事务的表述，进而对句子进行整合，从而确定最终的表述。例如，在 1997 年政府工作报告中提及的“发展高新技术及其产业，关系我国经济整体素质的提高和未来的发展，要加快电子信息、生物工程、新材料、新能源、海洋、环境和航天、航空等领域的研究开发，促进科技成果商品化和产业化，用高新技术改造传统产业”①，这样的表述需要首先确定其中的主谓宾结构，进而去掉关于非海洋事务的表述，从而可以简化为“……要加快海洋领域的研究开发……”。提取表述之后，再分别计算出每一年政府工作报告中涉及海洋事务的表述字数占工作报告总字数的比重，并通过折线图的形式将历年比重值予以直观呈现（见图 1）。

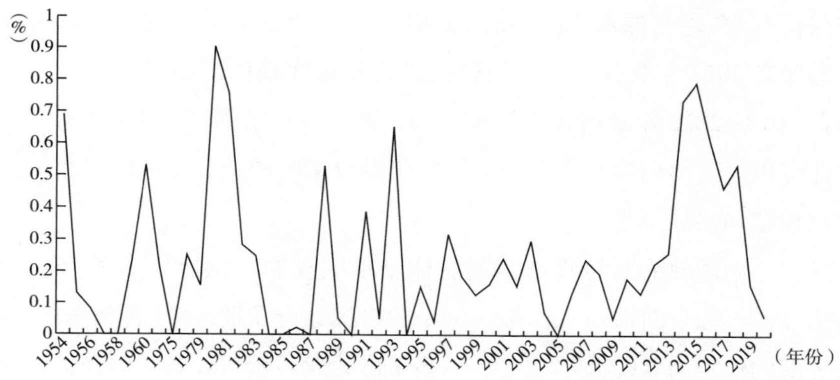

图 1　历年政府工作报告中海洋事务表述字数所占比重

资料来源：笔者根据历年政府工作报告自制。

① 中共中央文献研究室编《十四大以来重要文献选编》下，人民出版社，1999，第 2354～2355 页。

（一）中国政府管理海洋事务注意力分配的总体特征

通过对图 1 的观察，可以明显发现 1954~2020 年中国政府管理海洋事务的注意力分配呈现以下几个特征。

第一，政府在某些特定时期内对海洋事务的注意力强度有明显提升，但是报告文本中所呈现的表述所占比重均低于 1%的水平。由于图 1 直接呈现的是历年政府海洋事务注意力强度的相对变化状况，除此之外，我们并不能清楚地了解，在每一年中海洋事务所分配到的注意力在政府将要处理的所有事务中的“排序”情况。事实上，要解答这一问题需要将每一年政府工作报告中所涉及的各项事务的注意力情况全部测量并进行对比。鉴于这一工作量过于庞大，本文仅以医疗卫生事务为例来作一个大致比较。

从 2009 年开始，中国政府进行了新一轮医疗卫生体制改革，那么在改革过程中政府对其分配了怎样的注意力呢？笔者依据同样的文字表述提取与比重计算标准进行测量后发现，2009 年与 2010 年政府工作报告中，医疗卫生事务表述所占比重分别高达 5.3%与 5.1%，此后几年内该比重有所下降，但仍保持在 3%左右的水平。① 将海洋事务与医疗卫生事务进行比较可以发现，即便是 2012 年党的十八大报告提出建设海洋强国战略目标之后，海洋事务在 2013~2020 年政府工作报告中的表述所占比重仍不足 1%的水平。我们据此可以大致得出这样一个结论，即长期以来中国政府对海洋事务的关注或重视程度均略显不足。

第二，中国政府对海洋事务的关注呈现明显的“间断”式特征，注意力的持续性不强。对政府工作报告文本的内容分析发现，中国政府对海洋事务所分配的注意力状况并不稳定。一些年份的表述相对较多，而在另一些年份中只是简单提及，甚至还有一些年份的报告中根本没有涉及海洋事务的表述。② 而且这种变化的幅度有时十分明显。例如，1980 年与 1981 年政府工

① 2011~2015 年政府工作报告中，该比重分别为 3.8%、3.1%、2.5%、3.0%、3.0%。

② 政府工作报告未涉及海洋事务表述的年份分别是 1957 年、1958 年、1975 年、1984 年、1985 年、1987 年、1990 年、1994 年、2005 年。

作报告，海洋事务表述所占比重分别高达0.9%与0.76%，而到了1984年政府工作报告则根本未涉及海洋事务的表述。这种现象在很大程度上类似于前文所述的决策者在短时期内“选择倒转”的现象。事实上，这种现象正是决策者注意力自身所具有的特征。琼斯曾指出，决策者注意力的变化是“插话式”（episodic）而非渐进性的，而且注意力经常会发生“连续转换”（serial shift）。[①] 这也是本文认为政府工作报告中相关海洋事务表述的变化意味着决策者“注意力”的变化，而不一定是“偏好”变化的原因。因为偏好往往由人的观念、认知、思维框架以及内在需要等因素决定，一般而言在短时期内具有较强的稳定性。

第三，尽管总体来看，中国政府对海洋事务所分配的注意力强度“波动”幅度较大，但是如果聚焦一些特定时间段的话，仍可以发现一些相对较为“稳定”的变化趋势。这主要包括1982~1987年、1999~2003年、2011~2015年以及2016~2020年这四个时期，每一时期都大概持续5年。其中，1982~1987年政府对海洋事务的注意力强度十分低，甚至多次未涉及海洋事务的表述。1999~2003年政府对海洋事务维持着较低强度的关注，但是持续性较好，不曾中断。2011~2015年政府同样保持着对海洋事务的持续性关注，但是注意力强度呈现明显的大幅度提升趋势。而在2016~2020年，虽然政府继续保持着对海洋事务的持续性关注，但是注意力强度呈现明显的降低趋势。

以上是通过对历年政府工作报告文本进行定量测量之后所直接呈现的结果。通过定量测量可以看出中国政府管理海洋事务的注意力分配主要呈现以上三个方面的特征。然而，完整的文本内容分析应当同时包括定量分析与定性分析两部分。图1所呈现的定量统计结果只能够在一定程度上大致反映中国政府管理海洋事务的注意力分配及其变化情况。要想对政府注意力分配情况（特别是注意力变化的原因）进行更为细致的考察，必须结合特定时期

① 〔美〕布赖恩·琼斯：《再思民主政治中的决策制定：注意力、选择和公共政策》，李丹阳译，北京大学出版社，2010，第23页。

的决策情境进行定性分析。根据前文所述，个人的选择不仅来源于偏好，也会受到外界情境因素的直接影响。注意力作为偏好与情境之间的“媒介”，与两者相互关联。个人的行为选择正是这三个因素之间复杂关联互动下的结果。注意力的分配作为政府决策行为的一种外在表现，可能会因决策情境的变化而呈现不同的特征。在此基础上，可以从决策情境的角度解释中国政府管理海洋事务的注意力分配的一些特征。

（二）中国政府管理海洋事务注意力分配特征的可能解释

结合上文对中国政府管理海洋事务注意力分配特征的分析，从决策情境的角度而言，本文认为影响中国政府管理海洋事务注意力的因素可能包括以下几点。

第一，中国政府长期以来对海洋事务较低水平的注意力强度以及注意力持续性不强的特征可能正是中国“重陆轻海”传统所产生的“路径依赖”效应的体现。路径依赖理论认为，特定行为主体当前时期的选择会形成一种“惯性”，从而对未来时期的选择产生持续性影响。路径依赖效应的打破往往需要特定主体有效利用各种组织内部动力或外部压力促成观念的转变或制度的创新来实现。具体而言，由于受到各种政治、经济、文化等因素的影响，中国传统历史时期的统治者或管理者长期持有一种“重陆轻海”的传统观念，由此形成的“思维定式”会对国人思维产生一定的潜在影响。路径依赖的一个内在特点是持续性，即管理者政策选择中的一种“惯性”。因此，“重陆轻海”的传统对政府部门影响的持续性也可能会比较长，这在政府工作报告中的体现便是对海洋事务长期以来的低水平的注意力和注意力强度。

以党的十八大报告中明确提出建设海洋强国的战略目标为代表，国家最高决策层的一系列举措已经表明长期以来所形成的“重陆轻海”这一路径依赖效应正在发生明显改变。2013~2015 年政府工作报告中海洋事务所分配的注意力在大幅度上升的事实在很大程度上也印证了这一点。例如，2013 年政府工作报告中提及“加强海洋综合管理，发展海洋经济，提高海洋资源开发能力，保护海洋生态环境，维护国家海洋权益”；2014 年政府工作报告中提出了“建设丝绸之路经济带、二十一世纪海上丝绸之路的构想”，同时指出要“坚定维护国家领土主权和海洋权益”“要坚持陆海统筹，全面实施海洋战略，发展海洋经济，保护海洋环境，坚决维护国家海洋权益，大力建设海洋强国”。[①] 而在 2015 年政府工作报告中更是大篇幅地提及海洋事务，包括“构建全方位对外开放新格局。推进丝绸之路经济带和二十一世纪海上丝绸之路合作建设”“我国是海洋大国，要编制实施海洋战略规划，发展海洋经济，保护海洋生态环境，提高海洋科技水平，强化海洋综合管理，坚决维护国家海洋权益，妥善处理海上纠纷，积极拓展双边和多边海洋合作，向海洋强国的目标迈进”“实施水污染防治行动计划，加强江河湖海水污染、水污染源和农业面源污染治理，实行从水源地到水龙头全过程监管”“统筹抓好各方面各领域军事斗争准备，保持边防海防空防安全稳定”。[②] 政府工作报告中海洋事务表述的日益增多体现出政府部门管理者对海洋事务的注意力水平在不断提升，而且对具体海洋事务管理的重视程度也在明显提高，这在一定程度上可能是路径依赖效应正在明显减弱的一种体现。

第二，在中国政府对海洋事务所分配的注意力强度“间断”式变化的过程中，存在一些明显的注意力“峰点”。在图 1 中，注意力强度超过 0.5%的年份分别是 1954 年、1960 年、1980 年、1981 年、1988 年、1993 年、2014 年、2015 年、2016 年和 2018 年。[③] 为什么在这些年份中政府对海洋事务进行了特别的关注？这种原因的探究较为复杂，因为注意力理论认为能够影响决策者注意力分配的因素多种多样，例如媒体宣传、特殊事件、问题特征的变化等。但整体而言，注意力来源于决策情境中的某种“刺激

① 中共中央文献研究室编《十八大以来重要文献选编》上，中央文献出版社，2014，第 186、832、836、844 页。

② 中共中央文献研究室编《十八大以来重要文献选编》中，中央文献出版社，2016，第 383、387~388、392~393、395 页。

③ 这些年政府工作报告中海洋事务表述所占比重分别为：0.69%、0.54%、0.90%、0.76%、0.53%、0.63%、0.75%、0.80%、0.61%和 0.53%。

物”，这种“刺激物”在环境里越是“新颖”，就“越能够吸引更多的关注”。[①] 因此，我们可以从决策情境的特征及变化中，来对上述年份中注意力提高的原因进行推测或解释。

由于篇幅的限制，针对这一主题可能需要另文进行详细分析。这里只能简单提及几个较为明显的决策情境因素，例如新中国成立初期台湾海峡区域还存在紧张的军事冲突或对峙局面，因此 1954 年的政府工作报告中有大量关于海防的表述，包括“要有足以保卫我国领土完整、领空领海不受侵犯的强大的陆军、空军和海军”“美国侵略集团就更加加紧利用盘踞台湾的蒋介石卖国集团，扩大对我国大陆和沿海的骚扰性的和破坏性的战争，以图进一步加强对中国的干涉和对亚洲的威胁”“蒋介石卖国集团在美国侵略集团的指使和援助之下，以台湾为基地日益猖獗地袭击我们的沿海岛屿，轰炸我们的沿海城市，劫掠我们的沿海渔民，打劫和扣留我们的商船和同我国通商的各国船舶，并派遣特务潜入大陆进行破坏活动”。[②] 这些内容在一定程度上反映了新中国成立初期台湾海峡的严峻形势和中国政府对于海防的关注。

另外，改革开放初期我国集中发展经济的过程中对于能源问题的重视在不断提升，因此 1980 年和 1981 年的政府工作报告中涉及了大量关于海上石油勘探的表述。例如，1980 年政府工作报告中提出，“石油工业，在海上勘探方面，已与国外一些石油公司签订协议，对我国南海、南黄海 41 万平方公里海域进行了地球物理普查。在这个基础上，将开始陆续招标合作勘探和开发。同时，还同国外石油公司签订了合作勘探开发渤海、北部湾部分海域油气的合同”，[③] 1981 年政府工作报告中提出，“我国海上石油的勘探情况，是各位代表和全国各族人民都很关心的。我在这里高兴地向大家报告：这方面的工作取得了可喜的新进展，南海、南黄海部分海域已完成地震普查工

① 〔美〕布赖恩·琼斯：《再思民主政治中的决策制定：注意力、选择和公共政策》，李丹阳译，北京大学出版社，2010，第 64 页。

② 中共中央文献研究室编《建国以来重要文献选编》第五册，中央文献出版社，1993，第 613、621、621~622 页。

③ 《1980 年国务院政府工作报告》，http：//www.gov.cn/test/2006-02/16/content_200778.htm。

作，渤海、北部湾已经有一批探井出油，前景是良好的”。[①] 这些表述都较为直接地反映了政府部门对能源问题的重视这一情境因素在这一时期所带来的影响。

此外，党的十八大报告中相关理念的提出以及中共中央对海洋事务的重视程度在不断提升这一状况，应当是2014~2015年政府工作报告中涉及大量海洋事务表述的重要原因。例如，2014年政府工作报告中提出，“海洋是我们宝贵的蓝色国土。要坚持陆海统筹，全面实施海洋战略，发展海洋经济，保护海洋环境，坚决维护国家海洋权益，大力建设海洋强国”“加强国防动员和后备力量建设，强化日常战备和边防海防空防管控”；[②] 2015年政府工作报告中提出，“我国是海洋大国，要编制实施海洋战略规划，发展海洋经济，保护海洋生态环境，提高海洋科技水平，强化海洋综合管理，坚决维护国家海洋权益，妥善处理海上纠纷，积极拓展双边和多边海洋合作，向海洋强国的目标迈进”“实施水污染防治行动计划，加强江河湖海水污染、水污染源和农业面源污染治理，实行从水源地到水龙头全过程监管”。[③] 党中央对海洋事务重视程度的不断提升，显然会直接推动政府职能部门更为全面地看待海洋事务的管理工作，在政府工作报告中的直接体现便是特定时期内出现大量关于海洋事务的文字表述。

第三，如果说中国政府在特定时期对海洋事务的关注是由于环境中的“刺激”的话，对注意力持续存在的解释可能需要诉诸一些更具“稳定性”的因素。琼斯指出，“唤起注意和使它持续一段时间这两件事并不像它们看起来那样简单地相互关联”[④]。一些特殊事件比如海洋污染事故可能会引起决策者对海洋事务的关注，但这些特殊事件总是“偶然”发生的，很难使

① 中共中央文献研究室编《三中全会以来重要文献选编》下，人民出版社，1982，第1016页。

② 中共中央文献研究室编《十八大以来重要文献选编》上，中央文献出版社，2014，第844、855页。

③ 中共中央文献研究室编《十八大以来重要文献选编》中，中央文献出版社，2016，第387~388、392~393页。

④ 〔美〕布赖恩·琼斯：《再思民主政治中的决策制定：注意力、选择和公共政策》，李丹阳译，北京大学出版社，2010，第65页。

决策者持续关注。那么，注意力的持续性怎么获得呢？本文在这里主要讨论“偏好”（或者与此相关的“观念”“意识”等）这一因素。本文认为，如果海洋事务在决策者的偏好序列中较为靠前的话，那么决策者可能会对海洋事务进行自觉的关注，而不一定要受到环境因素的“刺激”。尽管偏好在短时期内具有稳定性，但由于我们所分析的是中国政府（即国务院）对海洋事务的注意力问题，因此随着政府领导层的换届（特别是国务院总理的换届），政府决策者的偏好可能会产生较大的变化。

在上述判断的基础上，我们再来考察前文论及的1982~1987年、1999~2003年以及2011~2015年这三个时间段内海洋事务注意力较为“稳定”的现象。其中，1982~1987年由赵紫阳担任总理职务，其间注意力较为稳定，之后1988年由李鹏接任，正是在该年注意力发生了明显变化。类似的，1999~2003年由朱镕基担任总理，其间注意力较为稳定，之后2004年由温家宝接任，该年注意力也发生了明显变化。

而在2011~2015年，分别由温家宝和李克强担任总理，尽管对海洋事务的注意力都在持续上升，但是可以发现后者的注意力强度要明显高于前者。以2013年为分界点，可以看出在2013年政府工作报告中关于海洋事务的表述所占比重为0.259%，而在2015年政府工作报告中关于海洋事务的表述所占比重提升到0.8%。就具体的文字表述而言，2013年政府工作报告中提出“加强海洋综合管理，发展海洋经济，提高海洋资源开发能力，保护海洋生态环境，维护国家海洋权益”；而在2015年政府工作报告中，除了继续提及上述内容（文字略有不同）外，还涉及“海洋是我们宝贵的蓝色国土。要坚持陆海统筹，全面实施海洋战略，发展海洋经济，保护海洋环境，坚决维护国家海洋权益，大力建设海洋强国”等新内容。[①] 从上述政府工作报告的具体表述中可以明显看出后者对海洋事务的关注领域在不断扩展，海洋管理的深度也在进一步提升。在此需要指出的是，由于偏好是一种主观因

① 中共中央文献研究室编《十八大以来重要文献选编》上，中央文献出版社，2014，第186、844页。

素，因而很难进行准确的客观测量，但是上述“规律性”现象在一定程度上能够反映出较为明显的偏好改变及其影响。

此外，在中国政府对海洋事务所分配的注意力持续存在的时期内，注意力的强度可能会出现明显的变化。经由上文的分析，外在情境的复杂性和注意力的特殊性，使注意力的强度可能会因外在情境中某些“刺激物”的影响而出现一些“峰点”，而“峰点”的出现是注意力“间断式”变化的特点之一，区别于持续性存在的注意力。从图 1 可以看出在 2011~2020 年中国政府对海洋事务所分配的注意力持续存在，但是注意力的强度呈现明显的波动。以 2015 年为分界点，注意力的强度由升转降，为什么在注意力持续存在的情况下强度却发生较为明显的变化呢？本文认为，由于偏好在短期内的稳定性和注意力的“媒介”作用，因而一些相对“稳定”的情境因素可能会在政府部门持续保持对海洋事务的注意力的过程中，引起注意力强度的变化。

在本文的背景下，我们所分析的是中国政府管理海洋事务的注意力问题，而随着海洋管理体制的变革，政府管理海洋事务的注意力强度可能会发生较大的变化。在此基础上，可以进一步考察前文所提及的 2015 年前后政府部门对海洋事务的注意力强度变化相对较大的现象。

2013 年十二届全国人大一次会议批准通过的《国务院机构改革和职能转变方案》中明确指出，“重新组建国家海洋局……主要职责是，拟订海洋发展规划，实施海上维权执法，监督管理海域使用、海洋环境保护等”。[①] 与此同时，这一时期中国成立了高层次的海洋事务综合管理与协调机构，即国家海洋委员会，负责研究制定国家海洋发展战略，统筹协调海洋重大事项。这种管理体制的变革在很大程度上提升了国家海洋局的执法权限，转变了以前海洋分散管理的局面，明确了国家海洋战略的发展方向。同时，海洋管理体制的优化也会进一步推动政府部门深入挖掘海洋内在价值，积极开展海洋内部不同领域的管理实践，这些在政府管理海洋事务注意力方面的体现

---

① 中共中央文献研究室编《十八大以来重要文献选编》上，中央文献出版社，2014，第 226 页。

可能就是注意力分配的进一步持续和注意力强度的提升。

此外，由于海洋事务所特有的复杂性与多样性，整体性的海洋管理工作需要各个涉海管理部门之间的合理分工与协调配合。2013 年的国务院机构改革通过规范涉海职能部门的职责权限，有助于推动整体性海洋战略与规划的有序推进。而海洋管理体制的变革是对已有分工的重新组合，需要各部门重新明确自身的权责定位并及时调整相关工作范围，因此必然需要一个整体适应的时期。在此基础上，海洋管理体制变革的影响也会经历一个循序渐进而逐步呈现的过程。结合前文所言，注意力会受到情境中某些刺激物的影响，决策情境中的某种“刺激物”在环境里越是“新颖”，就“越能够吸引更多的关注”。2013 年海洋管理体制的变革作为外在情境中“新颖”的刺激物，其“新颖”性的强度可能也会随着变革影响的逐步呈现而不断增加。而随着新的海洋管理体制不断走向正轨，海洋管理部门间的工作对接有序完成，原有的海洋发展困境可能也会得到有效的缓解，海洋管理体制变革的“新颖性”也会不断下降。在注意力强度上的体现可能就是由原先的上升趋势在达到某一点后转而下降，这可能是政府管理海洋事务注意力的强度在 2015 年前后变化较大的一个重要原因。

专业高效的管理是新时期适应海洋发展形势变化和有序推进海洋强国发展战略的重要条件。已有海洋管理体制在这方面存在的不足使海洋管理体制的进一步完善成为必然选择。2018 年的海洋管理体制改革代表了一种新的方向选择，不再谋求将“海洋”作为单一整体来进行综合管理，而是将海洋领域涉及的环境、资源等要素与陆地等领域的相应要素作为整体来进行综合管理，其标志性事件是成立了自然资源部、生态环境部等新的大部制部门，而不再保留国家海洋局。这种改革导向必然会影响到政府部门管理海洋事务的注意力分配，2019 年政府工作报告中海洋事务表述所占比重的大幅度下降就是这种影响的直接体现。此外，由于偏好具有较强的稳定性，尽管外在情境因素的变动会在特定时间内对注意力强度产生一定影响，但其整体的变动趋势可能会保持相对的稳定。这可能就是图 1 中政府管理海洋事务的注意力强度虽然在 2018 年小幅度上升但整体仍在下降的原因。

此外，2020 年政府部门在海洋事务上注意力强度较低的现象可能与 2020 年的新冠肺炎疫情的暴发也有一定的联系。此次突发性公共卫生事件由于其广泛的影响范围与严重的危害程度，已经成为世界各国政府最为关注的议题之一，我国自然也不例外。特别是在疫情初期，我国经济社会各个领域受到疫情的严重冲击，有效地组织疫情防控工作并着手恢复经济与民生成为中央政府的首要任务。在此情况下，包括海洋事务管理等在内的常规性事务在政府议事日程中的优先性排序必然受到影响。而且 2020 年政府工作报告文本的另一个特点是文字篇幅大量减少，在此情况下常规性事务领域的表述也必然大量压缩，这也会影响到海洋事务管理方面的表述所占比重变化。另外，由于偏好的短期稳定性和外在环境的复杂性，当前政府管理海洋事务注意力强度持续降低的趋势是否会改变海洋事务在政府管理者偏好排序中的位置，进而降低政府对海洋事务的注意力水平还有待进一步观察和思考。

四　海洋事务中各领域的注意力分配

上文是将“海洋事务”作为一个整体来进行测量与分析，这种分析具有一定的局限性。因为“海洋事务”是一个囊括性很强的范畴，不同时期内政府所关注的具体事务可能并不相同。也即，当我们观察到某一时期内政府对海洋事务进行持续性的关注时，可能注意力的“焦点”并不一样。因此，我们有必要对海洋事务进行分解，来进一步考察在特定时期内中国政府对哪些具体的海洋事务领域分配了怎样的注意力。为了完成这一任务，本文对历年政府工作报告文本中涉及海洋事务的表述进行了“关键词”的提取。在提取的过程中，大部分关键词直接采用了政策文本中的表述，而对于意思相近或相似的词语则加以整合。以各个关键词为对象，分别考察涉及该关键词的年度政府工作报告并对其进行汇总（见表 1）。对汇总结果的观察发现，1954~2020 年可以明显划分为五个阶段，在每一阶段上政府决策者所关注的海洋事务领域有所不同。

表 1　历年政府工作报告中对海洋事务各领域的表述

1954~1979 年	海运或港口（1954 年、1955 年、1956 年、1959 年、1979 年）；海洋渔业（1960 年、1978 年、1979 年）；海防相关问题（1954 年、1964 年、1978 年）
1980~1992 年	海运或港口（1981 年、1982 年、1983 年、1986 年、1988 年、1989 年、1991 年）；海上油气（1980 年、1981 年、1982 年、1983 年）；海洋渔业（1982 年、1988 年）；海洋资源保护（1988 年）；海防（1992 年）；海域滩涂利用（1981 年）；海洋争端（1988 年）
1993~2010 年	海洋资源保护与合理利用（1993 年、1997 年、1998 年、2000 年、2001 年、2002 年、2004 年、2006 年、2007 年、2008 年、2009 年、2010 年）；海域污染治理（1999 年、2000 年、2001 年、2002 年、2003 年、2007 年、2008 年）；海洋资源管理（1998 年、2003 年）；海洋开发（1996 年、2003 年）；海洋经济（2008 年）；海洋科技（1997 年、2008 年、2010 年）；海洋权益（1995 年、1997 年）；海防（1995 年、1997 年）；海域使用管理（2003 年）；海洋争端（1993 年）；海运或港口（1993 年）；海上油气（1993 年）
2011~2015 年	海洋经济（2011 年、2012 年、2013 年、2014 年、2015 年）；海洋资源开发（2013 年）；海洋污染治理（2011 年、2012 年、2015 年）；海洋生态环境（2013 年、2014 年、2015 年）；海洋战略（2012 年、2014 年、2015 年）；海洋权益（2013 年、2014 年、2015 年）；陆海统筹（2011 年、2014 年）；海洋综合管理（2013 年、2015 年）；21 世纪海上丝绸之路（2014 年、2015 年）；海洋强国（2014 年、2015 年）；海防（2014 年、2015 年）；海洋大国（2015 年）；海洋蓝色国土（2014 年）；海洋科技（2015 年）；海上纠纷（2015 年）；海洋合作（2015 年）
2016~2020 年	海洋权益（2016 年、2017 年、2018 年）；海洋战略（2016 年）；海洋强国（2016 年、2017 年、2019 年）；陆海统筹（2016 年）；深海探测（2016 年、2018 年）；海洋生态环境（2016 年、2019 年）；海上合作支点（2016 年、2017 年）；海防（2016 年、2017 年、2018 年）；海洋经济示范区（2017 年）；海域水污染防治（2017 年、2018 年、2019 年）；远海护航（2017 年）；海洋保护和开发（2018 年）；蓝色经济（2016 年、2019 年）；海洋经济（2020 年）

资料来源：笔者根据历年政府工作报告自制。

第一阶段为 1954~1979 年。该时期中国政府注意力分配最多的是海洋运输和渔业等传统海洋产业。除此之外，新中国成立初期台湾海峡地区的安全局势并不稳定，美国军事力量入驻台湾海峡引起了中国政府的强烈不满。因此在该时期，中国政府多次在政府工作报告中表明要求美国军事力量撤出台湾海峡的明确态度，包括在 1954 年政府工作报告中提出的“美国侵略集团就更加加紧利用盘踞台湾的蒋介石卖国集团，扩大对我国大陆和沿海的骚扰性的和破坏性的战争，以图进一步加强对中国的干涉和对亚洲的威胁”“美国的第七舰队仍然盘踞在台湾海峡”“我们认为，盘据台湾海峡的美国舰队必须撤走”。①

与此同时，国民经济的恢复和发展是新中国成立初期国家建设的主要任务，政府管理海洋事务的主要目的之一在于推动经济建设。因此在该时期，政府工作报告中主要涉及的是海洋运输和渔业等海洋经济方面的表述。例如，1978 年政府工作报告中提出要“大力发展林业、牧业、副业、渔业，认真抓好林区建设，搞好四旁植树，建立一批牧业基地，建立一批淡水和海洋渔业基地”。②

第二阶段为 1980~1992 年。该时期中国政府的海洋事务注意力分配与改革开放有着紧密关系。改革开放之后中国经济的对外联系日益紧密，各种物资、设备、资源都要依赖于海上通道来运输，因此政府决策者多次注意到海运或沿海港口建设问题。而且，经济的快速发展对于能源的依赖度日益提升，因此在该时期中国政府开始关注海洋油气的开发问题。这两个领域成为该时期政府注意力分配最多的海洋事务。例如，1981 年政府工作报告提出“要充分利用沿海的海运能力”；③ 1986 年政府工作报告提出“‘七五’期间，必须以更大的力量，扩展对外贸易、利用外资和引进技术的规模，同时积极发展旅游业，兴办国际空运、海运、保险、对外承包工程和劳务合作事业”；④ 1991 年政府工作报告提出“沿海港口吞吐能力新增二千二百五十六万吨”“沿海主要港口货物吞吐量四亿六千八百万至四亿七千五百万吨”。⑤

除此之外，海洋渔业、海洋争端、海防等传统领域虽然在一些年份中也被关注，但是持续性不强。而需要指出的是，在 1988 年政府工作报告中涉

① 中共中央文献研究室编《建国以来重要文献选编》第五册，中央文献出版社，1993，第 621、622、623 页。

② 《1978 年国务院政府工作报告》，http://www.gov.cn/test/2006-02/16/content_200704.htm。

③ 中共中央文献研究室编《三中全会以来重要文献选编》下，人民出版社，1982，第 1017 页。

④ 中共中央文献研究室编《十二大以来重要文献选编》中，人民出版社，1986，第 942 页。

⑤ 《1991 年国务院政府工作报告》，http://www.gov.cn/test/2006-02/16/content_200903.htm。

及了“海洋资源保护”这一新的内容，但只是简单提及，但并没有获得持续性的关注。例如，1989 年政府工作报告中提及的“沿海港口吞吐能力八百七十八万吨”；1992 年政府工作报告提及的“加强边防海防工作”，均没有涉及海洋资源保护的问题。① 而 1990 年和 1991 年政府工作报告主要表述的是与港口建设有关的问题。

第三阶段为 1993~2010 年。该时期的最大特征是政府开始着力强调海洋资源与环境的保护问题，这主要是由于前一时期大规模的海洋资源开发未能兼顾海洋生态环境保护而产生的负面影响开始显现。同时，海洋资源开发问题也获得了持续性的关注，但主要是强调要“合理利用”。例如，1993 年政府工作报告提出“积极防治工业污染，依法保护和合理利用土地、矿产、海洋、森林、草原、水等各种自然资源”；② 1997 年政府工作报告提出“依法保护和合理开发海洋、森林、草原、矿产和生物等自然资源，制止乱砍滥伐、乱挖滥采”；③ 2000 年政府工作报告提出“要加大城市环境污染治理力度，突出抓好重点城市、流域、区域、海域污染防治工程，全面实现既定的环境保护和治理目标”“加强自然资源管理，依法保护和合理利用土地、森林、草原、矿产、海洋和水资源”；④ 2001 年政府工作报告提出“加强对海洋资源的综合开发利用和保护”“继续开展重点流域、区域、海域的污染治理”。⑤

除此之外，在该时期的特定年份中政府也开始关注一些新的海洋事务领域，包括海洋科技、海洋权益、海域使用等，但持续性均不明显。例如，海域使用管理只有在 2003 年政府工作报告中有所提及，而对于海洋科技的发展也只在 1997 年、2008 年和 2010 年政府工作报告进行了一定的涉及。此外，海运、海洋油气等传统事务领域除在 1993 年政府工作报告中有所关注

① 中共中央文献研究室编《十三大以来重要文献选编》上，人民出版社，1991，第 426、2008 页。

② 中共中央文献研究室编《十四大以来重要文献选编》上，人民出版社，1996，第 190 页。

③ 中共中央文献研究室编《十四大以来重要文献选编》下，人民出版社，1999，第 2357 页。

④ 中共中央文献研究室编《十五大以来重要文献选编》中，人民出版社，2001，第 1183 页。

⑤ 中共中央文献研究室编《十五大以来重要文献选编》中，人民出版社，2001，第 1700 页。

外，在之后的十多年中未能再次吸引到政府决策者的注意力。

第四阶段为2011~2015年。在该时期，海洋资源开发与海洋生态环境保护领域均获得了政府持续性的关注。不过，在海洋资源开发领域更多的是直接使用“海洋经济”的概念，这表明海洋相关产业已经发展为中国经济的独立且重要的构成部分。另外，在该时期政府决策者开始关注更为宏观的海洋战略规划的制定问题，具体表现为对“海洋战略”“陆海统筹”“海洋综合管理”“海洋强国”“海洋权益”等问题的多次关注。

此外，2014年或2015年政府工作报告中还增加了关于“海洋蓝色国土”、“21世纪海上丝绸之路”、“海洋合作”等领域的表述。例如，2014年政府工作报告中论述的“提出建设丝绸之路经济带、二十一世纪海上丝绸之路的构想”“抓紧规划建设丝绸之路经济带、二十一世纪海上丝绸之路，推进孟中印缅、中巴经济走廊建设，推出一批重大支撑项目，加快基础设施互联互通，拓展国际经济技术合作新空间”；① 2015年政府工作报告中提出的“推进丝绸之路经济带和二十一世纪海上丝绸之路建设”“构建全方位对外开放新格局。推进丝绸之路经济带和21世纪海上丝绸之路合作建设”“积极拓展双边和多边海洋合作，向海洋强国的目标迈进”。② 这些涉及新领域的详细论述表明了政府决策者对海洋事务所分配的注意力范围实现了进一步的扩展。

第五阶段为2016~2020年。在该时期，海洋生态环境保护领域获得了政府持续性的关注，政府部门对于制定宏观的海洋战略规划的注意力也进一步增强，具体表现在对“海洋权益”“海洋战略”“海洋强国”等问题的持续性关注。例如，2016年政府工作报告中提出“制定和实施国家海洋战略，维护国家海洋权益，保护海洋生态环境，拓展蓝色经济空间，建设海洋强国”；2017年政府工作报告中论述了“坚定维护国家领土主权和海洋权益”

① 中共中央文献研究室编《十八大以来重要文献选编》上，中央文献出版社，2014，第832、843页。

② 中共中央文献研究室编《十八大以来重要文献选编》中，中央文献出版社，2016，第375、383、388页。

“推进海洋经济示范区建设，加快建设海洋强国，坚决维护国家海洋权益”。[①] 此外，在海洋经济方面进一步提出了“海洋经济示范区”的概念，这表明政府部门不断推进海洋经济的深层次发展，通过发挥示范区的引领作用，探索发展海洋经济的新形式。

此外，这一时期“蓝色经济”与“海域水污染防治”成为新的关注领域，这也在一定程度上表明了政府部门对于海洋事务管理领域的进一步扩展，有助于妥善处理海洋资源的开发和生态保护的关系。例如，2017 年政府工作报告中提出“抓好重点流域、区域、海域水污染和农业面源污染防治”;[②] 2019 年政府工作报告中提及“大力发展蓝色经济，保护海洋环境”“加快治理黑臭水体，防治农业面源污染，推进重点流域和近岸海域综合整治”。[③] 除此之外，在该时期对于“陆海统筹”“远海护航”等主题也有一定的涉及，但持续性并不明显。

经由上文分析，可以看出政府在不同阶段的注意力分配领域具有一定的相似性，在某一特定的时期，政府管理海洋事务的注意力大致集中在具体几个领域。根据本文的统计数据，可以发现“这样一个时期”大致为 5 年的时间。党的领导是政府部门开展各项管理工作的重要前提和基础，海洋事务的管理也不例外。本文考察的是中国政府管理海洋事务的注意力，因此随着党的历次代表大会的召开和对应的大会报告的发布，政府部门在海洋事务上的注意力分配领域可能会有所变动。据此可以对 2012 ~ 2020 年的注意力分配领域进行考察。2012 年，党的十八大报告中提出“提高海洋资源开发能力，发展海洋经济，保护海洋生态环境，坚决维护国家海洋权益，建设海洋强国”,[④] 其中的主要关键词为“海洋经济”“海洋生态”“海洋权益”“海洋强国”。就此后 5 年间的政府工作报告而言，2013 年政

① 中共中央文献研究室编《十八大以来重要文献选编》下，中央文献出版社，2018，第 273、625、636 页。

② 中共中央文献研究室编《十八大以来重要文献选编》下，中央文献出版社，2018，第 642 页。

③ 《政府工作报告》，http：//www. gov. cn/premier/2019-03/16/content_5374314. htm。

④ 中共中央文献研究室编《十八大以来重要文献选编》上，中央文献出版社，2014，第 31 页。

府工作报告中提出“加强海洋综合管理，发展海洋经济，提高海洋资源开发能力，保护海洋生态环境，维护国家海洋权益”；① 2015 年政府工作报告中提及“我国是海洋大国，要编制实施海洋战略规划，发展海洋经济，保护海洋生态环境，提高海洋科技水平，强化海洋综合管理，坚决维护国家海洋权益，妥善处理海上纠纷，积极拓展双边和多边海洋合作，向海洋强国的目标迈进”。② 与此同时，通过对表 1 的考察可以看出，2014 年、2015 年和 2016 年的政府工作报告中，注意力的分配领域主要涉及“海洋权益”“海洋经济”“海洋强国”三个方面。结合上文所述有关内容，可以看出 2012~2016 年政府工作报告中的内容大致围绕着党的十八大报告中关于海洋事务的表述展开。这一阶段注意力在其他领域的分配也与这几个主要的部分有所关联。

然而，通过对表 1 的考察，可以看出在 2018~2020 年，注意力的分配领域主要集中于“海防”“海域水污染防治”“海洋权益”“海洋强国”这几个部分。就具体内容而言，2018 年政府工作报告中提出“坚定维护国家主权和海洋权益”“继续推进国防和军队改革，建设强大稳固的现代边海空防”“加强重点流域海域水污染防治”；③ 2019 年政府工作报告中提及“大力发展蓝色经济，保护海洋环境，建设海洋强国”“加快治理黑臭水体，防治农业面源污染，推进重点流域和近岸海域综合整治”。④ 注意力分配的主要领域在保留前 5 年政府工作报告中提及的“海洋权益”和“海洋强国”的基础上，增加了其他两个部分的内容，而新增的两个关注领域成为政府工作报告中论述的重点。

对于这一转变，可能与 2017 年党的十九大报告中的内容有关。此次报告中提出“坚持陆海统筹，加快建设海洋强国”“加快水污染防治，实施流

---

① 中共中央文献研究室编《十八大以来重要文献选编》上，中央文献出版社，2014，第 186 页。

② 中共中央文献研究室编《十八大以来重要文献选编》中，中央文献出版社，2016，第 387~388 页。

③ 《政府工作报告》，http://www.gov.cn/premier/2018-03/22/content_5276608.htm。

④ 《政府工作报告》，http://www.gov.cn/premier/2019-03/16/content_5374314.htm。

域环境和近岸海域综合治理”“完善国防动员体系，建设强大稳固的现代边海空防”。[①] 这些既进一步延续了十八大报告中提出的“海洋强国”和“海洋权益”的表述，又增加了“海域综合治理”和“海防”等内容。党的政治报告的指导性与科学性，使其内容的变化可能直接影响下一阶段中政府工作报告的内容，在海洋事务中的体现可能就是注意力分配领域的转变。

此外，就政府管理海洋事务注意力具体分配领域之间的关联性而言，“海洋经济”一直贯穿其中。由初期的“海洋资源的开发”到具体提出“海洋经济”的概念，再到近年来提出的“蓝色经济”的叙述，关于海洋经济的表述不断丰富，领域不断扩展，海洋经济的管理呈现“深入性”与“综合性”并存的特点。海洋经济管理的深入性是指在充分考虑海洋事务独特性的基础上，不断发掘新的海洋经济优势。具体而言，1993 年政府工作报告中提出“积极开发天然气和海上油气田”；[②] 2008 年政府工作报告中提出“搞好海洋资源保护和合理利用，发展海洋经济”；[③] 2015 年政府工作报告中提出“构建全方位对外开放新格局。推进丝绸之路经济带和二十一世纪海上丝绸之路合作建设”；[④] 2017 年政府工作报告中提出“推进海洋经济示范区建设”。[⑤]“海上油气”“海洋资源”“海上丝绸之路”“海洋经济示范区”都是海洋经济在不同侧面的体现。在这些注意力分配领域的转换中，海洋事务在经济层面不断展现出其潜在的特质，近年来海洋经济示范区的建设也表明政府在不断深入推进海洋经济的发展。

海洋经济管理的综合性是指将海洋经济纳入海洋事务发展的整体规划，科学分配海洋资源，建设海洋强国。在注意力的具体分配领域上，“蓝色经济”“海洋战略”“海洋强国”成为其中具有代表性的表述。例如，2016 年的工作报告中提出“制定和实施国家海洋战略，维护国家海洋权益，保护

① 习近平：《决胜全面建成小康社会 夺取新时代中国特色社会主义伟大胜利——在中国共产党第十九次全国代表大会上的报告》，人民出版社，2017，第 33、51、54 页。

② 中共中央文献研究室编《十四大以来重要文献选编》上，人民出版社，1996，第 174 页。

③ 中共中央文献研究室编《十七大以来重要文献选编》上，中央文献出版社，2009，第 315 页。

④ 中共中央文献研究室编《十八大以来重要文献选编》中，中央文献出版社，2016，第 383 页。

⑤ 中共中央文献研究室编《十八大以来重要文献选编》下，中央文献出版社，2018，第 636 页。

海洋生态环境，拓展蓝色经济空间，建设海洋强国”,[①] 2019 年政府工作报告中提出“大力发展蓝色经济，保护海洋环境，建设海洋强国”。[②] 这一系列表述的共同点之一在于将海洋经济作为海洋整体规划中的重要一环，通过发挥海洋经济的整体联动作用，助推海洋事务的综合性发展。

综合以上的内容可以发现，在 60 多年的发展历程中，中国政府管理海洋事务的注意力分配呈现两个基本的变化趋势。其一，随着时间的推移，中国政府所关注的海洋事务领域在不断扩展，从开始的“海运或港口”到“海洋资源保护与合理利用”，再到“陆海统筹”“海洋战略”“21 世纪海上丝绸之路”，以及最近时期的“蓝色经济”“海域水污染防治”等等。这一现象表明中国政府对于海洋自身以及海洋对国家发展的重要性的认识在不断完善，同时也表明中国的海洋事务管理仍存在很大的发展空间，一些新的事务领域刚刚起步。其二，中国政府对海洋事务的注意力分配重点逐渐由分散的、具体的一个或几个事务领域转变为更具整体性与宏观性的战略规划与总体布局。最典型的就是 2011~2018 年多次提及的“陆海统筹”“海洋战略”“海洋综合管理”，以及建设“海洋强国”目标。这些在很大程度上可能意味着中国长期以来“重陆轻海”发展传统的根本性转变，当然作出具体判断还需要进行更为长期的观察。

五　结论与讨论

在注意力与政府决策相关理论的基础上，本文以政府工作报告为考察对象，对中国政府管理海洋事务的注意力及其变化情况进行了测量与分析。这种对于注意力问题的研究给我们提供了一个解读政策文本的新思路，同时也提供给我们一个思考国家战略或政策变迁问题的新视角。本文研究所揭示的中国政府针对海洋事务的注意力分配强度长期保持在较低水平且缺乏持续性

① 中共中央文献研究室编《十八大以来重要文献选编》下，中央文献出版社，2018，第 273 页。

② 《政府工作报告》，http：//www. gov. cn/premier/2019-03/16/content_5374314. htm。

这一现象，事实上正是中国长期以来所秉持的“重陆轻海”战略取向的直接体现。而2011年之后海洋事务注意力持续性不断增强的现象则直接体现出中国当前所倡导的“海陆统筹”以及建设“海洋强国”这一重大战略或政策转变。

海洋强国建设是否能够有效推进并取得预期成果，在很大程度上取决于政府决策者对该事务领域的注意力是否能持续下去。而相较于偏好等因素而言，“易变性”正是注意力的重要特征。那么，应当如何使政府决策者保持对海洋事务的持续注意呢？本文认为，注意力除了受到特殊事件的“刺激”等决策情境中的不可控因素影响外，还会受到信息“强度”变化的影响。而信息“强度”的提升可能来源于媒体报道的聚焦效应，也可能是因为特定行动者通过特定渠道不断地将相关信息传达给政府高层决策者。因此，海洋领域的专家学者以及其他关心海洋事务的政策倡导者可以充分利用新闻媒体以及各种信息传播渠道“上书”政府高层，不断给予政府决策者的注意力以“刺激”，使其保持对海洋事务的关注强度。

另外，海洋强国建设的有效推进在更大程度上取决于海洋事务在中国政府处理的所有事务中偏好“排序”的提升。然而，提升偏好同样涉及许多复杂问题。一方面，正如本文所一再强调的，偏好在短时期内具有稳定性，对海洋事务注意力的提升并不一定意味着偏好的改变。然而注意力与偏好之间也存在很大的相关性。如果决策者对海洋事务能够长期保持较高的关注的话，这将有助于促成海洋事务内化为决策者的偏好。此外，结合前文所述，尽管2011~2020年政府部门持续保持对海洋事务的注意力，但是在海洋管理体制改革等外界因素的刺激下，政府部门的注意力强度却呈现下降的趋势，这一趋势是否会影响并降低海洋事务在政府管理者偏好中的排序，还有待进一步的观察和思考。

另一方面，如前文分析所表明的，中国政府领导层特别是国务院总理的换届使较为稳定的偏好可能会经常发生变化，从而影响到决策层对海洋事务的关注程度。那么，应该如何避免海洋强国的建设不因高层领导者的更替而受到较大影响呢？本文认为根本的应对之策在于制度化建设。具体而言，要尽可能完善海洋领域相关法律法规，“健全海洋法制是建设海洋强国的合法性基础和法律保障”①。对于海洋强国的建设而言，当前海洋领域的法制建设需要继续深入推进。此外，还要谋划海洋管理的顶层设计，最重要的措施就是推动“海洋入宪”以及进行《海洋基本法》的编制。

此外，海洋管理体制的改革可能也是影响政府管理海洋事务注意力甚至偏好的一个重要因素。结合前文所述，海洋管理体制的变革作为一个特殊的情境因素，可能会改变政府管理海洋事务的注意力强度。由于偏好具有短期稳定性，在当前注意力强度不断下降的情况下，通过对海洋管理体制的调整和完善，有可能避免这种注意力下降趋势向政府高层管理者内在偏好的转化。“中国建设‘海洋强国’主要是建设海洋经济强国、海洋科技强国、海洋生态强国与海上军事力量强国”②，海洋管理体制的变革与上述几个方面息息相关。2018 年海洋管理体制的变革，合理划分海洋管理职能部门的职权，有助于提升海洋管理的效率，实现海洋各领域的专业管理。然而，就涉海部门设置和职责划分而言，现有管理体制可能还存在一些不足之处。例如在我国，中央政府与地方政府的海洋管理权责的具体划分还没有明确界定。海洋事务的特殊性之一是管理的双重性，对特定海域上的不同涉海事务的管理，其权责归属主体的不同可能会影响海洋管理的效率。而此前多次的海洋管理体制改革尚没有对海洋事务权责归属不明的问题提出足够完善的应对措施。

最后，党的十九大报告中提出中国将“积极参与全球治理体系改革和建设，不断贡献中国智慧和力量”。③ 就海洋事务而言，全球海洋治理成为近年来政府新的关注领域之一。海洋强国的推进需要海洋各领域全方位的综合发展，随着中国海洋综合实力和国际影响力的提升，参与全球海洋治理成

① 王历荣：《中国建设海洋强国的战略困境与创新选择》，《当代世界与社会主义》2017 年第 6 期，第 163 页。

② 郑义炜：《陆海复合型中国“海洋强国”战略分析》，《东北亚论坛》2018 年第 2 期，第 78 页。

③ 习近平：《决胜全面建成小康社会　夺取新时代中国特色社会主义伟大胜利——在中国共产党第十九次全国代表大会上的报告》，人民出版社，2017，第 60 页。

为一个必然选择。就政府管理海洋事务注意力的分配领域而言，“21 世纪海上丝绸之路”“蓝色经济”“海上合作支点”等从不同的侧面展现出中国正在积极地参与全球海洋治理。通过积极参与全球海洋治理，不仅有助于完善全球海洋治理体系以应对国际范围内海洋发展的共同难题，同时也会对中国的海洋管理发展产生显著的助推作用。不过中国在全球海洋治理体系中参与程度的不断加深这一状况是否会提升海洋事务在中国政府管理者偏好中的排序，进而转变当前政府管理海洋事务注意力强度不断下降的趋势，这可能还需要进一步的观察与思考。

第五部分
涉海内容翻译与传播专题研究

“国家治理”概念谱系及英译探究

高玉霞　任东升*

摘　要： “治理”和“国家治理”是具有悠久历史的中国特色概念，而非西方舶来品。十八届三中全会提出的“国家治理体系和治理能力现代化”之“国家治理”是融合西方治理理论同时具有中国特色的现代概念。政治概念话语具有观念性和社会性，其产生和演变与社会历史形态密不可分，更有深厚的意识形态根基。由于历史传承、文化传统、思维方式、政治经济社会基础等差异，中西方对“治理”和“国家治理”的内涵和外延界定不同，其英译表述较为纷乱，

* 高玉霞，讲师，中国海洋大学外国语学院博士生，中国海洋大学“海洋治理与中国”研究团队成员，中国外文局沙博理研究中心“中国海洋大学研究基地”研究助理，研究方向为涉海英语翻译、国家翻译实践；任东升，中国海洋大学外国语学院教授、博士生导师，研究方向为宗教翻译思想、国家翻译实践。

极有可能引起该表述传播与接受的混乱。本文借助概念史研究相关理论和方法，梳理“国家治理”的概念谱系，探究其英译概念网络，审视现有三种主要译法之得失，发现与“国家治理”匹配度最高的译文是“state governance”。文章认为从概念史视角审视政治概念话语对外译介，有助于在建构融通中外话语体系过程中实现政治概念输出与引进的良性互动。

关键词： 治理　国家治理　概念史　概念网络

中国特色政治概念话语外译是国家对外话语体系建构的重要组成部分。然而，中西概念话语由于呈现方式、内涵外延、思维方式、政治体制等存在极大差异，在进行中国特色政治话语外译时往往困难重重，稍有不慎便会引发误解甚至冲突。加之，中国从事政治概念话语外译的经验欠缺，中国特色关键政治概念话语的对外翻译规范仍未形成，不同翻译单位对同一概念术语有不同译法。这不仅反映出相关译者群体对所译概念内涵和外延把握不到位，而且会影响国外读者对中国政治概念话语的理解。涉及多个方面甚至全局的重要概念，一旦正式提出便会进入概念史逻辑中，“既出现与提出者原义相合的效果，也产生超出提出者原义的景观”①。政治概念话语的产生衍变与社会发展关系密切，因而“政治术语的概念描述和翻译研究对于建构和跨语传播中国政治话语具有重要思想意义和政治价值”②。

“治理”及其“×+治理”/“治理+×”搭配表达法近年来频频出现在各

① 张法：《命运观的中、西、印比较——从“人类命运共同体”英译难点谈起》，《南国学术》2019 年第 2 期。

② 刘润泽、魏向清：《“中国梦”英译研究再思考——兼论政治术语翻译的概念史研究方法》，《中国外语》2015 年第 6 期。

种领域，颇有流行之势，且政治负载越来越浓。2013 年，党的十八届三中全会提出“推进国家治理体系和治理能力现代化”，“治理”引发学界和政界高度关注。与之类似，英文“governance”一词成为一个热词，使用范围也越来越广，正如学者所言：“governance 被人称作一个流行语，一种风行一时的玩意，一套框架性工具，一个跨越不同学科的概念，一个伞状概念，一个描述性概念，一个模棱两可的概念，一个空洞的指称，一个用于狡辩的遁词，一种拜物教，一个研究领域，一种研究方式，一种理论，一种视角。”①对外译介时，把汉语“治理”译为“governance”似乎已成为共识，然而汉语中的“治理”概念的内涵和外延是否与英文“governance”对等？各领域所言“治理”概念是否相同？学界所言的治理是否与党中央提出的治理概念相同？这些疑惑直接关涉中国政治概念话语的对外翻译和传播。在以往的概念史研究中，研究者大多通过“公认的重要文本（主要是个别思想家和代表性著作），来分析某些观念的形态”②，由于对代表人物的代表著作选择的差异，加之文本解读本身的复杂性，研究者在如何理解历史文本方面有着较大分歧，解释的随意性较大，研究结果的科学性也值得商榷。随着文献语料库、数据库技术的发展，历史文献数字化发展成为可能，研究者可以采用数据挖掘（data mining）方法对相关观念的意义进行统计分析，进而揭示概念的起源和演变。本文借助概念史研究相关理论和方法，依托相关语料库数据，梳理“治理”的概念谱系，并分析其英译现状，探究关涉众多中国特色“×+治理”/“治理+×”概念话语的跨语际传播，以期为融通中外的话语体系建构提供方法论借鉴。

---

① C. Ansell, D. Levi-Faur, J. Trondal, “An Organizational-Institutional Approach to Governance,” in C. Ansell, J. Trondal, M. Øgård (eds.), *Governance in Turbulent Times*, Oxford: Oxford University Press, 2017, pp. 27-54.

② 金观涛、刘青峰：《观念史研究——中国现代重要政治术语的形成》，法律出版社，2009，第 5 页。

一 “治理”的概念谱系

“治理”并非经由翻译引进的西方词语，而是一个有着悠久历史的中国本土词语。那么汉语“治理”到底何时开始出现？其概念内涵和外延经历了怎样的演变？促成这些变化的动力何在？这就需要我们梳理“治理”的概念谱系。要梳理清楚这些问题，需要对相关概念的“常识性”提出质疑，分析相关概念在不同情境下的建构历程，即从概念史入手，梳理“治理”的概念谱系及其跨语言互动（翻译情况）。

（一）古代“治理”：从治水到治国

“治理”一词自古有之，由“治”和“理”二字构成。《说文解字》对“治”的解释为：“水。出东莱曲城阳丘山，南入海。从水，台声。”[①] 可见“治”本义为“治水”，为河流名字。《玉篇》言“治，修治也”，即“治理水，即疏浚水道使畅通”，[②]“大禹治水”便取此意。《说文解字注》中对“治”的解释是：“治水。出东莱曲城阳丘山。……今治水名小沽河。……从水，台声。直之切……。按今字训理。盖由借治为理。”[③] 可见，“治”可假借为“理”，由此引申为“治理、管理、整理、处理”，《吕氏春秋》中说“故治国无法则乱，守法而弗变则悖”[④]，《商君书·更法》中说“治世不一道”[⑤]，这两句话中的“治”均为“治理、管理”之意。治理的结果是太平，进一步引申为“太平、安定”，正所谓“日月星辰瑞历，是虞、桀之所同也；虞以治，桀以乱”[⑥]。治理政事需要有个地方，由此引申为“治

① （汉）许慎：《说文解字（插图足本）》，九州出版社，2001，第634页。

② 谷衍奎编《汉字源流字典》，华夏出版社，2003，第719页。

③ （汉）许慎撰，（清）段玉裁注《说文解字注》，上海古籍出版社，1981，第955页。

④ 中国基本古籍库，http：//dh. ersjk. com/。

⑤ 中国基本古籍库，http：//dh. ersjk. com/。

⑥ 中国基本古籍库，http：//dh. ersjk. com/。

所"，即"王都或地方官署所在地"[①]。根据《汉语大词典》，"治"读"zhì"时，有"治理、统治""政绩""整治、整理""有规矩，严整""修建、修缮""备办""设置""惩处""医治、医疗""攻读，研究""修养，修饰""求乞、求取""心绪安宁平静""政治清明，社会安定""平顺、和顺""旺盛""较量、匹敌""建立治所""王都或地方官署所在地""道家居住的祠庙""通'砖'""通'似'，好像""通'辞'，言辞""通'辞'，指诉讼、告状""通'司'，主管""通'殆'，危及""姓氏"等20多种含义。[②]"理"的本义为"治玉"，即"顺着纹路把玉从石中剖分出来"，除"加工玉石"外，现代汉语中"理"也有20多种含义，包括"治、办、管""修整、使整齐有序""操作，从事""区分，审辨""温习，操习，弹奏""医治""国家管理，治理得好，安定""处置诉讼案件""惩治""申述、审辨""法纪""古代的法官或司法机关""媒人""事物的纹路、条纹""事物的条理、规律、准则""顺、顺畅""操行，仪表""理科""对别人的言行表态、做出反应""赏赐"等。[③]可见，"治"与"理"有许多相通之处。

"治"与"理"连用为"治理"，最早出现于春秋战国时期。当时诸子百家大多用该词抒发"治国、理政、平天下抱负"[④]。《孟子》中有"劳力，民也。君施教以治理之，民竭力治公田以奉养其上"[⑤]；《荀子》中有"然后明分职，序事业，材技官能，莫不治理，则公道达而私门塞矣，公义明而私事息矣"[⑥]；《老子》中有"天地任自然，无为无造，万物自相治理，故不仁也"[⑦]；《韩非子》中有"其法通乎人情，关乎治理也"[⑧]等的记载。

---

① 王力主编《王力古汉语字典》，中华书局，2000，第580页。

② 罗竹风主编《汉语大词典》，上海辞书出版社，2011，第7577页。

③ 谷衍奎编《汉字源流字典》，华夏出版社，2003，第1177页。

④ 李龙、任颖：《"治理"一词的沿革考略——以语义分析与语用分析为方法》，《法制与社会发展》2014年第4期。

⑤ 中国基本古籍库，http：//dh. ersjk. com/。

⑥ 中国基本古籍库，http：//dh. ersjk. com/。

⑦ 中国基本古籍库，http：//dh. ersjk. com/。

⑧ 中国基本古籍库，http：//dh. ersjk. com/。

我们在“中国基本古籍库”中以“治理”为关键词检索，检索结果总计为5325条。图书成书年代统计结果（见图1）显示，秦及之前“治理”一词使用频次极少，汉朝出现小高潮，共出现132次，《汉书》中“治理”出现11次，除表示“统治、管理”之意，开始用于表示“秩序、稳定状态”，如“长治，谓为之长帅而治理之也”“治安，言治理而且安宁也”“言诸事皆治理也”均取此意。三国时期将“治理”用于政务、政绩。唐朝开始出现“国家治理”一词，《周礼注疏》（附释音周礼注疏卷第三十）载：“［疏］注‘制法成治若咎繇’。释曰：‘以其言治、言力，故知制法成治，出其谋力。’按《虞书》帝谓咎繇云：“蛮夷猾夏，寇贼奸宄，汝作士，五刑有服。”是咎繇制其刑法，国家治理，故以咎繇拟之。战功日多。”① 宋朝“治理”一词的使用频率较之前朝代有大幅提高，出现353次。刘炎《迩言》卷三《立志》载：“或问君子出处之要，日居不可以素隐，仕不可以素餐，上无与于国家治理，下无与于风俗名教，斯其出处亦可占矣。”②

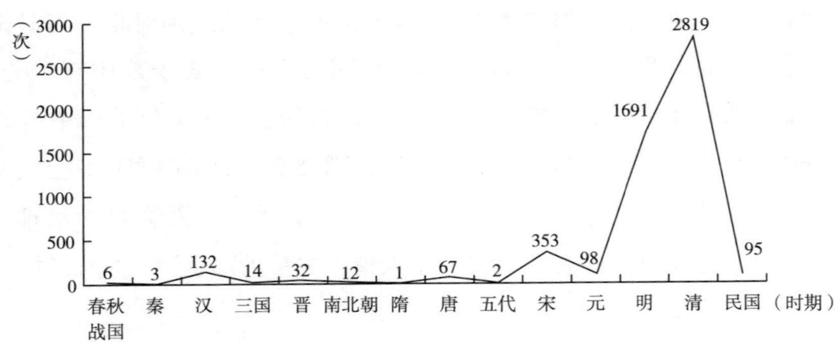

图1 “治理”在中国基本古籍中的使用频次

到了明代，“治理”的使用频率越来越高，出现1691次，约占总频次的31.8%。明朝“治理”被列入“考功图”，成为科举考试的科目。《明

① （清）阮元校刻《十三经注疏》（上册），中华书局，1980，第203页。

② 中国基本古籍库，http://dh.ersjk.com/。

史》卷一百三十八《列传第二十六·开济列传》载：“济条议，以‘经明行修’为一科，‘工习文词’为一科，‘通晓书义’为一科，‘人品俊秀’为一科，‘练达治理’为一科，‘言有条理’为一科，六科备者为上，三科以上为中，不及三科者为下。”① 明朝程开祜《筹辽硕画》载：“臣又尝谓国家治理、富强二字原不相离，未有不富而能强者。”② 河南《长垣县志》（天一阁藏明嘉靖二十年重刻正德本影印本）载：“用以养贤育材，为国家治理之资，其功之大宁有过者……所以崇德报功，化民成俗，储养贤才，以为国家治理之具，自古圣帝明王之有天下未有舍此而他务者，得非以其所系重且大，与我皇明一家天下文治。”③

清朝“治理”使用频次最多，出现2819次，约占总频次的52.9%。“国家治理”一词的使用也比以往朝代多。陈忠倚的《皇朝经世文三编》卷三十四《户政十三》载：“国家治理之法与庶司奏绩之谟，毋贵乎法古也，亦毋贵乎守常，要在随时变通因时制宜以期益国益民而已矣。”④“国家治理之法”开始出现。《清实录》载：“乙酉。谕内阁。御史程德润奏请调剂直省知府一折。国家治理之要，总在督抚大吏。”⑤《雍正上谕内阁》载：“一切事物循理从公，毫无私意，且分别是非，进善退恶，乃国家治理攸关。”⑥《顺天府志》（清光绪刻本）卷九《京师志九·官学》载：“当有事半功倍之益，以国家治理之隆，诚使实事求是，久道化成，或有一二瑰伟之士出于其间，以副圣明振兴学校之意，此固臣等可为八旗子弟深期殷望者也。”⑦ 山西《吉县志》（成文影光绪五年修民国间铅印本）载：“力田孝弟，古人由此入仕，迨逐末者多而遂以草野目之，我国家治理郅隆，超越前古，复命郡邑岁敦行老农

① （清）张廷玉等撰《明史》，中华书局，1974，第3977页。

② 程开祜：《筹辽硕画》，民国时期国立北平图书馆善本丛书景明万历本，第863页。

③ 中国基本古籍库，http：//dh. ersjk. com/。

④ 陈忠倚：《皇朝经世文三编》，清光绪石印本，第676页。

⑤ 中国基本古籍库，http：//dh. ersjk. com/。

⑥ 胤禛：《雍正上谕内阁》，清文渊阁四库全书本，第144页。

⑦ 中国基本古籍库，http：//dh. ersjk. com/。

优以八品顶戴。”①

“治理”一词在民国时期古籍中使用频次呈降低之势，主要原因是该时期推行白话文，修习古籍渐少。更何况民国的古籍文献大多为记录清朝的历史文献。民国古籍中“治理”一词共出现95次，其中记录清朝历史的《清史稿》中便出现48次，《清史纪事本末》《戊戌政变记》《晚晴簃诗汇》等记录清朝史实的文献中也有出现，故大多可归入清朝。因此此次统计结果并不能反映民国时期“治理”使用频次的全貌，下文将统计近代报刊中“治理”的使用情况以作说明。

图书统计显示，“中国基本古籍库”② 中涉及“治理”的文献共1584本，其中元朝及以前的文献299本，元朝以后文献1285本。可见，明清之际“治理”的使用范围极为广泛，涉及文献众多。从文献中“治理”的出现频次看，频次≥10的有100本（见表1），统计显示，《东华续录（光绪朝）》中“治理”出现188次之多，其次为《清朝续文献通考》（111次）、《东华录》（71次）。《东华录》及《东华续录》是依据清朝国史馆原始材料编写的编年体清代史料长编，起自努尔哈赤，讫至同治朝，合称《十一朝东华录》。《东华续录（光绪朝）》较系统地反映了光绪朝的内政、外交、军事、经济等方面的大事。《清朝续文献通考》续《清朝文献通考》，据清代实录、会典、则例等资料编成，记载了晚清126年间各种典章制度的激烈剧变。除《清朝文献通考》的26考外，增加《外交》（交际、界务、传教、条约）、《邮传》（总类、船政、路政、电政、邮政）、《实业》（总务、农务、工务、商务）、《宪政》4考，共30考，下列136个子目。这三本书可以很好地反映清朝治国理政的历史。三本文献中“治理”使用频次之高，说明清朝对“治理”之重视。

① 中国基本古籍库，http：//dh. ersjk. com/。

② 中国基本古籍库，http：//dh. ersjk. com/。

表 1 “治理”在古籍中的使用频次（≥10）

序号	书名	频次	序号	书名	频次
1	东华续录（光绪朝）	188	31	陶云汀先生奏疏	20
2	清朝续文献通考	111	32	张太岳先生文集	20
3	东华录	71	33	皇清文颖	19
4	那文毅公奏议	70	34	明书	19
5	大清光绪新法令	67	35	文简集	19
6	皇明疏钞	48	36	一切经音义	19
7	清史稿	48	37	馆阁漫录	18
8	皇明嘉隆疏钞	45	38	文章辨体汇选	18
9	清朝文献通考	45	39	万历疏钞	17
10	清经世文续编	44	40	晋政辑要	16
11	尚书注疏	43	41	航海述奇	15
12	明经世文编	38	42	皇明诏制	15
13	约章成案汇览	36	43	时务通考	15
14	东华续录（乾隆朝）	33	44	西园闻见录	15
15	张文襄公奏议	33	45	续文献通考	15
16	皇明两朝疏抄	32	46	（光绪）重修安徽通志	14
17	（民国）黑龙江志稿	31	47	高文襄公集	14
18	皇明诏令	31	48	明文海	14
19	李文恭公遗集	31	49	皇朝经世文三编	14
20	佩文韵府	31	50	弇州史料	14
21	明史	28	51	粤西诗文载	14
22	尚书古注便读	28	52	（道光）广东通志	13
23	国朝献征录	27	53	（光绪）湖南通志	13
24	册府元龟	26	54	（嘉庆）大清一统志	13
25	礼记疏	26	55	大清会典则例	13
26	东华续录（同治朝）	25	56	东华续录（嘉庆朝）	13
27	清经世文编	24	57	国榷	13
28	国朝典汇	23	58	汉书补注	13
29	读通鉴论	21	59	李文忠公奏稿	13
30	弇州山人四部续稿	21	60	历代名臣奏议	13

续表

序号	书名	频次	序号	书名	频次
61	毛诗注疏	13	81	礼部志稿	11
62	弇州四部稿	13	82	明通鉴	11
63	雍正上谕内阁	13	83	牧斋初学集	11
64	（光绪）顺天府志	12	84	清通典	11
65	（民国）杭州府志	12	85	尚书纂传	11
66	（雍正）畿辅通志	12	86	本朝分省人物考	10
67	碑传集	12	87	楚纪	10
68	海国图志	12	88	大清诏令	10
69	胡文忠公遗集	12	89	东华续录（道光朝）	10
70	皇明大政纪	12	90	郭侍郎奏疏	10
71	皇明留台奏议	12	91	国朝宫史续编	10
72	皇明疏议辑略	12	92	金文靖集	10
73	皇清奏议	12	93	南京都察院志	10
74	纶扉奏草	12	94	全上古三代秦汉三国六朝文	10
75	全唐文	12	95	尚书	10
76	昭代典则	12	96	慎修堂集	10
77	八旗通志	11	97	夏桂洲文集	10
78	春秋左传正义	11	98	弇山堂别集	10
79	汉书	11	99	渊鉴类函	10
80	弘简录	11	100	原富	10

清朝对“治理”的重视，从“治理”在《清史稿》中的高频次出现可知。“治理”在《清史稿》中共出现48次（见表2），用途极为广泛，包括国内政治、法律、外交、河流水利、人才选拔、地方、人民、疾病等。

表2 《清史稿》中“治理”使用情况一览

序号	内　容	意义
1	焦心劳思，以求治理。	统治
2	帝王克谨天戒，凡有垂象，皆关治理。	统治

续表

序号	内　容	意义
3	朕自幼读书，寻求治理。	统治
4	命各将军等授田督耕，归农后，一切归有司治理。	管理
5	无庸钦天监治理。	管理
6	并无专驻治理之员。	管理
7	台省治理。	管理
8	胥勤治理。	统治
9	讲贯服膺，用资治理。	统治
10	亟思破格求才，以资治理。	统治
11	朝廷设官，惟期任用得人，以资治理。	管理
12	令各省荐举体用兼备、熟明治理者。	管理
13	知州掌一州治理。	管理
14	知县掌一县治理。	管理
15	尤注重于中国主权，华民生计，地方治理。	太平安定
16	参酌各国法律，妥为拟议，务期中外通行，有裨治理。	统治
17	朕稽古右文，聿资治理。	统治
18	第三条载明俄、日两国政府统行归还中国全满洲完全专主治理之权。	统治
19	教士不得干预中国官员治理华民之权。	管理
20	第十二款　入教者犯法不得免究，捐税不得免纳，教士不得干预华官治理华民之权。	管理
21	彼初以为治理属地数百年。	管理
22	国家岂有专事甲兵以为治理者？	管理
23	在位一日，勤求治理。	统治
24	上以其有裨治理，深嘉纳之。	统治
25	以南怀仁治理历法。	管理
26	复用西洋人南怀仁治理历法。	管理
27	命治理历法。	管理
28	奸民辄翻控，淆乱是非，请设幕职以襄治理。	管理
29	无故欲禁革，徒纷扰，非治理，罢其议。	管理
30	今当军务告竣，朝廷勤求治理。	统治

续表

序号	内容	意义
31	请别简总督治理地方，而己亲督师专一办贼。	管理
32	寻以治理轻纵。	统治
33	遴员治理，民不械斗。	管理
34	诏光熊治理有声。	治理的成绩
35	自简封圻，治理安静。	太平
36	松筠疏论河工积弊，谓璥与徐端治理失宜。	整修
37	奏请噶玛兰收入版籍，设官治理。	管理
38	雄县、安州、高阳诸县水道淤阻，连年漫溢，并遴员治理，相机疏浚。	整修
39	皇上冲龄嗣位，辅政得人，方足以资治理。	统治
40	炳焘染病，特旨予假治理，不开缺。	处理
41	重牧令以资治理。	统治
42	各国治理大略，以为观其政体。	统治
43	会左宗棠请修畿辅水利，乃疏荐张之洞、张佩纶资治理。	整修
44	非增设府厅，不足治理。	管理
45	皆由县令洊历部院封疆，治理蒸蒸。	治理的成绩
46	治理不易。	管理
47	以内地治理民人之法概行禁止。	管理
48	其治理地方者曰营官。	管理

总体而言，中国古代“治理”更多强调“治国理政”之道及其相关状态，主要有统治、管理、理政的成绩才能、治理政务的道理、太平安定的状态、整修、处理等含义。

（二）民国时期“治理”：多义并存

笔者在“全国报刊索引数据库”中选择“民国时期期刊全文数据库（1911~1949）”，以“治理”为关键词进行全文检索，检索结果为673条，经人工筛选去掉“政治理想”等非有效文献，获得有效文献554条。经过数据分析，“治理”的出现频次见图2。从图中可以看出，民国时期“治理”一词的使用频次依旧很高，到20世纪30年代达到高峰，之后逐渐衰落。

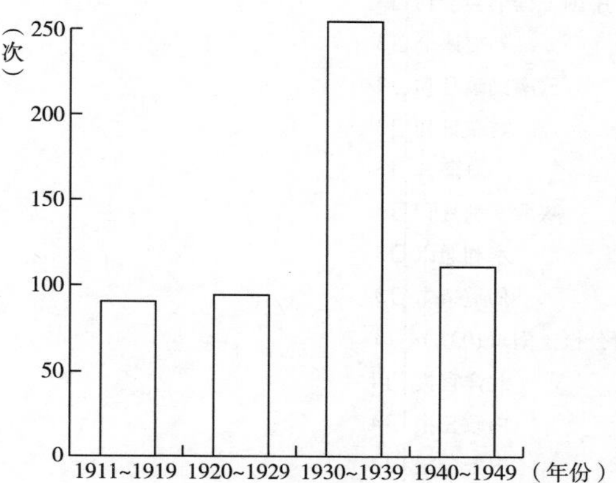

图2 “治理”在民国时期报刊中的使用情况

为探究近代“治理”的使用领域和内涵，笔者按照报刊分类进行统计，发现涉及报刊涵盖政府、经济、法律、社会、科学、环境、医疗等各个领域。出现频次3次及以上统计结果（见图3）显示，《政府公报》出现频次最高，为87次，之后依次为《山东省建设月刊》《华北水利月刊》《新闻资料》《云南省政府公报》《科学的中国》《黄河水利月刊》《河北建设公报》《国民政府公报》《河北民政刊要》《蒙藏旬刊》《康导月刊》《水利》《科学》《江苏水利协会杂志》《太湖流域水利季刊》《杭州市政季刊》《内务公报》《内政公报》《北洋官报》《国民政府公报（南京1927）》等。从这些报刊名称可以看出，政治类占主流，其次为水利科学类、医学健康类、财经类。由此可以看出，近代以来“治理”的主要含义依然是治国和治水，同时呈现多元性。

（三）现代“治理”：使用领域拓宽

笔者在“全国报刊索引数据库”中选择“现代期刊”，同样以“治理”为关键词进行检索，共得到344462条文献，这一数据说明“治理”在现代的使用频次更高，具体统计结果见图4。从图4中可以看出改革开放之前，“治理”的使用频次很低，这是因为新中国成立初期实行以计划经济为基础

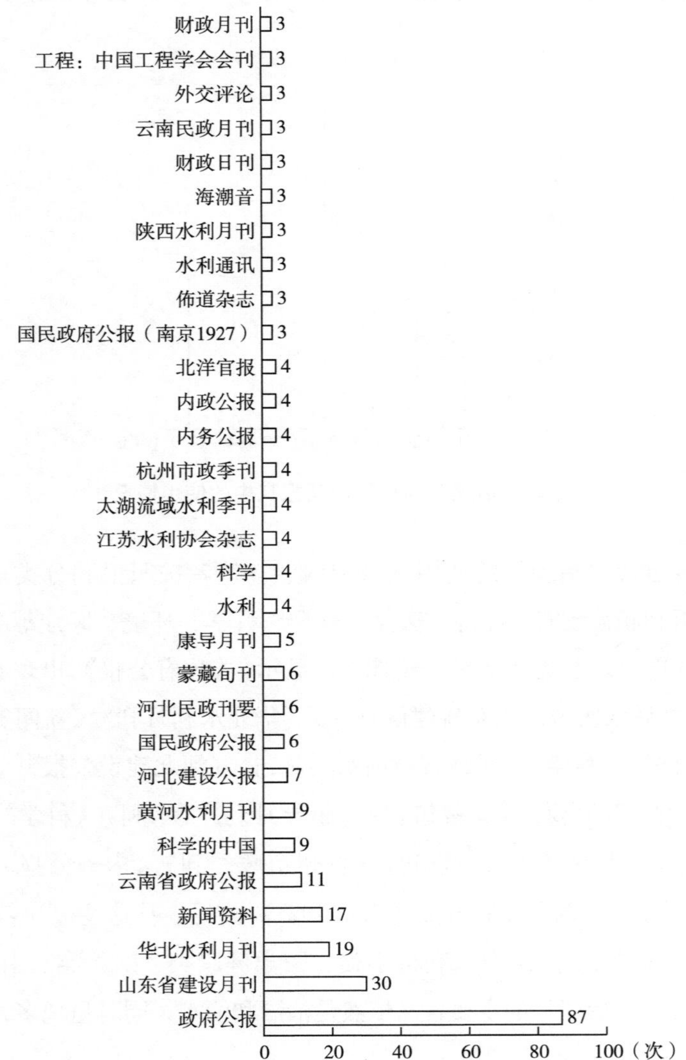

图 3 “治理”在近代报刊中的使用情况（按报刊分类）

的高度集中的政治体制，“治理”一词主要用于环境领域①，如《新黄河》

① 李龙、任颖：《“治理”一词的沿革考略——以语义分析与语用分析为方法》，《法制与社会发展》2014 年第 4 期。

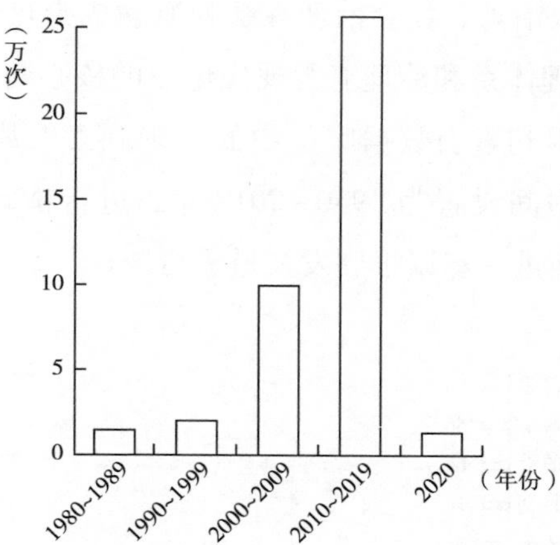

图 4 “治理”一词的现代使用情况

于 1949 年和 1953 年分别发表了董必武的《华北人民政府董主席对于“治理黄河初步意见”的指示信》和王化云的《读斯大林“苏联社会主义经济问题”联想到治理黄河的方法》。改革开放以来，“治理”一词的使用频次逐渐增加，十三届五中全会提出“治理整顿、深化改革”，我们党开始以全新的角度思考国家治理体系问题，强调领导制度、组织制度问题更带有根本性、全局性、稳定性和长期性，“治理通货膨胀”等概念出现。

20 世纪 90 年代至 21 世纪初期，经济建设仍是重点，“治理”作为国家层面改革弊政的举措和努力，出现频次仍然很高。“治理通货膨胀”等字眼出现频次仍然很高。治理研究开始为学界关注，出现财政治理、公司治理、治理方式、治理成本、治理绩效等表述。21 世纪前 10 年，“治理主要仍是以综合治理、环境治理、犯罪治理、公司治理、城市治理、乡村治理等形式存在”①。尤其是 2013 年十八届三中全会明确提出“完善和发展中国特色社会主义制度、推进国家治理体系和治理能力现代化”② 的总目标。国家治

① 李龙、任颖：《“治理”一词的沿革考略——以语义分析与语用分析为方法》，《法制与社会发展》2014 年第 4 期。

② 《中共中央关于全面深化改革若干重大问题的决定（全文）》，http：//www. scio. gov. cn/zxbd/nd/2013/document/1374228/1374228. htm。

理、政府治理、财政治理、社会治理等系列概念成为热点。之后，“国家治理”作为“国家治理体系和治理能力现代化”的核心概念成为研究焦点。

笔者在“全国报刊索引数据库”中的“现刊索引数据库”中以“国家治理”为关键词，时间设置为1980～2019年，进行精确检索，获得检索结果为17056条。我们进一步以报刊发文量进行统计，统计结果（见图5）显

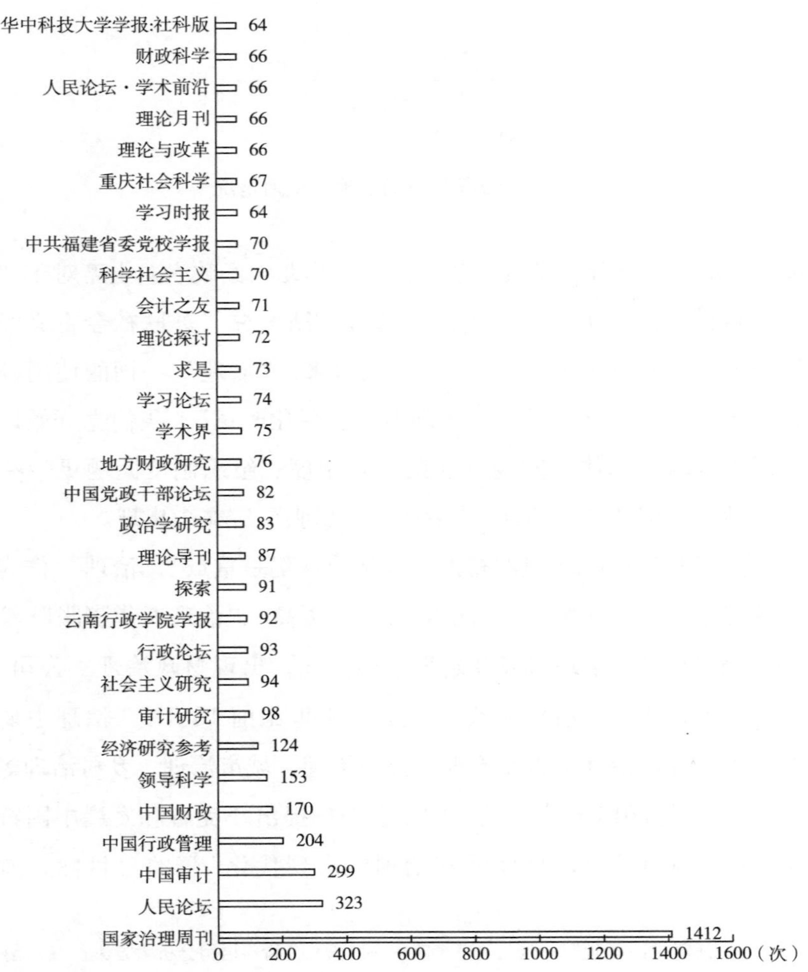

图5 “国家治理”一词的现代使用情况（1980～2019）

示《国家治理周刊》发文量最高，其次为《人民论坛》《中国审计》《中国行政管理》《中国财政》《领导科学》《经济研究参考》《审计研究》《社会主义研究》《行政论坛》《云南行政学院学报》《探索》《理论导刊》《政治学研究》《中国党政干部论坛》等，涉及的领域主要为政治、经济领域。探究的内容包括国家治理的前提、条件、目标、手段、模式，国家治理观，国家治理能力，国家治理的现代化路径，中国国家治理历史、特色，等等，各个层面。

根据数据库相关信息梳理其概念谱系可以发现，历经两千年的演变，治理的内涵从本义治水引申为治国，从治国理政演变为理政的结果，从山川河流的整理疏通扩大为治国理政及其治理状态，甚至作为科举考试的科目，治理的领域逐渐拓宽。其含义也从整修水道，引申为统治、管理，理政的成绩，治理政务的道理，治理的状态，等等，同时兼具动词、名词和形容词三种词性。可见，“治理”是一个具有悠久历史的中国本土概念，并非西方舶来品。正如《中共中央关于坚持和完善中国特色社会主义制度　推进国家治理体系和治理能力现代化若干重大问题的决定》指出的“中国特色社会主义制度和国家治理体系是以马克思主义为指导、植根中国大地、具有深厚中华文化根基、深得人民拥护的制度和治理体系”。①

二　“治理”英译研究

据上文概念谱系梳理可以发现，中文“治理”内涵丰富，使用领域广泛。多义词英译时，难免涉及选词问题，下文将对“治理”的英译情况进行梳理，并加以分析，以确立其英译原则。

（一）基于数据库的“×+治理”/“治理+×”英译现状

为准确把握“治理”的英译情况，笔者在“中国特色话语对外翻译标

① 《中共中央关于坚持和完善中国特色社会主义制度 推进国家治理体系和治理能力现代化若干重大问题的决定》，http：//www. gov. cn/zhengce/2019-11/05/content_5449023. htm。

准化术语库”中，检索“治理”，语种设置为“英文”，共获得93条记录。同样的方法在“中国重要政治词汇对外翻译标准化专题库”中共获得83条记录，经人工整理共获得97条记录。经统计分析发现，自2003年至今，“治理”的官方英文译文共有governance、treatment、management、control、deal with、harness、protection、fight、governing、treat、running、efforts against、improve、upgrade、campaign、conserve、function、maintain等18种（见表3），其中governance使用频次最高共出现66次，占比68.0%；treatment次之，出现7次，其动词treat出现1次。出现3次的有management和control，2次的有deal with、harness、protection和fight，其他译文仅出现1次。我们进一步对非governance的译文进行统计分析（见表4）发现，非governance译文主要出现在海洋污染、大气污染、水污染、重金属、废水废气污染等的治理当中，以及江河湖泊、草原、石漠化、风沙等山水林田湖草系统的治理当中，较为具体。而governance则大多用于国家治理、政府治理、社会治理、全球治理、公司治理、经济治理、金融治理、互联网治理、数据治理、权威治理、治理机制、治理能力、治理体系、全球气候治理、环境治理、卫生治理等宏大抽象的领域。

表3 “治理”英文译文情况

序号	译文	频次	序号	译文	频次
1	governance	66	10	treat	1
2	treatment	7	11	running	1
3	management	3	12	efforts against	1
4	control	3	13	improve	1
5	deal with	2	14	upgrade	1
6	harness	2	15	campaign	1
7	protection	2	16	conserve	1
8	fight	2	17	function	1
9	governing	1	18	maintain	1

表 4 非 governance 译文情况

时间	原文	译文
2010 年	农业面源污染治理	deal with pollution from non-point agricultural sources
	社会治安综合治理	comprehensive management of public security
	工业废水废气废渣治理	the control of waste water, gases and residues from industry
2011 年	重点地区重金属污染治理	the treatment of heavy metal pollution in key areas
	重点流域水污染治理	the treatment of water pollution in key river basins
	大气污染治理	the treatment of air pollution
	海洋污染治理	the treatment of marine pollution
2012 年	坚持依法治国这个党领导人民治理国家的基本方略	to uphold the rule of law as a fundamental principle by which the Party leads the people in running the country
	中小河流治理	to harness small and medium-sized rivers
2013 年	挥发性有机物治理	treatment of Volatile Organic Compounds (VOCs)
2014 年	草原治理	grassland management
	大气污染治理	efforts against air pollution
	预防为主、综合治理	intensifying the prevention and control
	综合治理	to deal with something comprehensively; to take a holistic/integrated approach to doing something
	石漠化治理	to prevent and reverse the expansion of stony deserts
	江河湖泊治理	to harness rivers and lakes
	污染治理的科技	ways to fight pollution
	在社会保障体系完善和环境污染治理的工作进程中使人民受益	to make the population benefit from the growth, in terms of social protection and in terms of protection of the environment
	治理环境污染	the fight against pollution in favor of the environment
2015 年	环境污染第三方治理试点	trials of allowing enterprises to commission a third party to treat their pollution
	黄金水道治理	upgrading the major waterways
	矿山地质环境治理	improve geological environment in mining areas

续表

时间	原文	译文
2016 年	环境治理	environmental protection
	社会治安综合治理	all-round efforts to maintain law and order
	专项治理行动	special campaigns
	综合治理措施	comprehensive treatment measures
	岩溶地区石漠化综合治理	the comprehensive treatment of stony desertification in karst areas
	京津风沙源治理	the control over the sources of sandstorms affecting Beijing and Tianjin
2017 年	统筹山水林田湖草系统治理	adopt a holistic approach to conserving our mountains, rivers, forests, farmlands, lakes, and grasslands
2019 年	有效治理国家	effectively governing the country
	政府治理	government functions

（二）Governance 滥用之嫌

根据上文数据统计可见，在英译“治理”一词时，governance 为译者首选词语。笔者在“中国重要政治词汇对外翻译标准化专题库”中检索 governance，共有 117 条记录，在“中国特色话语对外翻译标准化术语库”中检索 governance，共有 129 条记录。经粗略统计发现，governance 不仅用于“治理”的英译，而且用在“党的执政能力”“治国理政”“依法治国”“村民自治”“基层群众自治”“领导干部述职述廉制度”“民主管理”“民主执政”“科学执政”“社会自治”“施政方针”“问政于民”“依法执政”“执政方式”“执政理念”“执政方略”“行政问责制”“公开办事制度”等的英译中。甚至不少古籍文献中的句子，如“法者，治之端也”“居敬而行简”“履不必同，期于适足；治不必同，期于利民”“为国者以富民为本”“尚贤者，政之本也”“为政之道，民生为本”等的英译中，也大量使用该词。使用 governance 的原文表达中，很多地方并没有出现“治”或者“治理”，可见 governance 在中英翻译中有被滥用的趋势。那么我们不禁要问国内译者为何如此青睐 governance？为回答这一问题，我们需要梳理 governance 的概念谱系及其汉译历程。

就现有文献资料来看，国内第一篇介绍 governance 概念的文章为智贤的《GOVERNANCE——现代“治道”新概念》，发表于刘军宁等编的《市场逻辑与国家观念》一书中，作者采纳李慎之的建议，将“governance”译为“治道”。[①] 1997 年，徐勇将“governance”改译为“治理”，因为他认为根据中国文化传统，“道”一般指事务运动的内在依据和规律，而 governance 主要指“在管理一国的经济和社会资源中运用公共权力的方式”[②]。1998 年毛寿龙等著的《西方政府的治道变革》中将“govern”译为“治理”，“governance”译为“治道”，“governability”译为“治理能力”，其理由是：

> 英文中的动词 govern 既不是指统治（rule），也不是指行政（administration）和管理（management），而是指政府对公共事务进行治理，它掌舵（steering）但不划桨（rowing），不直接介入公共事务，只介于负责统治的政治和负责具体事务的管理之间，它是对于以韦伯的官僚制理论为基础的传统行政的替代，意味着新公共行政或者新公共管理的诞生，因此可以译为“治理”。Governance 则是有关治理的模式，也就是“治道”，尤其是指在市场经济条件下，政府对公共事务的治理之道，而有关“治道”的学问，也就是治道学了。[③]

之后，毛寿龙及其团队一直使用“治道”，个别文章中使用了“治理”一词。《国际社会科学杂志（中文版）》1999 年第 1 期发表“治理”专刊，刊登 9 篇西方学者有关“governance”的译文，均译为“治理”。此后，“治

① 智贤：《GOVERNANCE——现代“治道”新概念》，载刘军宁等编《市场逻辑与国家观念》，三联书店，1995，第 55~78 页。

② 徐勇：《GOVERNANCE：治理的阐释》，《政治学研究》1997 年第 1 期。

③ 毛寿龙等：《西方政府的治道变革》，中国人民大学出版社，1998，第 6~7 页。

理”的使用频次明显高于“治道”。随着“governance”汉译为“治理”的流行，汉语“治理”在进行英译时，也开始对译为“governance”，并渐成潮流，学术界和政界尤甚。

（三）治理≥governance

英语中的“governance”可追溯到古希腊语“kybernan”和古典拉丁语“kybernetes”，意思是“steer”，即汉语中的“操舵”一词，原义主要指控制、指导或操纵，长期以来主要专用于与“国家公务”相关的宪法或法律的执行问题，或指管理利害关系不同的多种特定机构或行业。[①]“governance”的动词“govern”出现于11世纪末，指“具有权威的统治”。12世纪晚期，与之相关的“government”开始出现，意思包括“政府”和“管理”。13世纪晚期，法语词“gouvernance”被引入英语，“governance”开始出现，其含义是管理、控制、统治某个事物或某个实体（包括国家）的行为和方式。王绍光依托谷歌的“Book Ngram Viewer”数据库对1950年以来（见图6）和1500年以来（见图7）governance的使用情况做过统计，

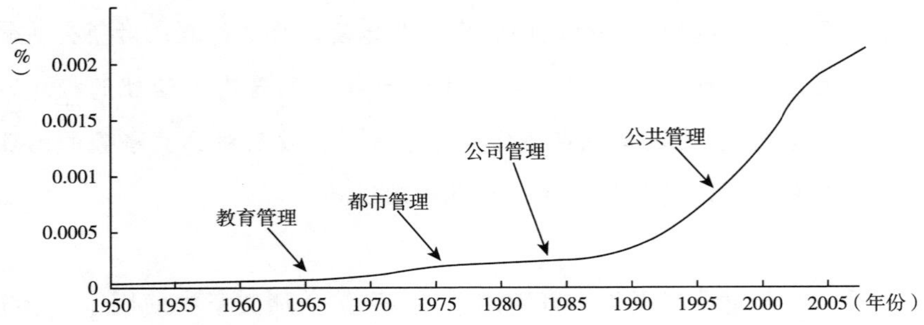

图6 1950年以来governance的出现频率

资料来源：王绍光《治理研究：正本清源》，《开放时代》2018年第2期。

① 〔英〕鲍勃·杰索普：《治理的兴起及其失败的风险：以经济发展为例的论述》，漆燕译，《国际社会科学杂志（中文版）》1999年第1期。

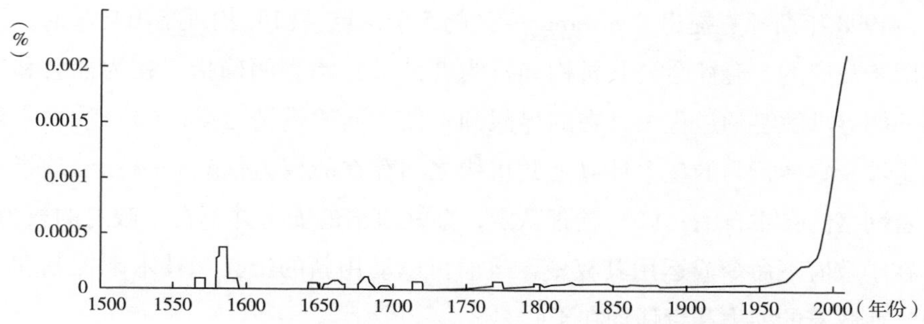

图7　1590年以来 governance 的出现频率

资料来源：王绍光《治理研究：正本清源》，《开放时代》2018年第2期。

研究显示，20世纪60年代之前，governance的使用频次极低。20世纪60年代governance开始用于教育管理，20世纪70年代governance开始用于都市管理，20世纪80年代governance开始用于公司管理，因为这些领域涉及管理但不完全由中央政府管理，故用governance比government更合适。

到了20世纪90年代，在福利国家危机、发展中国家经济衰退、全球化三股暗流的影响下，治理研究在政府管理和公共管理领域开始呈现爆发式增长，具有代表性的学者是英国的罗兹（Roderick Arthur William Rhodes）和格里·斯托克（Gerry Stoker）。1996年罗兹在“The New Governance: Governing without Government”一文中明确了“governance”的6层含义：（1）作为最小政府的管理活动的治理，它指的是政府削减公共开支，以最小的成本取得最大的效益；（2）作为公司管理的治理，它指的是指导、控制和监督企业运行的组织体制；（3）作为新公共管理的治理，它指的是将市场的激励机制和私人部门的管理手段引入政府的公共服务；（4）作为善治的治理，它指的是强调效率、法治、责任的公共服务体系；（5）作为社会控制体系的治理，它指的是政府与民间、公共部门与私人部门之间的合作与互动；（6）作为自组织网络的治理，它指的是建立在信任与互利基础上的社会协调网络。①

① R. A. W. Rhodes, “The New Governance: Governing without Government,” *Political Studies*, 4 (1996): 652-667.

1998 年斯托克提出“governance”的 5 个论点：（1）治理指出自政府但又不限于政府的一套社会公共机构和行为者；（2）治理明确指出在为社会和经济问题寻求解答的过程中存在的界限和责任方面的模糊之点；（3）治理明确肯定涉及集体行为的各个社会公共机构之间存在的权力依赖；（4）治理指行为者网络的自主自治；（5）治理认定，办好事情的能力并不在于政府的权力，不在于政府下命令或运用其权威，政府可以动用新的工具和技术来控制和指引，而政府的能力和责任均在于此。①

治理研究逐渐成为一种新的理论，主要包括“新自由主义治理”（neoliberal governance），“社会自理”（societal self-governance），“网状治理”（network governance），“制衡式治理”（balanced governance），“多层治理”（multi-level governance），“全球治理”（global governance）。② 治理研究讨论的重点是如何改变国家和政府的角色，甚至出现“没有政府的治理”（governing without government）。Governance 概念涵盖的范围逐渐扩大，概念开始被拉伸，其“涵盖的范围越大，它就越需要将概念进行拉伸，以适用于多层面体制安排和决策程序。其不可避免的后果是语言模糊，无法为解释具体情况提供指导，也难以将这些情况与其他可能的概念框架区分开来”③。

Governance 与 government 的区别成为学者讨论的热点。两者的不同主要有 6 点（见表 5）。西方治理理论传入中国后，引发国内学者的激烈讨论。不少学者开始探讨“统治”与“治理”的区别和联系，大多数学者认为“治理与统治主要区别有二：其一，主体不同。统治的主体是政府或国家公权，是单一的；治理的主体则是多元的，除了政府外还包括社会组织或个人。其二，性质不同。统治是强制的，是自上而下的支配；治理则更多是协商，权力运行的向度也多是平行的。”④ 有的学者提出统治与治理反映出国

① 〔英〕格里·斯托克：《作为理论的治理：五个论点》，华夏风译，《国际社会科学杂志（中文版）》1999 年第 1 期。

② 王绍光：《治理研究：正本清源》，《开放时代》2018 年第 2 期。

③ R. Comella, “New Governance Fatigue? Administration and Democracy in the European Union,” *Jean Monnet Working Paper* 06/06, New York: New York School of Law, 2006.

④ 刘新玲：《马克思主义国家理论的创新与发展》，《光明日报》2014 年 10 月 25 日，第 7 版。

家与社会关系的演进。[①] 有的学者甚至认为，“治理话语抵抗政治学知识中统治的独霸地位，以网络治理为核心拓展了民主自治思想，并以宪政改革作为价值实现的保护带，成为民主统治之后政治学知识再生产的新选择和政治发展新范式”[②]。受西方治理理论的影响，governance 在中国成为热点词语。汉语“治理”的使用频次也随之飙升，概念范围和使用领域逐渐扩大，呈现概念被拉伸的趋势。

表 5　Government 与 governance 之差异

比较类别	Government	Governance
参与主体	国家或政府	可以为政府或非政府组织
结构	线性结构	网状结构
层次	自上而下	多层次
过程	正式制度和流程	过程不断演变
权力性质	通过选举代表公民利益	权力分散
接受方式	需要通过法律或武力维持统治，以确保决定被普遍接受	所有参与者对决策的接受和支持源于早期辩论的广泛参与

如谷衍奎所言“凡从治取义的字皆与治理等义有关”[③]，“治理”通常与“治”并用。根据上文分析，“治”在汉语中有近 30 种含义，“治理”更是有“统治管理”“理政的成绩”“理政的道理”“公共或私人领域内个人或机构管理其共同事务的诸多方式的总和”等含义，[④] 兼具动词、名词、形容词三种词性，可用于政治、经济、科学、水利、自然、社会、文化等各个领域，搭配不同的对象，其含义各不相同，绝不是一个 governance 便可解决的。而随着西方治理理论影响的深入，governance 在汉英翻译中呈现被滥用

① 臧乃康：《统治与治理：国家与社会关系的演进》，《理论探讨》2003 年第 5 期。
② 孔繁斌：《治理对话统治——一个政治发展范式的阐释》，《南京社会科学》2005 年第 11 期。
③ 谷衍奎编《汉字源流字典》，华夏出版社，2003，第 720 页。
④ 夏征农、陈至立主编《辞海》（第六版），上海辞书出版社，2009，第 2953 页。

趋势，加之 governance 本身词义模糊，概念边界界定混乱，有被拉伸之势。故在英译“治”及“治理”等相关词语时，不可不顾及其具体含义一概译为概念模糊的“governance”或其动词“govern”，而应根据原文词语在上下文中的具体内涵和历史语境，择优选择能准确传达其内涵和外延的英文词语。

三 “国家治理”英译评析

2013 年，十八届三中全会通过《中共中央关于全面深化改革若干重大问题的决定》（以下简称《决定》），首次将全面深化改革的总目标确立为“完善和发展中国特色社会主义制度，推进国家治理体系和治理能力现代化”[①]。自此，“国家治理”成为热点概念，其译介亦引发关注。由于历史传承、文化传统、思维方式、政治经济社会基础等差异，中西方对“治理”和“国家治理”的内涵和外延界定不同，其英译表述较为纷乱，极有可能引起该表述传播与接受的混乱。但国外媒体与中国媒体的翻译表述不同，中国官方译法与学者译法亦有差异。本节借助概念史研究相关理论和方法，梳理“国家治理”的概念谱系，探究其英译概念网络，审视现有三种主要译法之得失，以期为融通中外的话语体系建构提供方法论借鉴。

（一）“国家治理”英译现状

十八届三中全会提出的“国家治理体系和治理能力现代化”之“国家治理”概念是融合西方治理理论，同时具有中国特色的现代概念。作为全面深化改革总目标的系统概括，“国家治理”一词成为“统摄国家、政府、市场、社会各个领域改革的表述”[②]。在政治语境中，“国家治理的内涵极其

① 《中共中央关于全面深化改革若干重大问题的决定（全文）》，http：//www. scio. gov. cn/zxbd/nd/2013/document/1374228/1374228. htm。

② 彭莹莹、燕继荣：《从治理到国家治理：治理研究的中国化》，《治理研究》2018 年第 2 期。

丰富，可以从多个视角去观察和理解”①，导致不同译者群体译法各异，比较混乱。经梳理，我们发现“国家治理”的英译不仅具有中外差异，而且官方译法与学者译法也有分歧。

1. 国外译法与中方译法之差异

2013 年 11 月 15 日，China Copyright and Media 网全文刊载十八届三中全会《决定》中英对照版本，将“推进国家治理体系和治理能力现代化”译为“moving the modernization of the country's governance structure and governance ability forward”。12 月 12 日，LexisNexis 网全文刊载英汉版本，将其译为“promote the modernization of national governance system and governance ability”。从这两个例子来看，国外译文的主要分歧在于对“国家”“体系”的翻译。

2014 年 1 月 16 日，中国网（China. org. cn）刊登英文版《决定》全文，使用“promote the modernization of the national governance system and capacity”。1 月 29 日，人民网（en. people. cn）全文转载。2014 年 10 月《习近平谈治国理政》（第一卷）英文版出版，英文书名为 *XI JINPING*：*The Governance of China*，书中“国家治理体系和治理能力”英译有“national governance system and capacity”“a country's governance system and capacity”“the national governance system and capacity of a country ”三种。中国官方译法与国外翻译的不同主要在“能力”一词。同时，中国官方对“国家治理体系和治理能力”的翻译并不统一，主要差别在“国家”的翻译。

2. 官方译法与学者译法之差异

有学者提到在中央编译局和中国外文局等官方机构的权威翻译中，“国家治理”有时被翻译成“national governance”，有时则被翻译成“country's governance”。在国内外学术界，则通常把“国家治理”译为“state governance”②。这一点从《红旗文稿》2015 年第 10 期刊载的昆仑策研究院

---

① 俞可平：《国家治理的中国特色和普遍趋势》，《公共管理评论》2019 年第 3 期。
② 俞可平：《国家治理的中国特色和普遍趋势》，《公共管理评论》2019 年第 3 期。

常务副院长、高级研究员宋方敏的文章《互联网时代的国家治理》的英文译文中清晰可见。2015 年 6 月 1 日，China Copyright and Media 网发表该文英文译文，标题为“State Governance in the Internet Era”，其中将“国家治理体系和治理能力现代化”译为“state governance systems and governing capabilities”。①

2019 年 10 月 31 日，十九届四中全会通过《中共中央关于坚持和完善中国特色社会主义制度推进国家治理体系和治理能力现代化若干重大问题的决定》。在该决定通过前，《中国日报》（*China Daily*）于 10 月 30 日发表对外经贸大学国际关系学院教授熊光清的英文文章“New Methods to Improve Governance”，文中与“国家治理”相关的表述有“national governance”“modernize the country's governance system and governance capacity”“China's governance practice”“the modernization of national governance system and governance capacity”“China's governance system and governance capacity”。② 2019 年 11 月 5 日，英国《每日电讯报》（*The Daily Telegraph*）全文转载该文。2019 年 11 月 1 日，新华网英文版发表题为“Key CPC Session Highlights Strength of China's System，Governance”的头条文章，“推进国家治理体系和治理能力现代化”译为“advance the modernization of China's system and capacity for governance”。③ 2019 年 11 月 27 日，中国外交部英文官网发布中国驻卢旺达大使饶宏伟的文章“Key CPC Session Highlights Modernizing China's System and Governance Capacity”，相关表述有“national system and governance system”“China's system and capacity for governance”“China's national system and governance system”“China's state and governance

① “State Governance in the Internet Era，” https：//chinacopyrightandmedia. wordpress. com/2015/06/01/state-governance-in-the-internet-era/.

② http：//www. chinadaily. com. cn/a/201910/30/WS5db8c82ba310cf3e35574529. html.

③ “Key CPC Session Highlights Strength of China's System，Governance，” http：//www. xinhuanet. com/english/2019-11/01/c_138519098. htm.

systems ” “state governance”。① 2019 年 11 月 29 日《今日中国》（*China Today*）发表中国社会科学院 Xia Yipu 博士题为“Manifesto for China's State and Governance Systems in the New Era”的文章，相关表述有“China's system and capacity for governance ” “ national governance ” “ China's national governance” “China's state and governance systems” “A country's governance system and governance capacity”等。②

显而易见，官方与学者译文的主要分歧在“国家”是译为“national”，“country”还是“state”。我们发现十九大报告中“国家治理体系和治理能力现代化”共出现 6 次，均译为“China's system and capacity for governance”，“国家治理”单独出现 1 次，译为“China's Governance”。可以看出译者将范畴词“国家”做了具体化处理，读者意识更强，也避免了英译分歧，不失为明智之举。但并没有真正解决中国特色政治概念“国家治理”的翻译问题。

笔者在“中国关键词”中检索“国家治理体系和治理能力现代化”，检索出结果为 5 个，发表时间分别为 2014 年 11 月 18 日、2015 年 9 月 7 日、2018 年 10 月 30 日、2018 年 11 月 30 日、2019 年 4 月 19 日，均译为“modernizing the national governance system and capacity”，个别行文中出现“the governance system and capabilities of a country ” “China's national governance system”等表述。从检索结果来看，“中国关键词”对相关术语的翻译较为统一。然而，作为该项目发起单位之一的中国翻译研究院于 2019 年 1 月 24 日发布《党的十九届四中全会〈决定〉的重要语汇英文参考译法》，却将“国家治理体系和治理能力”译为“China's system and capacity for governance”，与“中国关键词”的统一译法并不一致。

① 饶宏伟：“Key CPC Session Highlights Modernizing China's System and Governance Capacity,” https：//www. fmprc. gov. cn/mfa_eng/wjb_663304/zwjg_665342/zwbd_665378/t1719477. shtml。

② Xia Yipu, “ Manifesto for China's State and Governance Systems in the New Era,” http：// www. chinatoday. com. cn/ctenglish/2018/commentaries/201911/t20191129_800186391. html.

3. 官方表述新转向

中国翻译研究院在其微信官方公众号上推出了《把中国制度优势更好转化为国家治理效能——十九届四中全会〈决定〉学习思考》中英对照版，2020年3月20日的版本将“国家治理”翻译为“national governance”（见图8），但3月21日的修订版通篇改为“state governance”（见图9）。经过初步对比后，笔者发现修订版的英文字数是3047字，而初版的字数是3489字，两个版本在字数上相差442字。此外，修订版更为凝练，读者意识更强，逻辑更为连贯。两个版本除句式和词语选择上有差异，关键概念的翻译也不同，如“国家治理体系和治理能力现代化”的翻译初版为“advancing the modernization of China's national governance system and capacity”，修订版为“modernizing the state governance system and capacity”。“中国特色社会主义制度”由初版“the system of socialism with Chinese characteristics”改为修订版“socialism with Chinese characteristics”。“制度”由初版“institutions”改为修订版“the systems”。短短1天，就对中国特色政治概念话语的翻译作出如此修订，其背后原因值得深思。

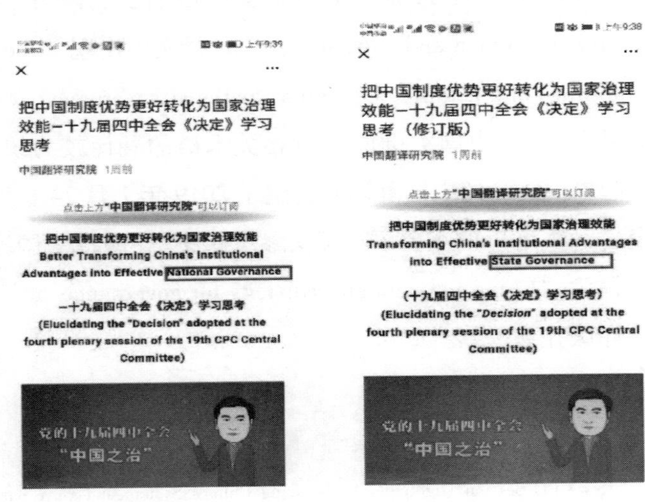

图8　初版　　图9　修订版

总体而言，"国家治理"和"国家治理体系和治理能力"的英译目前总体较为混乱。这反映出中国特色政治词语外译的切实困难，也反映出译者群体对相关概念内涵、外延理解缺乏全面性，对相关概念的谱系演变缺乏深入了解。

（二）"国家"的多层内涵

要想准确翻译"国家治理"，译者首先应当准确把握其内涵和外延。概念理解离不开与之相关的概念群（网络），即概念网络中的上位概念、下位概念、对立概念及各种概念之间的关系，只有这样才能揭示概念的内在语义结构，"挖掘过去和现今各种思想之间的关联，比较各种概念在不同地域和时代的异同"①，更好地认识自我和他者。"国家治理"的上位概念为"治理"，理解其内涵和外延，应先梳理"治理"的概念谱系。上节已进行对比梳理。"国家治理"英译还涉及"国家"的内涵和外延。汉语"国家"由"国"与"家"两个字组成。"天子封诸侯为立国，诸侯分封土地和人民给卿大夫为立家"②，"家"最初指大夫的封地，"国"指诸侯的封地。随着周天子统治的衰落，诸侯纷争，轮流称霸，"国家"一词开始兴起。到秦汉时期，实行车同轨、书同文政策，建立大一统国家，以一国而统天下。受儒家"家国同构"思想影响，逐渐形成"修身、齐家、治国、平天下"的家国关系体系，出现了"家""国"并提现象，如孔子在《周易·系辞下》中引用否卦爻辞："是故君子安而不忘危，存而不忘亡，治而不忘乱，是以身安而国家可保也。"西汉刘向《说苑》载："苟有可以安国家，利人民者。"明代黄道周《节寰袁公传》载："公（袁可立）乃抗疏曰：'则民生休戚、人品邪正，谁复为国家昌言乎？'"《明史》载："国家正赖公耳。"实际上，自汉朝"国家"主要指朝廷或政府，一直延续到晚清。"家"与"国"连用为"国家"和"家国"，意味着中

① M. Richter, " Begriffsgeschichte Today-An Overview," *Finish Yearbook of Political Thought* , 3 (1999): 11-27.

② 许纪霖：《历史上的地方、国家与士大夫》，《文汇报》2015年5月15日，第12版。

国古代的国家概念是“整合所有家族之政治实体”①，是“一个内涵丰富、寓意深刻的‘共同体’”，不仅是一种“客观存在”，而且被赋予了“某种政治道义和情感依赖”。② 也就是说，汉语“国家”不仅具有政治性，而且含有浓厚的人文性。

近代“国家”概念与古代差距较大。现代汉语中的“国家”内涵是西学东渐后，受近代欧洲民族国家理论影响逐渐形成的概念，常与“民族”“主权”“国民”“社会”等概念相关联。“中华这个‘天下’演变成西方式‘国家’，在符号学层次上由 19 世纪 90 年代戊戌维新开其端。”③ 1898 年，康有为、李盛铎倡议建立“保国会”，标志着中国人对“国”字意义认识成熟，中国人开始把中国视为具有明确主权界限的国家，相当于西方的 nation-state。④ 自此，“国”与“家”分属不同范畴，逐渐脱离“家”独立存在，国是政治共同体，家则为血缘团体，从政治上和道德上确立了国家的自主地位。但并不是说时人使用的“国”字均与 nation 相配，在许多语境中，也单指 country 或 state。

现代汉语“国家”有三层含义：（1）［state］：长期占有一块固定领土，政治上结合在一个主权政府之下的人民的实体；一种特定形式的政府、政体或政治上组织起来的社会；（2）［nation］：由一个民族或多个民族组成并且具有或多或少确定的领土和一个政府的人民的共同体；（3）［country；land］：由人民共同体所占据的土地。⑤ 说明汉语“国家”是一个具有多层含义的词，在内涵上可以把“国家的政治性、民族性、人民性、地理性、领土性等都概括进来”⑥。

---

① 金观涛、刘青峰：《观念史研究——中国现代重要政治术语的形成》，法律出版社，2009，第 229 页。

② 曹胜：《从“国家”到“国家性”：语境与论域》，《中国行政管理》2017 年第 3 期。

③ 孙隆基：《清季民族主义与黄帝崇拜之发明》，《历史研究》2000 年第 3 期。

④ 王尔敏：《中国近代思想史论》，社会科学文献出版社，2003，第 192 页。

⑤ 在线新华字典，https：//zd. diyifanwen. com/zidian/G/0931805301231874229. htm。

⑥ 刘跃进：《国家安全中的“国家”概念》，《国际论坛》2013 年第 1 期。

（三）country/nation/state之异同

"国家"通常译为nation、state、country。这三个单词虽为同义词，内涵却差异较大。《牛津英语搭配词典》（英汉双解版）对country的解释是"an area of land with its own government"①。Country主要强调的是领土，具有明显的地理性。

Nation原本是个法语词，词源为拉丁语的natio、nationis，指"被生出""种属""族部"。随着民族主义的崛起，nation逐渐获得"总括性的、追求国家民族的明确政治意义"②。Nation在全球最权威的法律词典《布莱克法律词典》（*Black's Law Dictionary*）第9版中有两层含义："1. A large group of people having a common origin, language, and tradition and usu. constituting a political entity. When a nation is coincident with a state, the term *nation-state* is often used. Also termed *nationality*. 2. A community of people inhabiting a defined territory and organized under an independent government; a sovereign political state. Cf. STATE."③可见nation具有政治与文化双重内涵，且更强调共同语言、共同传统、共同历史等文化层面，在政治领域中主要指民族国家（nation-state）。

State来源于意大利语statos，同时又来自拉丁文status。在人类学和社会学领域，state一词可以涵盖时空中所有类型的国家，包括古希腊的城邦国家、中国古代的诸侯国及后来出现的王国、帝国、民族国家等国家形式。因而，state的涵盖力和追溯力比nation强得多。1933年在乌拉圭蒙特维的亚召开的第七届美洲国家国际会议（International Conference of American States）上签署的《蒙特维多国家权利义务公约》（*Montevideo Convention on the Rights and Duties of States*）第一条规定"有确定领土、常

① 〔英〕克劳瑟等编《牛津英语搭配词典》（英汉双解版），张德禄等译，外语教学与研究出版社，2006，第332页。

② 方维规：《概念的历史分量》，北京大学出版社，2018，第118页。

③ B. A. Garner, *Black's Law Dictionary*, St. Paul: West, 2009, p. 1121.

住人口、政府以及与其他的主权国家有外交关系是建立一个主权国家的必要条件”①。

生活中 nation 和 state 均可指国家，但两者其实有明显不同。State 必须包含人口、领土、政府、主权四个要素，缺一不可。Nation 的构成要素为共同领土、种族、宗教、语言、历史、文化、政治意愿等，并非缺一不可。State 为政治组织，具有对外性，而 nation 是一个社会、文化、心理、情感、政治统一体，注重人民的精神和心理纽带，具有对内性。② State 必须有固定领土、主权和强制权，而 nation 靠共有的文化历史联系在一起，只能靠道德、情感和精神发挥作用，没有强制力，可以没有领土和主权。总体来说，state 的政治性、强制性更突出，具有明显的对外性，而 nation 的人文性、民族性更强烈，强调一国范围之内，具有明显的对内性，其形容词 national 也强调一国范围之内。可见无论是 country、nation 还是 state 都不能完整再现汉语“国家”一词的内涵和外延。

（四）“国家治理”英译评析

“国家治理”的英译主要有“country's governance”“national governance”“state governance”。通过概念史梳理和概念网络分析，可以发现无论是 governance 与“治理”，还是 country's/national/state governance 与“国家治理”均未实现对等，任何一种译法都无法完全再现汉语“国家治理”的内涵和外延。

从语义结构上看，“国家治理”中的“治理”既是动词，又是名词，“国家治理”既可以理解为主谓结构，即“国家实施的治理”；也可以理解成偏正结构，即“国家的治理”，也就是“治理国家”。这样一来“国家”就有两层含义：一是作为治理对象的国家，二是作为治理主体的国家。“作

① “Montevideo Convention on the Rights and Duties of States,” https://www.jus.uio.no/english/services/library/treaties/01/1-02/rights-duties-states.xml.

② 任东升、高玉霞：《国家翻译实践中的“国家”概念及其英译探究》，《英语研究》2020 年第 2 期。

为治理对象的国家是人类的高级组织形式，由人口、地域、事务和政府等基本要素所构成，其中，政府的要素最为关键。作为治理主体的国家，是以政府为核心，但不限于政府的国家权力体系。”① “country's governance” 仅反映出国家治理的地理范围，country 作为一个具有地理性的词语基本不具备实施行为的能力。“national governance” 中的 national 为形容词，仅仅反映出国家治理的对象，即一国之内的治理活动，并不能反映国家治理的主体。加之，national 的名词为 nation，在政治领域中多指民族国家，译为 national governance 会影响“国家治理”概念的科学性和适用范围。“state governance” 中的 state 则既可以作为行为主体，又可以表示行为对象，能同时表达作为治理主体和治理对象的国家双层内涵。State 并不能完全再现汉语“国家”的多层内涵，但就三者来看，该词与“国家治理”中的“国家”一词匹配度最高。

“国家治理”中的“治理”实际上与“governance”并不对等。西方“治理”理论中的“governance”强调弱化“国家”的作用。而我们提出的“国家治理”则是强调“国家”一方面作为治理的主体，另一方面也作为治理的客体。因此将国家治理中的“治理”译为“governance”本身存在着无法调和的逻辑悖论。作为国家管理的一种新方式、新理念，“国家治理”在英文语境中并没有完全对等的既有表达。与含有“治理”含义的其他英文表达如 rule、run、management、government 等相比，governance 是最适切的英译表述。

概念谱系显示“治理”和“国家治理”概念建立于中国深厚的历史积淀、文化传承和社会经济发展之上。中国的国家治理体系和治理能力现代化深深植根于中国的治理实践，同时借鉴了西方治理理论，是既具有明显中国特色又区别于传统“国家统治”的现代概念。“国家治理”概念英译的纷乱局面和内涵嬗变说明政治概念话语对外译介的切实困难。从 country's governance，到 national governance，再到 state governance，说明译者群体对相关概念网络的理解越发到位，也说明融通中外的对外话语体系构建原则之效能。

---

① 徐勇：《关系中的国家》（第一卷），社会科学文献出版社，2019。

四 结语

“治理”作为一个具有深厚中国历史文化根基的词语，在两千余年的历史传承与演变中，历久弥新，内涵不断丰富，外延不断扩大，使用范围逐渐涵盖政治、经济、金融、文化、社会、气候、环境、自然、医学等各个领域。然而汉语“治理”同时兼具动词、名词、形容词三种词性，更何况“治理”可与“治”并用，其内涵极其丰富，绝非一个 governance 所能涵盖。汉语“治理”译为 governance，得益于西方治理理论对中国学术界和政界之影响，更是英汉互译造就的结果。考察“治理”及“治”的英译可以发现，governance 确有被泛化、被滥用的趋势，这既反映出我国在构建融通中外的对外话语体系方面所做的努力，也反映出当前的对外翻译有过度依赖目的语词语热度、对本土概念谱系梳理不够、内涵演变把握不准的问题。概念，尤其是政治概念具有观念性和社会性，其产生和演变与社会历史形态密不可分，更有深厚的意识形态根基，在对外译介过程中绝不可望文生义，或追赶时髦。对外翻译是一项对外传播工程，不仅仅是语言文字的转换。“治理”这样的词语作为新时代中国特色政治概念，其对外翻译乃战略型国家翻译实践的术语基础设施建设，应立足于相关概念的历史演变，从发生学、谱系学和历史语义学上对相关概念网络进行全面系统的比较描述，准确把握概念的历史沿革和各概念间的内在关联，揭示概念的内在语义结构，透过语境理解文本，才能形成对外话语体系建构过程中概念话语引进与输出的良性互动。

概念话语引进与再输出良性互动探究：以 sea power 为例*

高玉霞　任东升

摘　要： 外来概念话语 sea power 的本土化历程提升了中国人的海洋意识，也引发了学界争论。本文追溯 sea power 的早期汉译和传播，梳理其公认度最高的汉语译名“海权”在中国的再概念化情况，并分析本土化“海权”概念的对外译介问题，在此基础上构建出外来概念话语引进与再输出元模型。研究发现，sea power 概念引进、本土化和再输出脱节是导致“海权”概念再输出后引发国外误解甚至抹黑的重要原因。概念话语的引进、本土化和再输出应基于相关概念体系的挖掘和准确理解，需比较概念在不同语境中的异同及其在不同历史阶段的语义演变，即采取基于概念史研究的概念引进和再输出良性互动路径。

关键词： 概念话语　海权　sea power 翻译

概念引进和本土化是丰富中国话语的重要途径，是中国现代化的重要推动力。概念引进离不开翻译这一步，外来概念通过翻译转换到中国语境中，在含义上难免有所偏离。这种“偏离”跟语言本身关系密切，也与目的语的社会文化背景密不可分。翻译本身便成为概念本土化的途径，而

---

* 本文原载《外语研究》2020年第5期。

偏离则成为本土化的起点。外来概念话语的跨语际传播通常会经历输入（引进）、再概念化（本土化）和输出三个阶段。概念输入环节是本土化的起点，决定了再概念化的走向；再概念化又直接影响着概念再输出环节。三个阶段环环相扣，相辅相成。任何环节出现疏漏，都会导致概念跨语际传播失败。然而，现有外来概念话语引进、本土化和再输出脱节严重。Soft power、sea power 等外来概念经历引进、再概念化后，再输出到英语语境中引发的“中国威胁论”值得深思。当前，如何实现外来概念话语引进与再输出的良性互动成为构建融通中外的对外话语体系亟须解决的难题。本文以 sea power 为例，梳理其汉译、传播和本土化历程，分析本土化“海权”概念的对外译介问题，以探究概念话语引进与再输出互动的有效路径。

一　Sea power 汉译及其早期传播

Sea power 有两个基本含义：（1） a nation that possesses formidable naval strength；（2） naval strength（《韦氏大学英语词典》网络版），强调海军实力对国家的作用（见图 1）。中国学术界普遍认为 sea power 出自阿尔弗雷德·赛耶·马汉（Alfred Thayer Mahan）1890 年出版的 *The Influence of Sea Power Upon History, 1660-1783*（通常译为《海权对历史的影响（1660-1783）》）。实际上，sea power 用作 naval strength 始于 1752 年（《韦氏大学英语词典》网络版）。尽管 sea power 并非马汉首创，但其概念化确实得益于他的系统阐释。马汉在给伦敦出版商马斯顿的信中说，他故意不用太过通俗的形容词 maritime，是因为该词无法引起人们的注意，而且英语 sea power 已保留他所使用的含义。[①] 在马汉看来，sea power “涉及有益于使一

① 张炜、郑宏：《影响历史的海权论——马汉〈海权对历史的影响（1660-1783）〉浅说》，军事科学出版社，2000，第 35 页。

个民族依靠海洋或利用海洋强大起来的所有事情，主要是一部军事史”①，包括地理位置、自然结构、领土范围、人口数量、民族特点、政府性质和政策六个要素。②

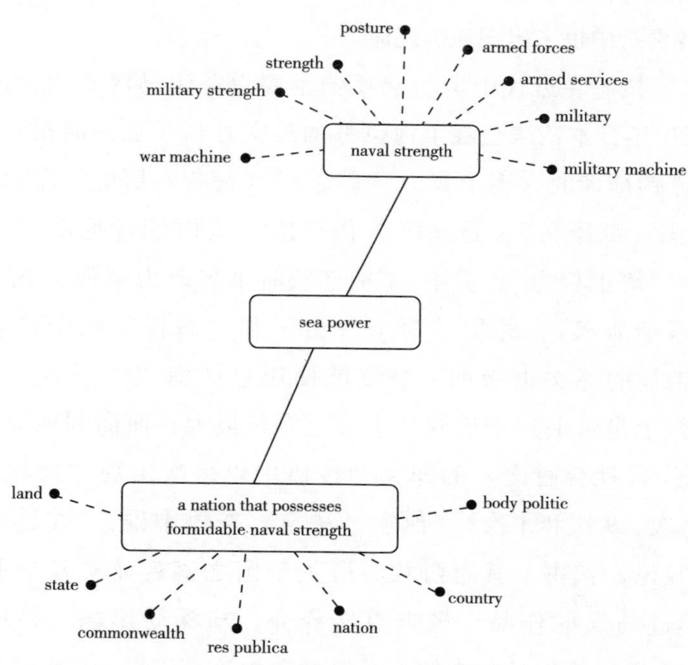

图 1　sea power 关联词图谱

Sea power 通常被翻译为“海权”。据考证，清朝驻德公使李凤苞翻译的《海战新义》（天津机器局，1885）中首次提到“从前分各国之海权强弱为一二三等，今则不便分等第”③ 和“凡海权最强者，能逼令弱国之兵船出

① A. T. Mahan, *The Influence of Sea Power upon History*, *1660-1783*, Boston: Little, Brown and Company, 1890, p. 1.

② A. T. Mahan, *The Influence of Sea Power upon History*, *1660-1783* , Boston: Little, Brown and Company, 1890, pp. 28-29.

③ 〔奥国〕阿达尔美阿：《海战新义》，李凤苞等译，天津机器局，1885，第 11 页。

战”[①]。作者阿达尔美阿为奥国（即奥匈帝国）普兰德海军军官学校教习。鉴于当时奥匈帝国的官方语言为拉丁语、德语和马扎尔语，而李凤苞为驻德公使，可推测原文可能为德语。因而，该译本中的“海权”可能并非 sea power 的翻译。并且该译本并未界定“海权”的内涵和外延，[②] 译本出版后，沿海督抚各奏折中也未出现积极反应。[③]

“海权”概念在近代中国引起反响主要得益于马汉海权论的译介和传播。1900 年日本乙未会在上海创办的汉文月刊《亚东时报》第 20 期刊载了剑潭钓徒译的《海上权力要素论》（《海权对历史的影响（1660-1783）》第一章译文），是马汉著作首次与国内读者见面。[④] 文中 sea power 译为“海上权力”，但第 21 期连载时书名改为《海上权力论：论地理有干系于海权》，并用“海上权力”和“海权”两个译名。实际上，剑潭钓徒的译文出版前，严复就使用过“海权”一词。1898 年，严复在《拟上皇帝书》中提到“盖英之海权最大，而商利独闳”[⑤]。《法意》《原富》《社会通诠》的译文和按语中也多次出现“海权”（频次分别为 21 次、9 次和 1 次）。他在《法意》按语中说：“往读美人马翰所著《海权论》诸书，其言海权，所关于国之盛衰强弱者至重。”[⑥] 可见，严复读过马汉的作品，虽未直接译介，却深受影响，并且在翻译《原富》《法意》等作品时介绍了马汉的海权论。因此，“严复应是我国近代史上最早接触马汉海权理论的中国人”[⑦]。马汉著作在中国近代译介最多的是 *The Influence of Sea Power Upon History*, *1660-1783*（见表 1），sea power 的译名多为“海上权力”。直到 1940 年淳于质彬译本出版，“海权”才正式在译文标题中出现。

---

① 〔奥国〕阿达尔美阿：《海战新义》，李凤苞等译，天津机器局，1885，第 16 页。
② 皮明勇：《海权论与清末海军建设理论》，《近代史研究》1994 年第 2 期。
③ 王宏斌：《晚清海防：思想与制度研究》，商务印书馆，2005，第 219 页。
④ 海军司令部《近代中国海军》编辑部：《近代中国海军》，海潮出版社，1994，第 1122 页。
⑤ 严复：《拟上皇帝书》，载王栻主编《严复集》（第一册），中华书局，1986，第 69 页。
⑥ 严复：《〈法意〉按语》，载王栻主编《严复集》（第四册），中华书局，1986，第 1001 页。
⑦ 王荣国：《严复海权思想初探》，《厦门大学学报（哲学社会科学版）》2004 年第 3 期。

表 1　马汉著作在中国近代译介情况一览

英文名	中文名	译者	发表刊物
The Influence of Sea Power Upon History, 1660–1783	海上权力要素论	剑潭钓徒	《亚东时报》第 20 期，1900 年
	海上权力论：论地理有干系于海权	剑潭钓徒	《亚东时报》第 21 期，1900 年
	海上权力之要素	齐熙	《海军》，1910 年前后连载 4 期
	海上权力之要素	陈复	《海军期刊》第 1 期，1928 年
	海上权力之要素（一续）	唐宝镐	《海军期刊》第 4 期，1928 年
	海上权力之要素（二续）	唐宝镐	《海军期刊》第 5 期，1928 年
	海上权力之要素（三续）	唐宝镐	《海军期刊》第 6 期，1928 年
	海上权力之要素（四续）	唐宝镐	《海军期刊》第 10 期，1929 年
	海上权力之要素（五续）	唐宝镐	《海军期刊》第 11 期，1929 年
	海上权力之要素（六续）	唐宝镐	《海军期刊》第 12 期，1929 年
	海上权力新要素及海军战略（续）	唐宝镐	《海军杂志》第 5 卷第 2 期，1932 年
	海权因素之研究	淳于质彬	《海军整建月刊》第 1 卷第 6 期，1940 年
	海权论	淳于质彬	《海军整建月刊》第 1 卷第 7/8 期，1940 年
Naval Administration and War	海军政艺通论（指南）	吴振南	《海军期刊》第 1 卷第 2 期，1912 年；第 1 卷第 3 期，1912 年；第 1 卷第 4 期，1913 年
Naval Strategy	海军战略论	王师复	《海军整建月刊》第 1 卷第 11 期，1941 年
	海军战略论（名著选译）（续）	王师复	《海军整建月刊》第 1 卷第 12 期，1941 年
	海军战略论（名著选译）（续）	王师复	《海军建设》第 2 卷第 1 期，1941 年
	海军战略	蔡鸿幹	

在“全国报刊索引数据库”近代期刊子库中检索“海上权力”，仅获16条文献，且译文多于80%，原创文章不足20%。检索“海权”，共188条文献，年平均文献数为3.76篇。马汉著作在中国首次翻译出版前，《知新报》第95期（1899年）《比较英国海权》中提到“自一千八百四十年以来，海权以英国为雄，沿至今日，天下海权，英国占其过半”①。从现有文献来看，此文为中国近代报刊中首次使用“海权”。1900年，马汉“海权论”传入中国，“海权”的使用频率开始上升，在20世纪30年代达到高峰（见图2）。为全面探究“海上权力”和“海权”的接受情况，笔者在“中国基本古籍库”中检索“海上权力”，结果为0，检索“海权”却获得有效检索行77条，涉及图书20本（见表2）。其中《法意》中使用频次最高，为21次，其次为《清朝续文献通考》（15次）、《原富》（9次）、《东华续录（光绪朝）》（9次）、《皇朝经世文三编》（5次）等。可见，“海权”在近代中国的使用频次明显高于“海上权力”。

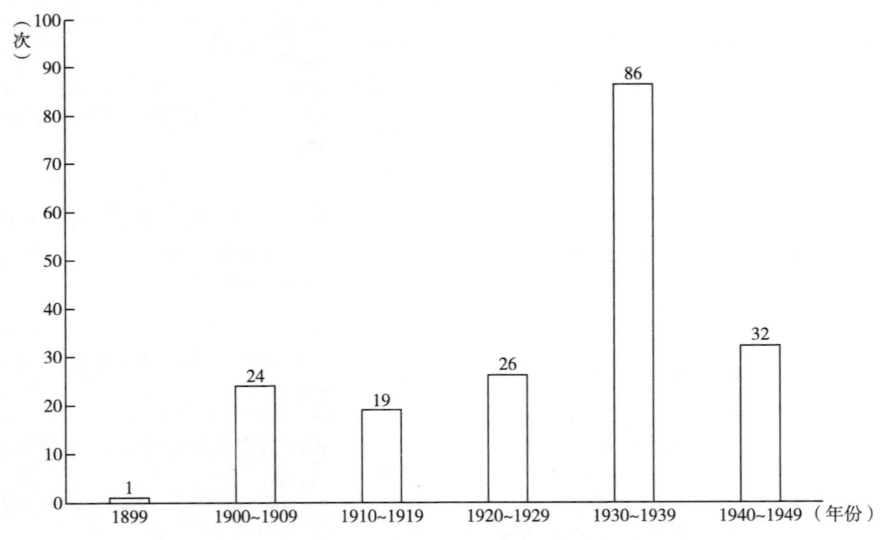

图2　近代报刊中“海权”一词使用情况

① 《比较英国海权》，《知新报》第95期，1899年。

表 2　古籍中“海权”一词使用情况

书名	法意	清朝续文献通考	原富	东华续录(光绪朝)	皇朝经世文三编	岭云海日楼诗钞	贺先生文集	碑传集补	愚斋存稿	戊戌履霜录	忘山庐日记	石巢诗集	社会通诠	权制	清史纪事本末	觉颠冥斋内言	航海述奇	东洲草堂诗钞	东方兵事纪略	黑龙江志稿	总计
频次	21	15	9	9	5	2	2	2	1	1	1	1	1	1	1	1	1	1	1	1	77

注：以上图书是“中国基本古籍库”中检索的结果，包括了部分译著。

那么“海权”译名为何会得到青睐？有学者认为，我国大部分学者将 sea power 直接翻译为“海权”，是因为“作为一个政治词汇、一个战略概念，译作海权或许最贴近马汉的原意”，将“‘power’赋予‘权力’的涵义，比‘力量’更具政治色彩”①。还有学者认为“海权”是“海洋权力”的缩译，理由是“汉语在古代更提倡独字，而在近代乃至现代更多是习惯双字。这种语言使用的习惯很容易将‘海洋权力’演化为‘海权’。因此，在后期，‘海权’便成为普遍使用的概念”②。还有学者提出“海权＝海上权力≈海上力量>海军≠制海权≠海洋权益”③。据上文考证，20 世纪初与“海权”并列、交叉使用的是“海上权力”，而非“海洋权力”。这种现象不仅体现在译文中，原创文章中亦屡见不鲜，如《论太平洋海权及中国前途》中有“所谓帝国主义者，语其实则商国主义也。商业势力之消长，实与海上权力之兴败为缘，故欲伸国力于世界，必以争海权为第一义”④。因此，即便“海权”为缩译，也应是“海上权力”的缩写。然而，“海权”作为译名始于 1885 年，早于“海上权力”（1900 年）。可见，“海权”并非“海上权力”的缩写。

从通用英汉双解词典和军事词典（见表 3）来看，sea power 做不可数名词时，大多译为“海上力量”、“海军实力”或“海上实力”，而非“海上

① 张炜：《中国特色海权理论发展历程综述》，《人民论坛·学术前沿》2012 年第 6 期。

② 娄成武、王刚：《海权、海洋权利与海洋权益概念辨析》，《中国海洋大学学报（社会科学版）》2012 年第 5 期。

③ 石家铸：《海权与中国》，上海三联书店，2008，第 21 页。

④ 梁启超：《论太平洋海权及中国前途》，《新民丛报》第 26 期，1903 年。

权力”，也不是学界认可度高的“海权”。总体来看，sea power 至少有“海军实力”“海上权力”“海上力量”“海上实力”“海权”5 个汉译名。“海军实力”是唯一将 sea 做具体化处理的。Sea power 的字典含义确实主要强调海军实力，这也符合其狭义内涵。“海上权力”“海上力量”“海上实力”差别在 power 的翻译。Power 确实有“实力”“权力”“力量”三种含义，但这三种表达在汉语中有不同的内涵和语义韵。“力量”是“实力”和“权力”的上位词，为中性词。“实力”是对力量实在性的客观描述，也是中性词。“权力”则强调主体的意志性，带有暴力性，具有贬义色彩。从一开始的“海上权力”到后来的“海上力量”和“海上实力”，sea power 在汉语语境中从贬义词逐渐变为中性词。尽管如此，经历近代的译介与早期传播，“海权”依旧为认可度最高的译名。笔者认为“海权”成为认可度最高的译名主要是因为其模糊性为概念的本土化提供了更大的阐释空间。

表 3　词典中 sea power 汉译情况

《牛津高阶英汉双解词典》（第 9 版）	Ability to control the seas with a strong navy. 海上力量、海军实力；Country with a strong navy. 海军强国
《柯林斯 COBUILED 高阶英汉双解学习词典》（第 8 版）	Sea power is the size and strength of a country's navy. 海上力量、海军实力；A sea power is a country that has a large navy. 海军强国
《韦式高阶英汉双解词典》	A country that has a large and powerful navy 海军强国；The strength and size of a country's navy. 海军实力、海上力量
《海军术语词典》	海上实力：一个国家控制和利用海洋以及阻止敌人利用海洋的能力
《英汉军事大词典》	海军；海上力量；海军强国
《英汉军事术语大词典》	海上力量

资料来源：〔英〕霍恩比：《牛津高阶英汉双解词典》（第 9 版），李旭影等译，商务印书馆，2018，第 1924 页；英国柯林斯出版公司：《柯林斯 COBUILED 高阶英汉双解学习词典》（第 8 版），柯克尔等译，外语教学与研究出版社，2017，第 1786 页；美国梅里亚姆－韦伯斯特公司：《韦式高阶英汉双解词典》，施佳胜等译，中国大百科全书出版社，2017，第 1870 页；〔美〕诺埃奇、比奇编《海军术语词典》，何京柱等译，海洋出版社，1996，第 236 页；李公昭主编《英汉军事大词典》，上海外语教育出版社，2006，第 1303 页；潘永樑主编《英汉军事术语大词典》，外文出版社，2007，第 2143 页。

二　Sea power 概念本土化

将 sea power 译为“海权”为其在中国语境的再概念化提供了便利。“海权”由“海”和“权”两个单字组成。“海”为地理名词，歧义性不大，但“权”具有多义性。“权”本义为“黄花木”①，借用后可表示“秤，秤锤”，引申特指“坠在线下用以测量垂直的倒圆锥体金属锤”，进一步引申为“权力，权柄，政治上的强制力量或职责范围内的支配力量”“权势，威势；有利的形势”“公民或法人依法应享的权利或利益”等多种含义。②“概念含义的不确定性和话语使用的灵活性，也使中外对同一概念的理解针锋相对，在不同语境中使用的含义大相径庭。”③“权”字的多义性使“海权”概念在汉语语境中具有了多层含义。“海权”概念进入中国语境后也经历了本土化的过程。

中国近代的“海权”研究停滞于译介吸收层面。新中国成立后，尤其是 1980 年前“海权都被看作是帝国主义搞扩张和霸权的工具，中国提出要建立强大的海军，但从未提及海权及相关概念”④，这从“全国报刊索引”中的“海权”检索结果（见图 3）可见一斑。21 世纪初，国内关于“海权”的研究呈井喷式增长，近 10 年更是成为研究热点。笔者在中国知网以“海权”为关键词，时间设置为 1979. 01. 01 ~ 2020. 05. 01，共获得文献 909 篇。统计显示（见图 4），2000 年前后对“海权”的研究逐渐增加，2013 年达到顶峰，之后呈回落之势。从关键词分布和关键词共现网络来看（见图 5），研究焦点为海权概念及内涵，海权与海洋强国建设、地缘政治、国家安全的关系，涉及概念界定、实施路径、陆海协调、力量建设等方面，其中概念界定是基础性工作。可以说，近 20 年是“海权”概念在中国迅速本土化的时期。

---

① （汉）许慎：《说文解字》，九州出版社，2001，第 322 页。

② 谷衍奎编《汉字源流字典》，华夏出版社，2003，第 231 页。

③ 郭镇之、杨颖：《概念作为话语：国际传播中的引进与输出》，《新闻大学》2017 年第 2 期。

④ 胡波：《后马汉时代的中国海权》，海洋出版社，2018，第 9 页。

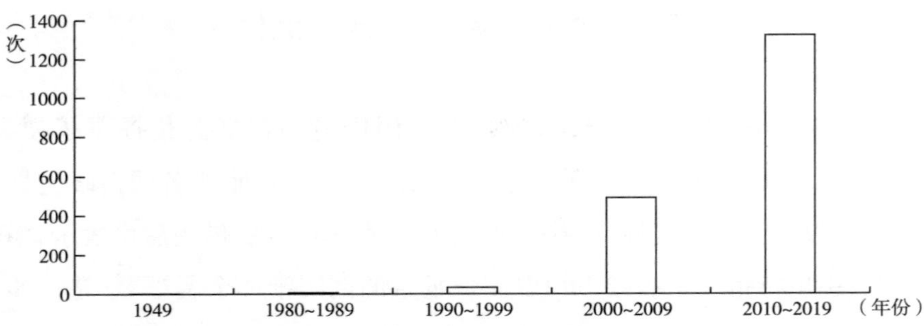

图 3　“海权”一词现代使用情况

数据来源：　文献总数：909 篇；检索条件：发表时间 between (1979-01-01,2020-05-01) 并且 ((关键词=中英文扩展(海权,中英文对照))) (精确匹配),：全部;
数据库：文献 跨库检索

总体趋势分析

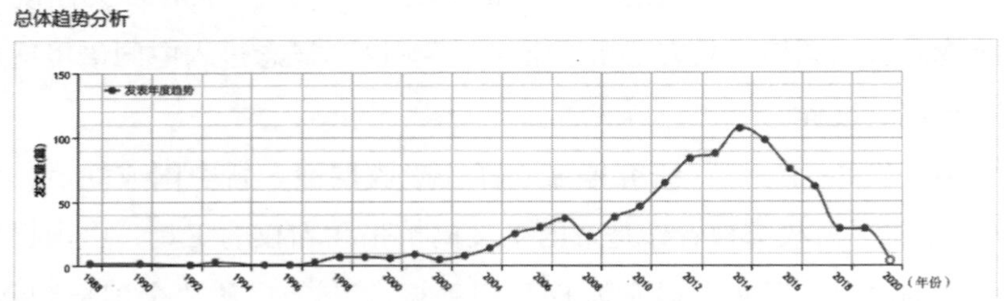

图 4　“海权”研究文献总体趋势

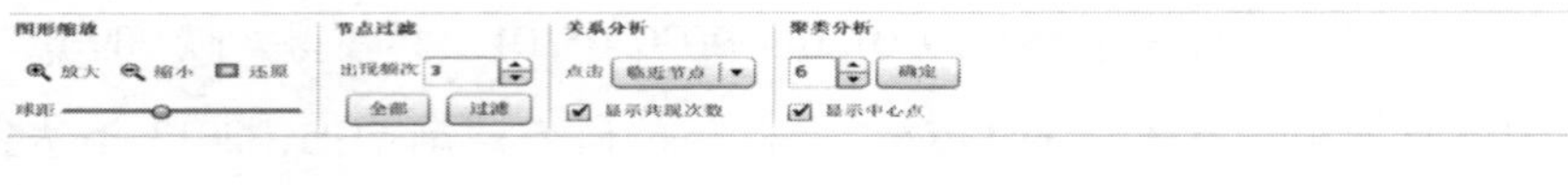

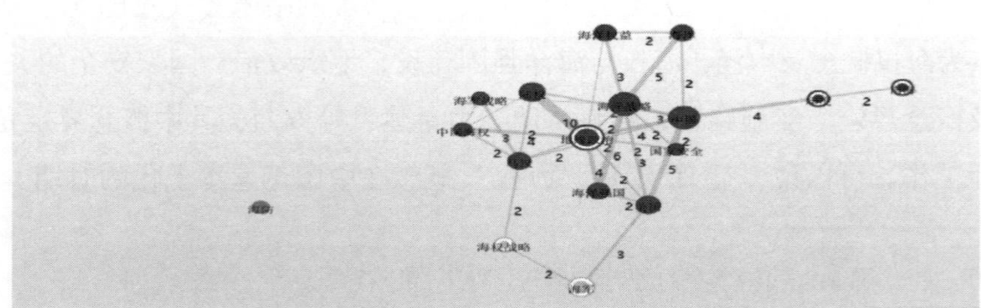

图 5　“海权”研究关键词共现网络

中国学者普遍认为“中国海权的内涵一定要有别于西方传统的海权概念”[①]。但由于研究背景的差异，学者在进行“海权”概念再界定时，关注焦点不同。从国家利益维护看，海权是“国家为着自身经济、政治利益的实现，运用海上力量（主要是海军）去控制海洋”[②]。从权利角度看，海权是“海洋空间活动的自由权，是海洋国家的合法权利”[③]。从国家主权角度看，海权包括“从中国国家主权引申出来的‘海洋权利’和实现与维护这种权利的‘海上力量’两个部分”，但不包括“西方霸权国家普遍攫夺的‘海洋权力’”。[④] 从能力角度看，海权指“一个使用军事力量和非军事力量从海上包括其上空维护国家领土主权向海洋延伸的海洋利益，以及对海洋活动的主体和其他政治实体意志行为施加影响的能力的总称”[⑤]。从构成要素看，海权是个综合概念，是“海洋实力（海洋硬实力和海洋软实力）、海洋权益（海洋权利和外围海洋权益）和海洋权力（海洋硬权力和海洋软权力）三要素的有机统一”[⑥]。

随着世界形势的变化和海权研究的深化，研究者逐渐认识到“海权既是一个力量概念，如舰艇、飞机、船员等有形要素，也是一种权势概念，是一种影响力，一种运用有形的力量达到目标的艺术，一种管理或者战略运筹能力”[⑦]。因此，“海权”至少有三层含义：“作为力量的海权、作为权力关系的海权，以及作为资源或能力的海权。”[⑧] 现代意义上的“海权”概念“简单说来就是国家的海洋综合国力，是衡量国家海洋实力和能力的重要指标，其内容涉及政治、经济、军事、文化、科技等社会发展各领域”[⑨]。经

① 胡波：《后马汉时代的中国海权》，海洋出版社，2018，第 11 页。

② 张炜、许华：《海权与兴衰》，海洋出版社，1991，第 4 页。

③ 张世平：《中国海权》，人民日报出版社，2009，第 3 页。

④ 张文木：《论中国海权》，《中国海洋大学学报（社会科学版）》2004 年第 6 期。

⑤ 沈伟烈主编《地缘政治学概论》，国防大学出版社，2005，第 143 页。

⑥ 孙璐：《中国海权内涵探讨》，《太平洋学报》2005 年第 10 期。

⑦ 师小芹：《论海权与中美关系》，军事科学出版社，2012，第 6 页。

⑧ 胡波：《后马汉时代的中国海权》，海洋出版社，2018，第 4 页。

⑨ 刘中民：《中国海洋强国建设的海权战略选择——海权与大国兴衰的经验教训及其启示》，《太平洋学报》2013 年第 8 期。

过数十年的本土化，“海权”在中国已成为体现中国特色核心价值观的综合性概念，是中国国家利益与人类共同利益的辩证统一，是“宏观的、高度集中的战略运筹，与中国和平发展、构建和谐世界的国家战略和对外战略高度一致”①，成为一个具有积极色彩的概念。

三 “海权”概念再输出

经过本土化，“海权”在中国已经从一个具有强权意义的概念，演变为一个中性甚至具有积极意义的综合性概念。这种转变给“海权”概念的再输出提出了极大挑战，是译为 sea power、maritime power 等已有英语表达还是创设新译法成为无法规避的问题。从现有经验来看，普遍做法是将“海权”对译为 sea power 或 maritime power。表面看来，这种处理问题不大，毕竟“海权”本为外来概念。但西方的 sea power 概念强调的是海军实力与能力，其中的 power 一词更是具有 control、ability、authority、strength 和 forcefulness 五个核心词义（见图 6），在英文语境中具有强烈的政治性含义，多指权力、权势、强权、大国、强国，甚至指霸权、列强，容易与强权政治或霸权主义相联系，其语义韵多半为贬义。Power 在西方外交学词典里“是指国际体系中拥有支配他国权力的国家，其标准是强权政治、军事实力和战争能力”②。西方海权研究专家杰弗里·蒂尔（Geoffrey Till）也表示，sea power 中的 power 一词已引起国际政治学界的广泛关注。在使用 power 时，有些学者专注于投入，即促使国家或人民强大的特征（例如具有军事或经济实力）；有些学者专注于产出，即一个国家之所以强大是因为它可以将自己的意愿强加给其他国家。Power 既可以是潜在性的，也可以是结果性的，但通常两者都有。有时 power 可用于指特定国家（“大国”）。避免

① 张炜：《中国特色海权理论发展历程综述》，《人民论坛·学术前沿》2012 年第 6 期。

② 杨明星：《“新型大国关系”的创新译法及其现实意义》，《中国翻译》2015 年第 1 期。

该词的使用可能会成为一种趋势。[①] 因此，对译回 sea power 并非明智之举。而与之相近的 maritime power 虽"对国家海上实力中的军事和民用力量给予同样的关注，是个更为综合性的概念"[②]，更贴近海权概念的综合性，但 power 在英文语境中的贬义性和强权色彩并未就此消失。这也是十八大报告将"海洋强国"译为 maritime power 引发"中国威胁论"的重要原因。如此看来，sea power 和 maritime power 均不能等效翻译出中国"海权"的内涵。由此便引出一个重要问题：外来概念本土化后如何进行概念的再输出？习近平总书记在全国宣传思想工作会议上指出，要着力打造融通中外的新概念新范畴新表述，讲好中国故事，传播好中国声音。[③] 构建融通中外的对外话语体系，除本土概念话语的有效输出，还离不开外来概念话语的引进和再概念化，更涉及概念本土化后的对外译介。

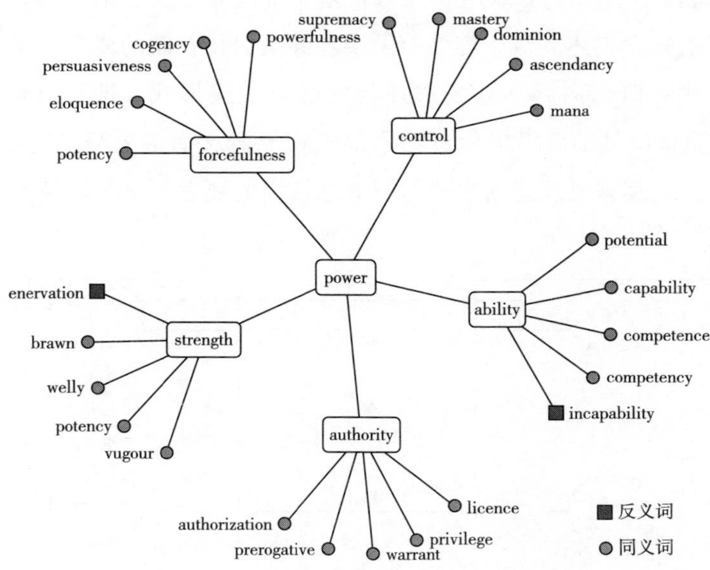

图 6　power 同义词、反义词图谱

---

① G. Till, *Sea power: A Guide for the Twenty-First Century* (*Second Edition*), London and New York: Routledge, 2009, p. 20.

② 胡波：《后马汉时代的中国海权》，海洋出版社，2018。

③ 《习近平谈治国理政》，外文出版社，2014，第 156 页。

概念话语在跨语际传播过程中通常会经历输入、再概念化（本土化）和输出三个阶段，我们称为“概念话语跨语境传播路径元模型”（见图 7）。外来概念 S_1 通过翻译从原语语境进入译语语境成为概念 T_1。假设概念 T_1 与 S_1 内涵外延完全对等，若 T_1 在译语中没有经历再概念化，那么 T_1 在输出到原语时可直接对译为 S_1。如果 T_1 在译语中经历了再概念化，便会在译语中产生新概念 T_2、T_3、T_4…Tn（现实中 n 不会无限扩大），经历再概念化后的新概念与原语 S_1 不再对等，重新输入原语时如果继续对译为 S_1，通常会引发误解。如果 S_1 本身为具有贬义色彩的概念，目标语在进行本土化时，做了“无害化”处理，将原概念从贬义转变后为中性或者褒义词语，重新输出本土化概念时仍对译为 S_1，引发的误解会更多，“海权”概念的再输出便属于这种情况。因此，在输出经过再概念化的外来概念时，必须考虑原语概念创造者的动机和内涵，同时要考虑概念在全球语境中的潜在意义和语义韵，不可盲目对译为原语概念表述。对于容易引发误解甚至丑化歪曲的概念，可以考虑根据再概念化的概念内涵和外延选择新的话语表述形式，即将其重译为 S_2、S_3…Sn。重译时还需要考虑所选话语形式在原概念话语语境中的语义网络、概念体系，尤其需要注意新表述与原概念话语的概念网络关联情况。

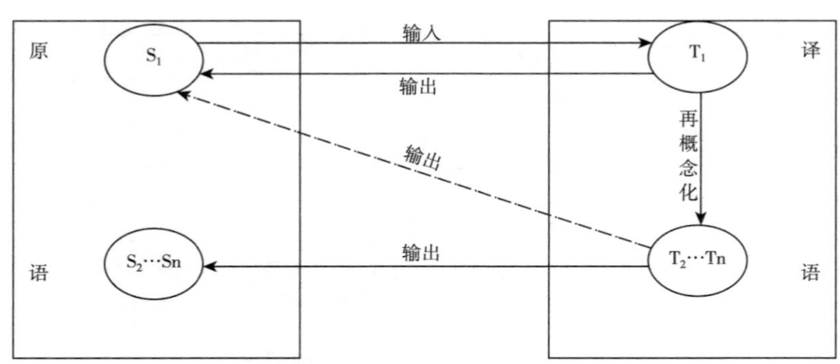

图 7　概念话语跨语境传播路径元模型

英译经过本土化且具有综合性的“海权”概念时，如果仅考虑到 maritime 的综合性含义，将其改译为 maritime power，同样引发“中国威胁论”，就是因为未能充分考虑 maritime power、sea power 以及 power 在西方语境中的概念体系和概念语义。这一点同样适用于中国本土概念话语的输出，尤其适用于“海洋强国”“人类命运共同体”“国家治理”等中国特色政治概念话语的对外翻译。就中国特色海权的对外翻译而言，我们可以根据学者对该概念的不同界定具体翻译，若强调海军实力可对译为 sea power 或 maritime power；若强调权利和权益，可译为 maritime rights and interests；若强调能力，可译为 maritime capacity；若强调概念的综合性或者中国特色，可译为 maritime power with Chinese characteristics，并对其内涵和外延作出解释。

本土化概念再输出时容易引发误解，与概念话语引进、本土化、输出三个环节脱节严重密不可分。概念不是一下子就产生的，而是由词语逐步转换而成的，词语通常可以通过定义准确界定，但概念往往具有多义性、内涵模糊性和外延不确定性。“这种模糊和歧义的特点，恰是概念具有内在含义竞争性，并进而能够被选择服务于不同政治目标的缘由所在。”① 但如果概念引进时就没有准确把握所引概念的内涵和外延、提出者的动机、概念衍变、概念在原语语境中的概念体系，采取生搬硬套、盲目拿来的态度，不仅会直接影响概念使用，也会影响其本土化。在外来概念再概念化环节，应“为我所用”，但必须把握再概念化的度，尤其需要注意外来概念在原语中的语义韵，再概念化时最好不要大幅度改变概念的语义韵。如有必要可提出替代外来概念的新概念，而非沿用外来概念之表达。如习近平总书记提出“海洋命运共同体”，实际是西方“海权”概念的替代性表达。

进行本土化概念再输出的目的是促进相互理解，但目前的翻译实践引起了“他者”的误解。“挖掘过去和现今的各种思想之间的关联，比较各种概念在不同地域和时代的异同，有利于我们认识自我和他者。”② 我们认为基于概念史（conceptual history）研究的概念话语引进与再输出是一

① 黄兴涛：《概念史方法与中国近代史研究》，《史学月刊》2012 年第 9 期。

② M. Richter, “Begriffsgeschichte Today-An Overview,” *Finish Yearbook of Political Thought*, 3 (1999): 11-27.

条有效路径。概念史研究关注概念的历史性和社会性，主张从历史视角和考证维度查考不同文化中的重要概念及其发展变化，并揭示特定词语的不同语境和联想。概念总是存在于概念群中，不涉及与之有关的概念，便无法准确把握它。概念史研究认为“探讨‘基本概念’的语义嬗变，首先要考察其历时发展，当然也不能忽略其共时纠葛。概念史不仅分析特定概念的‘含义’和‘运用’，也观照对立概念、相近概念和平行概念同某个特定概念的关系”[①]。因此，概念史的研究对象不是单个概念，而是从发生学、谱系学、历史语义学等出发，把概念放到概念网络中进行考察，系统梳理外来概念和本土概念的演变，把握概念网络中上位概念、下位概念、对立概念、相近概念等各种概念之间的关联，揭示概念的内在语义结构，从概念体系的整个表述维度把握概念的来龙去脉，正是当前概念话语引进与再输出所欠缺的。

四　结语

概念界定多元化是“海权”本土化的直接体现。概念话语，尤其是政治、社会、文化概念的引进和输出，不仅是一个翻译问题，更是跨语际理解和阐释问题，在很大程度上意味着思想观念之传导。概念话语的社会性和历史性，概念本身的模糊性及话语表达的多义性和灵活性，使概念话语的跨语际传播面临更大的挑战。目前概念话语引进与再输出互动欠佳，政治外交类概念话语尤甚，不少外来概念本土化后再输出到原语语境，引发“中国威胁论”，严重损害了中国的国家形象和国家利益。实现概念话语引进、再概念化和再输出的良性互动迫在眉睫。在概念输入环节译者需要从概念及概念网络着手，挖掘同一概念古今中外之异同，在准确把握概念提出者动机和概念内涵的基础上实现等效创译，在选择表达话语时，译者既要充分考虑外来

① 方维规：《概念史研究方法要旨——兼谈中国相关研究中存在的问题》，载黄兴涛主编《新史学（第 3 卷）——文化史研究的再出发》，中华书局，2009，第 13 页。

概念话语的原概念体系，也需斟酌目标语的概念体系。在概念本土化环节，译者应本着“为我所用”的原则，但须把握再概念化的度，尽量避免大幅改动概念的语义韵。如有可能，可提出替代性新概念。在概念再输出环节，不可盲目对译回原概念表达，而应基于本土化概念之内涵，结合目标语概念体系，选择恰当的新表达。这三个环节及其良性互动均离不开概念史研究。基于概念史的概念话语引进与再输出的良性互动路径，是构建融通中外对外话语体系的重要路径。

后记

《海洋治理与中国的行动（2021）》是中国海洋大学人文社会科学重点研究团队——“海洋治理与中国”研究团队中有关人员的学术作品的集成。在时间上，作品基本界定在 2019～2021 年；在内容上，涉及全球海洋治理的多个领域和多个方向，包括其理念、制度、变化、管理、话语、发展趋势和未来展望等，是一部从多个学科、多个领域共同研究海洋治理的研究报告，特别反映了中国在这些领域的立场和态度，以及行动方略和效果。其出版对于进一步了解中国在海洋治理上的作为、贡献等有一定的促进作用。

在中国海洋大学人文社会科学重点研究团队中，我们的“海洋治理与中国”研究团队不仅成立时间较短，属于后来者，而且我们的团队研究人员来自多个部门，同时研究领域也比较分散，难以聚焦和形成合力，为此，通过多次专题研讨和协商最终确定聚焦海洋政治与安全、海洋法治和海洋管理以及海洋话语展开研究和对话，并将继续为此不断地努力。在我们团队的建设和发展过程中，特别得到了中国海洋大学党委、文科处、国际事务与公共管理学院、法学院以及海洋发展研究院等单位的指导和帮助，我们得以不断地克服困难，沿着确定的目标不断前行。所以，本书就是我们团队努力的成果之一。但因受时间和学识所限，本书一定存在许多不足和疏漏。欢迎学界同人和读者等批评指正！

本书的出版得到社会科学文献出版社政法传媒分社王绯社长、黄金平编辑的大力支持。他们的热情、高效和精益求精的作风和态度，确保了本书的质量并顺利出版。中国海洋大学“海洋治理与中国”研究团队的李大陆副教授与闫和助理，对于本书的编辑和出版也做了较多的辅助性工作，作出了较大的贡献。本书的出版得到中国海洋大学一流大学建设专项经费资助、教育部人文社会科学重点研究基地中国海洋大学海洋发展研究院资助，在此鸣谢！

总之，本书是大家集体智慧和合作的产物！谢谢大家。

中国海洋大学海洋发展研究院

“海洋治理与中国”研究团队首席专家

金永明

2021 年 6 月 18 日于青岛

图书在版编目(CIP)数据

海洋治理与中国的行动. 2021 / 金永明主编. -- 北京：社会科学文献出版社，2022.4
ISBN 978-7-5201-9895-0

Ⅰ. ①海… Ⅱ. ①金… Ⅲ. ①海洋学-研究-中国 Ⅳ. ①P7

中国版本图书馆 CIP 数据核字(2022)第 050097 号

海洋治理与中国的行动（2021）

主　　编 / 金永明

出 版 人 / 王利民
责任编辑 / 黄金平
责任印制 / 王京美

出　　版 / 社会科学文献出版社 · 政法传媒分社(010)59367156
地址：北京市北三环中路甲 29 号院华龙大厦　邮编：100029
网址：www. ssap. com. cn
发　　行 / 社会科学文献出版社（010）59367028
印　　装 / 三河市龙林印务有限公司

规　　格 / 开 本：787mm × 1092mm　1/16
印 张：20　字 数：306 千字
版　　次 / 2022 年 4 月第 1 版　2022 年 4 月第 1 次印刷
书　　号 / ISBN 978-7-5201-9895-0
定　　价 / 128. 00 元

读者服务电话：4008918866